中国孩子的人格教育

ZHONGGUOHAIZIDERENGEJIAOYU

周婷 著

云南出版集团公司

云南人民出版社

目 录

前 言

　　人格是人的生命组成平台，凡是在人类社会中成长起来的个体都具有人格，人格是由体质、智力、情绪、态度、需要、兴趣、价值观、性格、气质九大板块组成的，体质就是我们所说的肉体生命，另外八大板块就是精神生命，人的生命就是肉与灵的结合体。人的生命成长就是人格的发展，人的生命成长明确体现在人格九大板块的发展，生命的健康成长表现为人格九大板块的和谐发展。人格和谐发展从速度上表现为人格九大板块同步发展，从发展方向上表现为人格九大板块都朝着正向发展，从发展力度上表现为人格九大板块的均衡发展。每个人在人格发展中如若失去了教育，特别是人格教育，那么，他的人格发展注定不可能得到和谐发展，人格得不到和谐发展，个体的生命价值就得不到全面彰显，个体的生命历程就较少可能触及辉煌，这对于个体生命发展、存在来说是巨大生存遗憾、生存损失。因此倡导、推行、实施针对人格发展的教育，无疑是推动社会更加关爱人性、生命本质不断得到发展、生命价值获得发扬光大的伟大创举。

　　人格教育就是通过专业、系统的教育活动让个体生命的九大板块得到同步、均衡、正向发展，最终让个体获取健全人格的教育活动。人格教育关注人格九大板块的同步发展，没有任何一个板块会消失在人格教育的视线之中，这是人格教育关爱人性的本质所在。每个人的生命中都有体质、智力、情绪、态度、需要、兴趣、价值观、性格、气质，每个板块在个体每一秒钟的生命历程中都相应承担着各自的生命活动，执行着各自的生存职能。这九大板块是否能适时、准确、到位地工作于个体的生命存在活动之中，决定着个体生存质量的高低，决定着个体生存状态的好坏，决定着个体对社会贡献率的大小，决定着个体幸福快乐指数的高低，决定着个体生存价值的大小。人类生命发展至今，应该享受人格教育，应该让生命的每一板块得到教育的关注，得到教育，得到最大限度地发展。人格教育正视人格九大板块之间内在的、本质的联系，重视每一板块得到该有的教育，重视九大板块的均衡发展。人格九大板块有着相辅相承的作用，它们之间是一个关系共同体，如若哪一板块得到的发展不充分，都会导致人格板块之间的不协调，甚或冲突。它们之间的不协调与矛盾、冲突直接体现在个体的每一段生活上，个体的生活场景总是体现着各种不协调、矛盾与冲突。人格教育更为重视人格九大板块朝着正向方向发展，人类社会发展历程中所体现出来、所积淀下来的真、善、美就是人格的正向发展方向，反之，人类所斥责的假、丑、恶就是人格的负向发展方向。如果个体的人格九大板块都得到同步发展，但发展方向不同，那人格的和谐发展是永不可能的，这只会导致人格的严重冲突，严重障碍，严重扭曲。个体人格未经教育，其人格九大板块朝着正、负向发展是寻常的事情，我们常说的人性弱点就是人格负向发展的结果。因此，人格教育的有无，完全决定着个体人格发展的走向，决定着个体生命活动的走向。

人格发展就是人的肉体生命发展与精神生命发展的总和。个体生命从诞生之日起，其人格就开始发展，十八岁以前是人格发展的主要时期，因此，十八岁以前的个体接受人格教育具有重大的生命发展价值。十八岁以后，个体人格仍在继续发展，但其发展速度与力度已不如十八岁以前，个体仍需要接受人格教育。

家庭、学校、社会成为人格教育主体，但最为重要的人格教育课堂是家庭。父母的基因遗传不仅决定了孩子先天的人格基本状况，父母定形的人格状况成为家庭中核心的人格教育内容，父母每时每刻的言行举止都是孩子接受人格教育的重要课堂，孩子带着父母的人格遗传特质来接受父母定形的人格教育内容，这显然是在孩子的人格上烙下父母人格迹印，从这个角度来说，父母确实是孩子的第一任老师，父母是孩子最为重要的人格老师。这当中就出现了一系列关键的教育问题：1.父母的人格发展是否接受过教育，是否得到同步、均衡、和谐的发展，父母的人格是否健全；2. 父母是否了解自己的人格发展状况，是否评估过自己的人格水准，是否了解人格水准决定着个体生命发展与存在的水准，是否了解孩子的人格存在、人格发展，是否了解人类孩子人格健全发展的方向；3. 父母是否了解人格教育的传播渠道，是否了解自己时刻的言行举止成为了孩子接受人格教育的课堂、内容、榜样；4. 父母是否意识到自己需要了解更多人格发展及人格教育的理论与知识，父母是否意识到自己的人格障碍、人格缺失、人格盲点，父母是否意识到自己需要修炼人格。多方的新闻报道、研究资料、研究成果表明这一系列的核心问题在中国广大父母身上并没有得到解决，他们还未意识到要思考这些问题，要解决这些问题，也没有更多的力量来启迪家长思考这些问题，来帮助家长解决这些问题。

学校也是人格教育的重阵，学校所教授的各门知识是学生人格教育的重要内容，教师的言行举止，学生的言行举止同样是学生人格教育的重要内容。学校所传承的学科知识如何高效融化到学生人格九大板块中，成为学生人格正向发展的推动力，最终成为学生的人格特征，这本身就是一个人格教育中的重要问题，但这一问题在我国的学校教育中尚未得到充分解决。教师的言行举止时刻成为学生人格教育的课堂与内容， 但教师是否意识到这一问题，是否思考过这一问题，是否思考过修炼自身人格，是否以高尚的人格力量有意识地影响着学生，家长是否思考过对教师人格水准的要求，家长对教师人格水准要求的高低，社会对教师人格水准的考评，这一系列核心问题在我国同样没有得到充分的解决。每个学生的言行举止同样会成为学生人群人格教育的课堂与内容，而每个学生的言行举止来自于家庭父母的影响，来自于教师的影响，来自于学校班级文化的影响，来自于社会的影响，这就导致学校班级课堂成为学生人格显现的空间，学生显现出的人格都在一定程度上影响着每个个体。谁来过滤学生个体的劣质人格，谁来阻止学生人格的负向发展，谁来引导学生人格的正向发展，这些问题一直在困扰学校人格教育工作。

面对家庭人格教育现状，学校人格教育现状，广大教育研究工作者全力以赴地致力于上述重大问题的研究，我也是其中一员。随着自己研究工作的深入，深感人格教育实践工作对于研究的重要性，从理论到实践，再从实践到理论，这本来就是研究工作所要历经的过程。在理论研究的指导下，自己得从事一定程度的人格教育实践工作。美国、西方国家、日本等发达国家的教育机构或教育研究机构也在从事一定的人格教育实践工作，但他们大多以特殊的自然环境作为学生人格教育的课堂，更多地在执行着一些生存教育、磨难教育。我在借鉴国外人格教育实践工作经验的基础上，感觉到学生未来生存的更多机会应该是在人文环境之中，虽然自然环境是人文环境的依托，但这种自然环境已远远不是特殊的、人烟罕至的，充满生存艰辛的空间，孩子们所生存的人文环境，时刻都有从人们心灵中流淌出来的各种心灵现象围裹着孩子，种种心灵现象是以千奇百怪的言行举止敲打着孩子的身与心，这一切给予孩子的冲击力远远超出特殊自然环境所能给予的，孩子将以什么样的人格来处理这些心灵信息，这对于孩子的人格发展将起到至关重要的影响。正是基于这样的考虑，我选择将学生放置于大城市环境之中展开人格教育。人格教育的宗旨是让孩子的人格九大板块得到同步、和谐、正向的发展，实现人格教育的关键在于我们要能揭示出人类发展至今所积淀下来的优秀人格品质，并将这些优秀人格品质复制到学生的人格之中，这对人格教育实践工作就提出了一个重要问题，教育课堂、教育环境是否具备储备人类优秀人格品质资源的条件，北京作为中国政治、经济、文化、科技等领域的中心，其悠久的历史积淀已成为人格教育当之无愧的胜地。

　　人格教育最终端的产品是孩子身上看得见、摸得着的立体能力体系的建构，良好习惯系统的呈现，这就决定了人格教育所要历经的不是更多的知识传授，而是在更多的情境体验训练中完成优秀人格品质的获取，这决定了给予孩子的人格教育是以情境体验训练方式为主，因此，我将所要给予学生的人格教育以训练营的方式呈现。人格训练要求呈现更多、更新的情境给孩子，让他们在各种新奇的真实情境中去完成体验训练，北京不同于昆明的自然环境与人文环境给孩子们的训练造就了无数的新情境。我选择北京作为实施青少年人格教育的重阵，举办了2004、2005青少年北京人格教育训练活动。

　　将孩子带到全新的充满无数人类优秀人格品质的北京去完成情境体验训练，这是我自己从事人格教育研究工作的一大梦想，也是我的研究工作所急需完成的实践活动中。北京大学、清华大学、中国科技馆、中关村科技园、中国军事博物馆、北京自然博物馆、海淀图书城、圆明园、颐和园、故宫、八达岭长城、十三陵长陵、天安门广场、天安门广场的升降旗仪式、毛主席纪念堂、天坛、王府井大街、协和医院、北大附中、清华附中、北京101中学、北京老胡同、北京大街小巷、北京城市景观、北京城市建筑物这些都是孩子人格训练的课堂，这些课堂蕴含着丰富的人类优秀人格品质，孩子们历经人格教育能够揭示出很多的优秀人格品质，这正是他们人格成长的重要过程。

孩子们在北京要完成这些课堂中的人格训练不是一件易事，因为我将训练平台建立在吃苦教育、磨难教育的基础上，目的是全面推动孩子人格九大板块的同步发展、均衡发展与正向发展。孩子们所要吃的苦、所要历经的磨难不仅要挑战他们的肉体生命，更要挑战他们的智力、情感、态度、需要、兴趣、价值观、性格与气质，也即挑战他们的精神生命，也就是说，我利用北京现有的各种自然环境与人文环境，为孩子设计的每一秒钟的训练是孩子们从未想象过、面临过的情境体验，这些情境体验不仅以各种艰难困苦、各种磨难的面目强烈冲击着孩子们的身体，还激烈地冲击着他们的心灵。

2004年7月8日，我带着30名孩子前往北京训练，训练时间一个月。30个孩子当中最大的18岁，最小的6岁，其中6至10岁的孩子占到一半。这些孩子主要来自政府官员家庭与商人家庭，在家可以称得上是小皇帝、小公主。由于训练目标的需要，我们从昆明带去了大部分生活用品，从睡觉用的海绵垫子、床单、夏凉被、枕头到做饭用的全套调味品以及各种咸菜。这一切，加上孩子自己带去的物品都是由全体队员用双手带到居住地的，最后，又跟着他们乘坐火车回到了昆明。由于客观因素的限制，我带领他们居住在一套典型的北京民居房中，居住条件之差远远超出孩子们的想象力，跟随我做助手的一位母亲，看到这房子的第一眼就哭了，这套房子的状况远远超出我想象的下限。但就在这套房子中，要经受人格教育、人格训练的孩子和我很快就向人们证明了我们获取了一颗人类的优秀人格种子——在艰苦环境下创设幸福生活。我们出行靠公交车，靠地铁，靠步行。孩子们主张不坐有空调的车，每趟公交一坐就是四五十分钟，孩子可以练就出站在公交车上睡觉的功夫。孩子们出行主要靠地图，靠向别人询问打听，我不是他们的向导，反过来，他们才是我的向导。在训练营中，我只是一个指导者，告诉他们下一项训练任务、训练要求、训练目标，一切全靠孩子自己做主、定夺；我只是一个鉴定者，他们会将自己设计出来的多套具体训练方案交给我审定，我会向他们的方案发难，帮助孩子们避让风险，帮助孩子们核算支出的各种体力、精力成本所能创下的人格训练收获；我只是一个评价者，我会对孩子完成的各项人格教育训练做出评定。

对这批孩子的人格训练是他们一生人的财富，因为他们在北京所吃尽的苦头，所承受着的磨难，所经历过的人格训练，所获取的人格发展是参加过北京夏令营的孩子们不可能触及的，不可能体验过的。

2005年我带领350名孩子又成功地完成了北京人格训练教育活动，创下了中国第一个大规模地以吃苦教育、磨难教育为平台的人格教育训练实践活动。这次训练分为两批完成，第一批250名孩子训练时间为7月13日至26日，历时14天，第二批100名孩子训练时间为7月22日至8月4日，历时14天。350名孩子当中，最小年龄7岁，最大年龄18岁。

2005年的训练我们居住在北京大学分校——文理应用学院，位于清华大学斜对面，与圆明园仅一墙之隔，就连建筑物的风格、色彩都与圆明园一致。这里的居住环境比起2004年的训练要好得多，但比起全国到达北京的各个夏令营来说，就要差得多，夏令营的孩子们大多居住在星级宾馆，或各高校的招待所中，这里原是北京中专学校所在地，只因高校扩招后，才被租用给大学，这里的建筑物都非常陈旧，与北京大学、清华大学的老学生宿舍比起来，条件还要差，是无法与新的学生公寓去相比的。女生宿舍是典型的平房，空气对流对于这样的房子是绝不可能的，仅有的一个能透气的小窗户又被空调所占据。男生宿舍窗户要大一些，没有空调，仅有一个电风扇。尽管这里条件差，但我让孩子明白，他们比2004年训练营的孩子幸福得多，他们每个人至少有一张床可睡，而2004年的孩子每人能睡的地方仅是一个海绵垫子。每张床都配有一个床垫，孩子们用的床单、夏凉被、枕头是从昆明带去的。这次训练孩子们出行乘坐北京理工大学的客车，训练课堂离住地距离在4公里以内的就靠步行。早晚餐在北大餐厅吃，午餐由北大餐厅做好后，送到我们所在的训练课堂内，有什么条件就在什么条件中进餐。

这次训练，晚上上课，白天训练。晚上的课程是非常重要的，不仅要总结白天训练当中的经验与教训，还要给学生讲相应的人格教育课程，最重要的是还要给学生看第二天训练课堂的梗概介绍。2004年的孩子随时都跟我在一起，而2005年的孩子却只能七个人组成一个家庭，七个人随时形影不离共同完成每一秒钟的训练任务，我不可能跟随他们在一起，大学生教练也不可能跟随在他们身边，不论到哪，他们自己得在第一时间内将自己培养成一个娴熟的导游，因此，每晚的训练课堂梗概介绍对他们来说显得尤为重要，这是他们第二天自学成才，成为导游的唯一依据。

每天的训练都是按时段来完成的，吃早餐时整个训练营没有谁知道下一步将要做什么，他们只知道做好现在的事，不知道随后我下达给他们的训练通知是什么，他们只能做好随时行动的准备。我总是让孩子们记住集合的时间、地点，这将是他们训练归来，唯一可以见到训练营这个团队的时刻，这一时间地点，对他们来说极为重要，他们只有准时赶到正确的集合地，才能得知下一时段的训练任务、训练要求、训练目标、训练方法，也才能得下一次正确的集合地点、时间。孩子们知道，只要记错时间或地点，他们一天的训练将被阻断，他们将不知道自己这一整天将怎样度过，他们将会在惶恐之中挨过每一分钟，因为他们的队友正在某一训练课堂中完成着极具挑战的训练，可他们却失去了本该有的权利。

2004年的北京训练我带去了一位母亲助手、一位厨师与一位保姆协助我完成人格训练工作，而2005年我只带去了20位云南大学的大二、大三的学生，选拔他们之时，最重要的一项指标是不能有任何教育工作经验，我希望他们在教学领域是一张白纸，因为，我需要他们辅助完成的人格训练工作是远远超出大学生所能触及到的教育工作的常规的，如若他们用那些常规经验来工作的话，我的训练工作将要受阻，将无法开展。每50名孩子编成一个色块，一共七个方块，按赤、橙、黄、绿、青、蓝、紫来命名。每个色块又分为七个小色块，每个小色块就是一个家庭，也按七个色块来依次命名家庭名称，每个家庭分别由七个孩子来担任爸爸、妈妈、爷爷、奶奶、外婆、外公、孩子。第七个家庭较为特殊有两个双胞胎孩子。每个方块配备四名大学生做教学助手，他们分别是：领队，总管整个方块；老师，总管整个方块人格训练事务；"银行"老师，总管整个方块孩子的零花钱；"妈妈"教师，总管整个方块孩子的生活事务。每个方块的大学生只能管好自己的学生，不能干预任何方块的工作，每个助手必须尽心管好自己的本职工作，四个人之间要精诚合作，不能出现任何工作漏洞。

正如大学生们所说，他们根本不是去做教学助手的，更像是去接受人格训练的，他们必须早于孩子们的训练时间接受训练，否则是无法完成教学助手工作的。其实，他们所说的一点不假，我带他们去的根本宗旨是同步完成大学生的人格训练。这些大学生基本上来自一般工薪家庭，他们的整个成长表明，他们从未经历过人格教育，在北京孩子们所要面临的一切困难、磨难对于他们来说仍然是全新的，甚至是他们从未想象过的。做助手工作，他们不仅要付出更多的体力，他们还得付出更多的体力去完成这些人格训练。选拔他们时我非常看重一个指标就是体质、体能情况，他们基本上都是在各种体育比赛中获过大奖的。尽管如此，他们还是被熬倒了，到第六天，除一个男生外，其余大学生几乎要全线崩溃，我只有放他们一天假，让他们到北京电影学院去休整，那名男生和我一块带领250名孩子完成训练。

第二批学生，我想让他们接受比第一批难度更高的训练，我只让"银行"老师工作，其余大学生都拆去，训练基本上靠学生自己去完成，没有人帮助他们，没有人监督他们，我只等待训练结果。第二批学生训练成果应超越于第一批，从这一结果，我看到了孩子的人格发展是潜能无限的，就看给他什么样的教育环境，给他什么样的训练内容，给他什么样的训练方式。

这380名孩子所接受的北京人格训练课程，所历经的人格训练过程，所体验过的磨难，所吃过的苦头，所取得的人格训练成果不仅仅属于他们个人，属于他们的团队，而且属于全天下的孩子们，为了能让更多的父母了解孩子的成长到底是什么在成长，了解孩子人格的成长过程，了解孩子人格教育的内容、过程与方法，我将这380名孩子所经受的人格训练全过程展示出来，让更多的父母能够直观孩子的人格教育，走进人格教育，掌握一些操作性强的人格教育方法，及时给予孩子人格教育。为此，仅以此书献给全天下的父母和孩子们。

上部

肉身体验

之一

孩子总是认为他生活中的一切本该如此——他走到哪，哪就会有他想拥有的一切。事实上这不是人类生存的正确想法与做法，必然会导致孩子偏离成长的正确轨道。对此，我将孩子睡觉用的行李作为训练工具，让孩子携带行李往返于北京与昆明之间作为训练课程，旨在让孩子历尽艰辛训练后，深深地体会到他生活中的一切不是本该如此，相反，自己生活所需的一切最后只能是由自己来给予，自己决定自己的生存。350个孩子所经历的这一切训练，矫正了他们的生存价值观，他们的成长恢复到了人类孩子成长的正确轨迹，这些财富不仅仅是他们的，更应该是全天下的孩子的。

上部

肉身体验

■出发：一次小的危机

　　要让孩子了解自己，就得让孩子在群体中生活，在群体中活动，在群体中过着相同的生活。这个要完成相同活动的群体一旦存在，每个孩子自然就有了参照物，自然就有了一面面用来照见自己的言行举止的大镜子。每个孩子都是这个群体中其他孩子的心灵参照物和外显行为的大镜子。

群体是给每一个孩子播撒人格种子的平台。

　　2004年的人格训练是在30个孩子组建成的团队中完成的。当孩子们准备从昆明研究基地出发，去乘坐列车之前，我对孩子们提出一个问题："我将要把你们带去北京完成训练任务，我们每个人都有自己的行李，还有我们这个团队在北京生活近一个月所要用的物品，该怎么安全地跟随我们到北京呢？"话音未落，我就用手指向堆得像小山一样的行李包，所有的孩子顺势看过去，只见他们当中好多孩子吓得伸舌头。大部分孩子说："出钱请人来搬，不就行了。"个别孩子说："能不能我们自己搬呢？"但这个建议立即遭到很多孩子的反对，很多人说："怎么可能呢，我们没那么多人，也没有那么大的力气呀。"我制止了孩子们的争吵。请出一个个儿大的男孩子，我让他把自己的行李背好后，就将他在北京要用的一个折叠床垫（长、宽各为50厘米，厚为18厘米）递给他，他接过后告诉大家很轻，但就是携带不方便。随后我又将一个塑料手提袋递给这个孩子。他一看，傻眼了，这个塑料袋装得鼓鼓的。我告诉他，这是他在北京要用的整套卧具（小枕头、枕套、夏凉被、床单）。我记得当时将这四件物品打包装进塑料袋时，我们跪着，用腿压着，才把它们塞进塑料袋的。全部装备上身，这个孩子已是五花大绑，他后背一个装满全部个人生活用品的包，前背书包，里面装满了所有的假期作业和学习用品，左手提垫子，右手提卧具。我又将满装12碗方便面的纸箱递给他，他没办法，只好将左右手的东西合并到左手提着，伸出右手来接这个纸箱。当把他装备好后，我转向所有的孩子，告知他们，你们就要这样出发，提着这些东西从昆明到北京，再从北京西客站提到北京大学西门——我们的住处。

孩子们一下就嚷嚷起来，说道："我们怎么会拿得动呢？"没有生活经验的孩子们被这堆东西吓着了。其实已经出现在他们眼前，但他们还一点不知的最大困难是：途中如何将自己手中的东西保管好，保护好。因为那个塑料袋实在是太薄了，不要说到北京，恐怕到昆明火车站，就有一部分孩子的塑料袋要破损。我对他们说："你们要提的东西，全都是你们自己使用的，没有一样是我或者其他人使用的，不是你们自己提，还会是谁提呢？吃饭时，你肯定会亲自将你的饭吃下去，你怎么不请人代你吃呢？穿衣时，你绝对是自己亲自将衣服穿在身上，你为什么不请人代你穿呢？睡觉时，你保准是自己睡在你的床上，你肯定不会出钱请其他人来代替你睡觉，睡在你的床上。"我说完后，孩子们一脸疑惑看着我。我接着告诉他们："现在你们要到北京去，这些行李是为你们服务的，它们自己不会走路，它们是你们的好朋友，当然就得你们把它们带到北京去。平时，很多事情都是因为你要活命才出现的，比如，你要活着，就要吃饭，这饭不会从天上掉下来，得你自己去做。可是，当你们还小得不能碰火，不会做饭时，你们的父母、亲人替你们做了。这些饭就是用来长你们的身体的，你们吃了很多很多饭后，你们的身体长大了，能力增强了，而身体具备的能力首先是用来做饭给自己吃的，可现在你们会为自己做饭吗？你们跟我到北京就是要将吃下的那么多饭，长出来的身体和能力用来学会做很多很多帮你活命的事情。"

说完后，孩子们就像变了个人似的，一个个前背书包，后背行李包，再去接自己该拿的那两份行李。当他们全身坠满行李时，一些父母在一旁产生了巨大的心酸。果真，我们走出研究基地大门时，排在大门两旁的家长，对孩子宠爱程度深的，泪珠已掉了下来，承受力强一点的家长，很委婉地对我说："周老师，你怎么不用质量好的袋子给他们提呀，那袋子支撑不了多长时间就要坏的，这怎么到北京啊。"其实，家长们真不知道我为什么要用这种很薄的塑料袋，这是我训练孩子们认识自己，了解自己的一道重要训练课程。我就是要看，孩子们将塑料袋提破后，怎么处理，怎么保住这些东西。丢失了意味着他在北京没有用的。这是让孩子认识自己是一个有责任感的人的第一步。

我们乘车来到昆明火车站，准备下车进火车站验票口时，我让一个最小的孩子下车去观察车外的情况。记得那晚天上，天上飞着蒙蒙细雨，地上湿漉漉的。孩子上车报告了他的观察情况后，我请他对全体孩子做个提醒，最重要的是做好什么？他思考一下，告诉所有的孩子们，一定要拿好垫子和手提袋，如果掉在地上，那就全脏了。下车后，孩子们顺序进入火车站直奔检票口。当时正值昆明火车站重新修建，又是昆明旅游的高峰时节；火车站里人非常多，对于孩子们来说，无疑又增大了他们的前行难度。就在快到检票口时，已有三四个年纪较小的孩子出问题了。只见他们的手提袋坏了，行李掉在室内通道上，混乱的通道内，大孩子忙着帮小孩子拾捡掉了的东西，一边想办法帮助小孩子重新将行李裹好。这一幕我们很难在现实生活中看到，正是在这个训练营里，正是在这个团队里，孩子们在困难情境中是会相互帮助的。他们之间的帮助，并没有发生小的孩子向大的孩子求救，而是大孩子自发的行为。当大孩子在为小孩子捆裹行李之时，你能看到小孩子站在一旁警觉地守候着他们共同的行李。这也没有谁去教过他们，互相帮助的行为不就是出现了吗？家长正是因为看到孩子非常自私，不会关爱他人，才非常着急地将孩子送到我们这个训练营里来的，可为什么就在离开父母不到一小时的时间内，孩子们却学会了相互帮助、相互关爱了呢？这是因为，我们给予了孩子一个真实的产生互相帮助的环境。当时，时间已很紧了，离发车时间只有十多分钟了，按常理应该是孩子们各管各，哪还顾得上别人呢？可就在短短时间里，在我们这个追求高尚人格的训练营里，孩子们在最真实的困境里，被激发出了爱心，他们当然会伸出援助之手。

当我们艰难移步到检票口时，灾难从天而降，一个很大的旅行团，突然涌向检票口，他们的导游站在检票口旁临时向游客发放火车票，这样一来，游客像疯了似的，拼命挤向导游去抢票。我们前行的队伍全被打散，三年级以下的孩子处于非常危险的境地，恐惧已充满了我的每一根神经，这一幕我终身难忘。我们的孩子全夹杂在这混乱的人群当中，我现在只考虑每一个孩子的安全问题，而我只能站在集中地指挥，又是吹口哨，又是用小喇叭喊叫，又是摇旗子，让孩子们快速离开人群，躲到安全地带。这时，真正的友爱出现了，大的、机灵的孩子快速奔跑到我身边，将他们的行李全部堆放好，然后冲向人群，去找我们的孩子，他们一趟又一趟地去找。在紧急情境中，不一会儿，我看到了全部孩子都集中过来了，心才落下来，往地上一看，我们简直就像逃难的，还没出昆明就落没到这一步。孩子们仿佛经过了重大灾难的洗礼，跟一个多小时前的他们判若两样，没让我费心，他们快速整理行李，按他们所能做的方式去打包，不一会儿，全体准备出发了。当我们通过检票口时，我们却成了此次列车的最后乘客。

上了火车后，孩子们大大小小自发配合，快速安放行李。一个大的孩子跑来告诉我，没丢失一件行李，一切都安排好了。听到这话后，我心里再次翻腾着一个个希望：浸泡在扭曲的爱中的孩子是完全可以按照人类生命的健康成长方式去成长的。

> "细节决定成败"被视为企业管理的箴言，但也是人格教育的要义。

2005年的人格训练营是由350名孩子组成的，分两批训练。当第一批孩子于7月13日晚7时左右来到昆明火车站时，他们同样要面临了解自己的训练。

孩子们按要求分别进入了他们所在的红队、黄队、蓝队、绿队、紫队，并按要求站好队伍。家长们非常地不配合，总是不愿离开孩子。近400名家长站在火车站贵宾候车厅前的小广场上，人声鼎沸，仅靠吹口哨指挥是无济于事的，因为家长不放心，所以弄得我们无法按原计划行事，直到火车站工作人员通知我们所剩时间不多了，我们只有强行逼迫家长离开我们的队伍。当家长站到我们的外围时，开始向孩子们发放他们的行李包，他们要携带的方便面。这一次，孩子们非常幸运，随身携带的装备较少，也没有提垫子，而且平均年龄要大于去年的孩子，并且火车站为我们开辟了专用通道。尽管这样，当他们领到自己要提的物品时，却非常地不乐意。当我们庞大的队伍进入火车站二楼出站大厅时，孩子们手中的行李袋开始破损，行李一路走一路掉，家长一路帮他们捡，有的孩子甚至将手中的方便面扔下不管了。当我看到这一幕，与去年情形相对比时，心中大有"今不如昔"之感：前后两次训练，同样的配备，同样的行走路线，却出现如此大的差异。今年的孩子，因为没有告知他们为什么要带自己的行李到北京，因为临出发前家长一直跟随在身边，因为出行的条件实在是好多了，孩子们没有遇到需要他们相互帮助、相互关爱的困境。可以说，这次出发缺乏了困境，让我们失去了向他们播撒爱心种子，播撒克服困难种子的机会。

我正忙于约束队伍时，却发现去年的几个孩子正在大厅里帮我们拾捡行李。我惊呆了，他们是自发来帮忙的，他们将这批孩子送到火车上才离开。

■ 返回：感谢行李大包

第一批孩子到北京是每个人带自己的行李，可他们回去时，没有让他们带走一件。我原想托运回昆明，可看到第二批孩子对磨难生活的轻松适应与应对，对磨难生活的主动请战，对磨难生活的乐观性，让我不得不给他们一个最难的挑战，也给我自己一个挑战。因为我追求挑战，特别是突如其来的挑战，没有任何心理防备，任何物质准备，惟有如此，我才能面临更多创造奇迹的机会，也才能实现我一生的凤愿：追求将奇迹变常规。我决定让第二批100个孩子将第一批孩子的全部行李和自己的行李带回昆明，这意味着每个孩子要带四个人的行李。这确实不是一件易事。

第二批团队在完成最后一天的训练课堂—— 海淀图书城、中关村海龙大厦后，要在下午5点赶到北京西客站乘坐6点40的火车。时间非常紧，不能出任何差错。这一天早晨，当我们起床后发现外面下着大雨，我真感谢老天的助阵，感谢老天给予孩子们的磨难。全体孩子按要求一起床，就快速将他们的行李按要求叠放好送到集中地打包。当孩子们吃完早餐，将自己的所有物品收拾完毕后，都开始来搬运行李了。这些行李是分散在七辆大客车上被拉到我们住地的，现在要集中在两辆大客车上从住地运到西客站。来时，行李都分散在每个孩子手中，现在，全被打成大包运走，每包不是8床夏凉被，就是15个床单，或是15个枕头。当孩子们按顺序来到行李包堆放点时，才发现这些行李堆满了整个房间，但并没有被吓倒。每个孩子一手撑雨伞，一手提着一个大包，小跑在雨水没过脚背的路上，走到大门口，送到等待我们的客车上。平时，这一条不过200米的路在孩子们眼中真不算是什么，可现在，雨非常大，行李包不会轻于七八公斤，而且体积又大，这条流淌着水的路对于他们来说，就不显得那么友好、亲切了。有的孩子嫌一包行李太轻了，执意要拿两包。孩子们就这样来回跑着，运送着行李。等我最后挎着两包出来，走到车上时，我觉得真不轻松。一上车，发现行李将车的最后两排全占完了，行李紧紧贴着车顶，两辆车的命运一样。

这些大包行李送完后，孩子们得回到宿舍，背他们自己的行李。当最后一个孩子背着行李上车时，这两辆车已拥挤得水泄不通，孩子们的行李也是堆放在一起，能摆的尽量摆起来。最为糟糕的是，中午吃饭怎么拿餐具呢？这两辆车就这样背负着我们整个训练营开往海淀图书城了。没走多远，我们来到海淀图书城。

中午1点钟，孩子们来到了他们向往的中关村电子城。下午3点半离开这里，孩子们都觉得时间太紧，经我与司机协商，请他们给予谅解，决定下午四点钟全体孩子一定要准时赶到集合地。孩子们像往常一样，准时赶到集合地乘车前往北京西客站。

当我们5点一刻来到西客站时，天早已晴朗。车进入西客站停车场，因这里是交通要道，也谈不上是停车场，顶多是一个车辆临时停靠点，所以送我们的车不能在这里久留。我们只好按要求快速下车并搬运行李。行李实在太多，我们与管理员协商获得一个大车位来堆放我们的行李。孩子们先将他们的行李拿下来，摆放到指定地点。随后，迅速从车窗口将行李包递下来。只见孩子们有的在车上输送着行李，有的往下递着行李，下面的孩子们一边接，一边将行李传送到大车位，摆放行李包的同学忙得应接不暇。过往的旅客都被这热火朝天的场面给吸引住了。其实最惹眼的是干活的竟然都是些十一二岁的孩子们。我看到很多过往旅客拿出相机拍照。我想他们拍照并不是因为这能成为北京的一道风景线，而是因为他们很少见到这种场面。当今的独生子女个个是小皇帝，劳动在他们那里全然是一件陌生的事，自己的事情自己做在他们那里就是行不通。而如今的景象很是令人吃惊。在人们的概念中，火车站搬运行李包是搬运工的事，更何况是这样大包大包的行李呢？旅客们一边拍照，一边议论着，一边投来赞赏的神情，他们怎么也想象不到北京城里会有这种令人难以置信的事，而现在竟然以真实的面目出现在他们眼前，他们能不抓拍这珍贵的场面吗？当孩子们将全部行李包堆放好后，这堆行李还真壮观，更是招惹了多少旅客的关注。人们都觉得奇怪，这年头怎么还有拿行李到北京来的，因为我们的行李包全是用床单包起来的。人们看看行李旁的孩子们，再看看这堆成小山的行李包，他们怎么也搞不懂其中的联系。

由于行李过多，我们这个团队不能去走正常检票通道，否则，要造成严重的交通阻碍。5点40分，我通过与西客站相关部门协商，获取走特殊通道的权利。离火车启动只有整整一个小时，时间已是非常之紧迫。我最喜爱的挑战时刻到来了。我迅速跑到停车场，开始紧急部署，孩子们见我进入紧张状态，他们受了感染，也进入了高度专注。孩子们明白我现在的部署有多重要，听错了、听漏了是要出大问题的。最大效益观是我给他们的一颗种子。他们知道现在的事只要不出差错，就绝对不会出问题，不出差错意味着高度专注。几个孩子按我的要求除背着他们自己的行李外，每人还要拿一个包，快速赶到我老弱病残专用通道里的指定位置，将行李堆放在那里，然后守好行李。其实将他们派出去，风险是很大的。北京西客站是亚洲第一大火车站，不仅是面积大，最重要的是人流量大。出口、入口很多，如果这些孩子一旦没有按描述内容找对入口，赶到候车大厅找到专用通道，那我们这个团队接下来的命运将是你找我，我找你，在偌大的西客站玩捉迷藏。但我相信他们不会出错，我信任他们，他们是历经磨炼的孩子，是与众不同的孩子，他们所获得的能力是他们的同龄人望尘莫及的。当他们的同龄人在自己所居住的城市都还会迷路、丢失时，他们早就能够在北京这么大的城市自由穿梭了；当他们的同龄人做什么事都还要依靠父母时，他们却能够独当一面；当他们的同龄人认为只要花钱，什么都不需要自己做时，他们却为有这样的付出、这样的艰辛、这样的挑战机会而自豪；当他们的同龄人看不起劳动、嫌弃劳动活、鄙视干劳动活的人时，他们却从劳动中获得了最美的享受，享受着自己的生活的快乐。

接下来，每个家庭中的两个孩子要将其他5个孩子的行李全部拿到集合地。找到一个位置专门堆放，由第一批的孩子看管。除一个助手看守这些大包外，剩余的孩子全去搬运行李。我分配完任务，扛起两个包，手上挎一包，奔跑着赶到专用通道时，我看到了第一批孩子已在那做好一切准备，他们的确很优秀。接着第二批孩子已赶到并按要求投入紧张工作。不到20分钟，外面楼下离我们约有800米远的行李包全部被拿上来了。这时，一个孩子跑来告诉我："检票通道就要开放了。"6点正，离火车开动还有40分钟，我们到现在没有出现任何闪失，这40分钟里，也不能出任何闪失，这是我给自己的命令。在人群嘈杂的火车站里，我才发现进入这个通道的不仅有我们这个团队，还有其他一些小团队，不一会儿，这专用通道的候车厅里已挤满了人。孩子的包里，都装有各种电子产品，千万不能丢失一个包。我让孩子们将自己的包全背好，我要以最离奇的方式来告诉他们一会儿上哪个车厢，找哪一个床位，行李搁哪，怎么回来拿这些大行李包。

我让孩子们以家庭为单位，拿好他们自己的全部行李，按家庭顺序来到堆放行李包的地方。这个地方在两条检票通道之间，一面是墙，另外三面用木板与玻璃制作而成的隔断围起来，与墙相对的隔断上开了一个门道，没有门，这门道约有1米宽。这里面是专供老弱病残休息的地方，四周放着一些固定椅子，墙体上安放着一个很大的电视屏幕，正播放着广告片。因为在这个大厅里实在是找不着堆放得下那么多大包的地方，看到这里面没有人，也就只好将全部大包行李放在这里面，这离检票口很近。由于时间紧，孩子堆放行李时都尽可能放在靠门道近的地方。当第一个家庭全体孩子背着包，拖着行李箱走进来时，孩子们发现这里电视声音很大，要听清我讲话，是很困难的。可现在能在这里给他们布置任务，算得上是条件最好的地方了，毕竟没有外人的干扰，除去电视声，其他噪音离我们要远一些。他们知道，我交代任务只会说一遍，绝不重复。个个竖起了耳朵，把头都伸向我，惟恐自己听不到，后果不堪设想。看他们已高度专注，我宣布如何听取自己的火车票信息，我拉着谁的手，就开始念谁的火车票信息，火车票不发到你们手上。我从包里掏出我们所有人的火车票，开始紧张工作了。在电视声的巨大干扰中，我每念一张火车票信息——车厢号、床位号，就拉着一个孩子的手，声音一落就意味着他拿到了自己的车票。这对孩子们来说不是一件易事，手中拿着火车票，只要不丢失，可以随时查看自己的车票信息。视觉记忆只要对象在，就不是难事，可以重复获取记忆信息，可听觉不一样，声音是在时间中流淌消失的，前一秒钟发出的声音，后一秒钟就没有了，一次听不到，这内容就失去了。很多孩子学习成绩不好，最重要的一个原因是他们没有连续听着老师讲课，时断时续，肯定有些知识就听不到了，这些孩子就是没有倾听的能力与习惯。我这样做就是要在这样一个对听觉造成巨大干扰的真实情境中，向他们交代关乎自己切身利益的内容，让他们体验到什么是专注，什么是倾听，专注、倾听会给自己带来什么，没有专注、不会倾听给自己带来的结局是什么。

当每一个家庭全体成员听明白他们每一步该做什么，该怎么去做后，他们要快速离我而去，去排队等待通过检票口。就在他们要按顺序走出这个门道时，下一个家庭刚好要进来。我就是要借用这些客观的设施，进行活动安排，争取利用各种物质设施、自然条件、人为环境来最大效用地造出困境来磨炼孩子们。当每个孩子背上有背包，手中还要提或拖着皮箱与另一个装备和自己一样的孩子相遇在这1米宽的门道，一个要进，一个要出，每个人都处在紧急状态，孩子们只有动用他身上储备着的很多颗优质种子，动用他储藏着的能力和良好习惯才可能安全、平和、轻松地"错车"，顺利地完成自己的任务。在成人的世界里，人们都因遇到如此情景的相遇，而没能很好地与他人"错车"而引发了多少争吵、打架事件。如果孩子们的此情此景上演在西客站的每个角落里，我们都能看到像孩子们这样尽可能调整自己的位置，尽可能往后靠，总想着让对方先过去的情景吗？看着这些孩子忙而不乱地进来接任务，又稳而不乱地走出去，我知道后面不会出乱子。当最后一个家庭接受任务走出去时，检票开始了，我将手中的车票递给检票员。

最前面的孩子们走出检票口，充当起开路先锋，他们要为整个团队探寻通向火车道路，他们是整个团队前进的旗帜，他们走到哪，团队就要跟到哪，他们怎么做，团队就要怎么做。他们走后，我和一个助手最重要的任务是在孩子们赶回来之前，将全部行李包搬运出检票口，堆放在孩子们能够拿到的地方。我们两个人，要将这些堆满十多平方米房间的行李包先移出休息室，再通过只能一人行走的检票通道，才能走到宽敞的地方堆放起来，对我来说算得上是一件极不容易的事。一次想多提几包，一米宽的门道要限制你，狭窄的检票通道更要跟你过不去，唯一高效的办法是，每只手举一个大包，才能快速通过这两道障碍。做这一切，最致命的是得等全体旅客走出通道后，我们才能开始工作，这无形之中减少了我们本来就不多的时间，表明我们要拼命的工作，才能保证在火车开动之前将全部行李搬运上去。我和助手拿出了吃奶的力气，疯狂地工作着，总算在孩子们赶回来之前，搬运完全部行李包。

那些检票员原先还埋怨我们，带着那么多孩子，能把孩子带好就是最大的功劳了，真是自己跟自己过不去，还要运这么多行李。对于他们的埋怨，我非常理解。因为他们在这工作，成千上万的夏令营、旅行团都是从他们那走出北京的，上至成人旅行团，下至少年夏令营，从没见过像我们这样，带着如此多的行李包来检票的。特别是夏令营，老师们最大的工作职责是要确保孩子们的安全，夏令营设计者绝不会将孩子们放手于像火车站这种危险系数大的地方，更不会最大效用地利用这种真实的危险来训练孩子的自救能力，自卫能力。而我们却要违反社会常规，尽可能利用生活中真实的危险境地培育孩子的安全意识，孩子的自救能力，让孩子体验到每个人最大的安全来自于自己。我让孩子们知道一个道理：危险存在于你不知道的领域，存在于你充满偏见的领域，存在于愚昧占领的地方，存在于你大脑中的衡量一切的"尺子"出了问题，你的刻度要么比国际度量尺过宽，要么比国际度量尺过窄。只要知道的更多，你的危险就更少，你的偏见越少，你就越安全，你的愚昧越少，你就越安全，你的"尺子"越有准备，你就越安全。正是凭着给予孩子们这样的理念，给予他们这样的训练，我们训练营两批孩子没有出过任何安全问题。也正是凭着这种安全教育、安全训练，我们的孩子越战越勇，以致于在火车站所做的一切，超出正常人的视觉承受力。面对检票员正常的态度、情感反应，我和孩子们创造奇迹的结果会改写他们的认识，一定会用事实让他们重新认识到正确的东西：孩子的安全不是靠成人的庇护，不是靠成人为孩子抵挡他该面临的危险，不是靠成人吞食一切危险来建构的。孩子的安全来自于正确的教育，正确的训练。

多少年来，无数个匆忙的旅客都踏着这条通往火车的路在前行，在这条路上只有往前走的，很少有人到了火车上又返回到检票口的，在这条算得上是单行线的路上，居然看见第一个孩子返回来了，他身后跟着他的队友，他们一个个在冲刺，因为检票口还有训练他们的行李大包，这堆行李大包的存在，这堆大包也要回昆明的存在为他们造成了一种磨难，他们感谢大包，如若没有了大包，如若没有了大包要随同他们一起回昆明的事，他们不可能在这少年时节获得这种磨炼。这种磨炼又让他们获得了很多颗优秀的人格种子，让多少颗人格种子得以生根、发芽。所以，孩子们飞奔着来扛、来抱、来背、来挎、来拿这些大包，只要他们走到哪，将这些大包带到哪，他们的磨炼就不会停止。孩子们感谢大包、感谢大包给他们带来的磨难，他们又怎能舍弃大包不管呢？因为时间不多了，他们还要为大包在火车上找一个家，让他们舒舒服服地回昆明。只见孩子们每个人都尽自己最大的能力、最大的能量来搬运这些大包。孩子们争着拿，抢着拿，生怕自己拿不到，拿少了，孩子们一个个生龙活虎，一个个精神抖擞。从他们身上你全然看不到中国独生子女身上的不良习气，你能看到的反倒是独生子女的父母这一代人少年时代的影子。在他们这样的工作场面上，你无法相信人们所说的独生子女劳动意识的缺失。那么，与眼下这一群比搬运工效率还要高的孩子们，面对着他们的活动行为，我们这个社会、我们的学校、我们的家庭真得思考一个问题：对于孩子的劳动观念培养、劳动能力培养，我们是否是做了很多不该做的事。一方面我们大脑中出问题，被一些错误的价值观所左右，认为孩子只要把书读好，其余一切都可以不做，特别涉及一个人生存，每天必须面对的基本劳动完全可以不做，因此，每个家庭争相比赛谁能够彻底不让孩子学劳动，做劳动，看谁能拿到、先拿到最高荣誉勋章，这枚勋章上镶嵌着"劳动文盲培育示范家庭"几个金光闪闪的字；一方面当孩子长大，生活领域拓展，家庭劳动量明显增大，父母不堪承受家庭劳动之时，就开始无端斥责独生子女的种种不是，埋怨孩子如何如何懒惰，描述孩子如何如何好吃懒做，痛恨孩子如何如何憎恨劳动。面对着这群地地道道的独生子女的劳动过程，我们做父母的是可以从中悟出一些启示的。

最后一包被拿走时，这些检票员不得不为他们先前对我们的埋怨、抱怨、数落甚至是讥讽买单。他们一个个站在已没有了大包的地方，惭愧地议论道：还真没想到，他们会如此神速，了不起，真了不起，这群孩子还真跟咱们的孩子不一样。这个老师胆子也忒大，也真有办法。我们的孩子怎么就碰不到这样的老师呢。当我在检票口来回巡视，做最后的检查工作之时，他们的这番议论让我听到了。我们就要离开北京西客站了，我在他们的议论声中离开了，直奔火车。

当我来到火车上时，最让我意想不到的是，孩子们和三位助手已将行李大包安排妥当，尽管我们的车票分布在四个车厢。他们告诉我，没有一件行李丢失。等我巡视完所有孩子，火车徐徐开动。我们就要离开北京了，离开人格教育训练大本营，北京我感谢你，所有的孩子感谢你，你给了这些孩子一生发展所需要的最宝贵的人格财富。

在火车上独立生存

上部
肉身体验
之二

独立生存能力是当代孩子所不具备的品牌能力，尽管我带去北京的孩子大多年龄都在12岁左右，可他们身上难以出现独立生存的行为影子，这对于人类孩童成长史上来说是极为罕见的现象，这是违背人类孩童生存发展规律的，违背规律是要遭受惩罚的，难怪"啃老族"现象会出现在与这些孩子有相同成长经历的大学毕业生身上，"啃老族"现象难道不是呈现给父母，呈现给大学生本人，呈现给社会的惩罚吗？为阻止这些孩子走向"啃老族"，为唤醒更多的父母不能再制造加入"啃老族"行列的孩子，我把乘坐昆明至北京的40个小时的火车过程设置为孩子的独立生存训练课程，将火车上一切能用的设施设置成训练场地，将火车上枯燥乏味的、安全隐患多的乘坐过程变为孩子学会独立生活、安全生活、快乐生活的训练课程。

■ 出发：生活自理第一课

　　每年秋季开学,全国各大学新生已开始报到注册,在很多大学门口，我们都能看到禁止新生家长车辆驶入校区的禁令牌。在校园里，我们看到的是家长全程陪着孩子去办理各种入学手续；在宿舍里，我们看到是家长在忙里忙外地替孩子铺床、安放行李。在宿舍过道里，我们更多听到的是，孩子向家长发难：我以后的衣服到哪去洗，我以后的床谁来给我铺，我以后……开学了，我们看到大学周围，出现很多寻职书，更多的是新生家长写的，他们为了照顾孩子读大学，只好放弃自己原先的工作，到孩子大学所在地来谋一份工作，以便"陪读"。

　　回想新生家长这一代人，当年到大学报到注册，手续难道不是自己独立完成的吗？难道不是自己一个人在新的环境里开始崭新的生活吗？他们所经历的一切轮到他们的孩子头上时，为什么却行不通呢？按理说，长江前浪推后浪，青出于蓝胜于蓝，只有我们的孩子超越我们的。可事实不是这样的。

> 我们看到的是生命发展到18岁的人，欠缺最起码的独立生活意识，欠缺最根本的独立生活习惯与能力。这是我们给予孩子生活教育的失败啊！

　　面对这样的社会事实，我们的人格教育起步于孩子的生活教育，首先起步于独立生活。因此，我们将训练大本营设在离昆明1000多公里远的北京，惟有这样，我们才可能给予孩子一段真正意义上的独立生活。我们的训练生活让孩子从肉体生命的存活中学会独立，让孩子从智力、情感、需要、态度、兴趣、价值观、性格、气质方面学会独立，这八方面构成我们每个人的精神生命，也即让孩子的精神生命存活学会独立。

　　为了实现训练目标，我们在北京没有让孩子入住星级宾馆或度假村，2004年的训练我们租用北京民居房，2005年训练我们为孩子准备了北京大学生的宿舍，一切卧具必须由孩子从昆明带到北京。这正是我们两届训练营不同于全国其他任何一家夏令营的地方。当家长选择夏令营时，考虑最多的是孩子住房标准是否高，因为家长心目中一直认为孩子是去旅游，我出钱了，当然要让我的孩子得到该有的服务、照顾和享受。我们不是带孩子去旅游，旅游在我们的训练活动中只是少而又少的内容，我们是对孩子进行人格教育的训练营，我们不是家长对孩子实施扭曲之爱的助手与延伸。我们要把浸泡在家长扭曲之爱中的孩子带到北京，经过严格教育训练，让孩子流下的每滴泪与汗唤醒他的父母和家人：我是一个独立的生命，我要让我的生命健康成长，我要按人类生命的存在方式去生存。训练孩子的目的是让他们的人格产生巨大变化，让家长吃惊，让家长激动，让家长从中受到教育。

> 在独立存活中刺激肉体生命，就会更有效地提
> 供精神独立的真实支撑。

两届训练活动要乘坐的列车于晚上发车，当我们登上火车后不久，车灯就要熄灭，我们要赶在熄灯前完成几项重要活动。对于2005届训练来说，每个孩子按手中的票号去找床铺，同时要提着自己的行李，走动在前行的火车上，车厢的晃动增加了行走困难，手中的行李在狭窄的通道中困难地移动着，孩子们从未经历过这样的场面。他们这时的表现非常真实，真实地告诉我们他长大到现在是一个什么样的人，他的家庭教育是什么样的。有的孩子一边走一边骂，他的骂声和所骂内容表明：他几乎是一个没有独立生存能力的人，没有良好的独立意识，也没有支撑他的肉体生命和精神生命独立的习惯和能力，因此，他面临的这一切就成为巨大的困难，而他成了最大的受伤害者；他怎么也想不到生活竟然会如此无情，他历来只见过一切都是别人为他准备好的，他从别人为他所做的一切中感受到他就是一个什么都不该做、什么都由别人为他承担的人，怎么现在居然敢有人叫他做本该是别人要替他做的一切，他受伤害了，真的受到了伤害；他又是一个善于表达情感的人，于是就有了用骂来宣泄他受伤害、受委屈后的恼怒之情。有的孩子悄无声息，非常痛苦地找着他的床位，他的痛苦让我们看到一个没有生活独立性，面对困境，感到压力，产生痛苦，同样受了伤害的孩子，却又不愿意宣泄其消极情感，只能将压力与痛苦一个人扛着，但内心的压力和痛苦又无法掩饰住。少数孩子无所谓，该做什么就做什么，他们是有一定生活独立性、适应性和承受力的。极少数孩子高兴极了，灵活、快速地找到他的床位，很有经验地摆放好他的行李，还出手相助那些急需帮助的孩子。透过他们的高兴劲儿，你完全可以看到一个具有独立生活能力，快乐地迎接挑战的孩子，他独立生活的意识，良好的独立

生活习惯，匹配的独立生活能力让他轻松应对一切，他轻意就成功完成他该做的事，还有更多的能量去帮助别人，他看到了自己生命的价值，他怎能不高兴呢？

> 看着车厢里熙熙攘攘的孩子们，看着凌乱的行李，看着孩子们适应陌生环境的行为表现，我心里说不出的高兴，因为孩子们开始了面对一个真实的现实，他们必须搞定自己。

40多分钟过去了，孩子们终于不再乱了，安定了，他们在诅咒中、在痛苦中、在宁静中、在快乐中，按自己的方式找到了床位，安顿好了行李与自己。我通知随队"银行"老师，在20分钟内，让全体孩子将身上携带的全部零用钱存进"银行"，并办理相关财务手续。随后，我们专门管理生活的"妈妈"老师带领学生去洗漱。

很快，孩子们都上床睡觉去了。动荡的车厢里，心理能够独立的孩子，情感能够独立的孩子很快就入睡了。即使是独立性差的孩子在平生第一次这么新奇的环境里，伴随着兴奋、激动和劳累，还是慢慢入睡了。火车在茫茫黑夜中行驶着，有几个孩子很难入睡，眼睛直愣愣地望着上方，眼泪不住地从眼角流出。带队老师问我是否需要对他们进行安慰，我告诉他们没有必要，这样的经历、这样的体验去哪找，孩子们流下的泪是不会白流的。这是他们人生中最难忘的一夜，今夜的复杂情感会让他们刻骨铭心，今夜的情感体验正是这类孩子接受人格教育训练最需要的刺激，我要的正是这个结果，他们越能感到痛苦，越能感受到难过，我们的人格教育训练就越容易展开，就越容易向他们投去优质人格种子。

7月14日清晨，孩子们被一声口哨响叫醒了，但任何孩子不能随意起床，我们真正的训练始于这天早上的起床，孩子们要按起床规范来完成起床行为。专管生活和教学的两位带队教师按训练计划，告知孩子们今后必须"学会自理生活"，这是最基本的训练要求，每个孩子，从起床、上下床、床铺整理、卧具摆放、牙具摆放、衣服折叠、个人生活用品取放、个人学习用品取放、洗漱、进餐、洗衣晾晒、洗澡冲凉、储备饮用水、住宿房间清扫、上下车、行李搬运与安放等方面都必须按训练规范去执行。我们给孩子制订生活自理的各个环节活动都有严格的规范。规范制订的原则是：

1.必须有利于孩子自身的身心健康，活动的每个过程是合理、科学的，结果是孩子能够感受到快乐的；

2.必须有利于团队中的每个成员的身心健康，全体成员共同活动过程是和谐的、合理的、科学的，结果是给全体成员带来快乐。

训练老师还告诉学生，不论完成哪一项活动都有两个最重要的指标卡着他们，一个是时间，一定要在规定时间内完成，有的项目既不能提前于规定时间完成，也不能超过规定时间完成，有的项目只允许提前于规定时间完成，不能超过规定时间完成；另一个指标是安全，不论是哪一项活动，都有潜在的危险存在，如果人的生命安全都遭到威胁，人的生命都遭到伤害，这不是生命健康成长所要走的路。

火车上最危险的行为莫过于接开水。火车上是用电热水器供开水，列车员告知我们一定要小心，水一直处于沸腾状态，水温高，列车不停地晃动，紧急制动时常发生，很容易出现烫伤，他们都难以避免。由于我们人数太多，餐车无法给我们供早餐，我们只能吃方便面，再加之四十多个小时要饮用开水，也就存在大量使用开水的需求。这是我们训练孩子生活自理课程中安全性最强的一个项目。我们让孩子不断提供安全方案。孩子们争先恐后地提交自己的方案，因为这是需要他们将生活中和课堂上所学过的知识进行组合来解决实际问题的一刻，是孩子们证实自己能做事的时刻。当孩子们按细节要求述说他们的方案时，其实很多不安全的隐患已经被他们识破了、剔除了。我们对他们的方案进行总结，也就是将我们的操作规范告之他们，让他们严格照做，严格执行。孩子们按规范去操作，良好习惯即刻出现，在往返北京的火车上，我们没有任何学生出过安全事故。因为他们都知道严格按正确的操作规范去做事。危险大量存在于人们充满无知、愚昧、偏见的地方，在人们掌握规律、了解事物特性的领域是较少有危险的。火车上，孩子们要随时上下床，危险存在；在晃动、东偏西倒的运动状态下，孩子们出入卫生间门，手被门夹伤、砸伤的危险随时存在。孩子自身生理的运动平衡水平要低于成人，那么多孩子生活在一起，危险系数是极大的。

> 人格教育的体验教育就是要求在危险中学会安全，火车上的危险环境满足了我们训练孩子学会安全，学会自我保护的情境要求，我们就在这充满危险的环境中开展了一道道训练课程，让孩子们安全地完成了每一项训练。

我们乘坐的列车于7月15日中午1点左右驶入北京西客站，列车停靠后，孩子们都已将自己的行李物品准备完毕，按要求坐好，待老师们进行最后检查，几分钟后检查结果汇到我这，没有任何孩子出任何问题，可以离开火车了。当我看到孩子们提着他该提的全部行李走下车厢时，13日晚进站发生的那一幕似乎与这些孩子没有任何关系，因为，我没有看到谁在丢弃行李物品，我没有看到哪个孩子在诅咒，我也没有看到哪个孩子非常痛苦。我看到的是他们充满自信与快乐的表情，我看到的是一个个都很精干、机灵、能干。此时，我悬着的心落下来了，我真得感谢乘坐火车的生活，感谢为孩子们准备在北京用的全套卧具，正是它们的存在，才让我们的孩子有了那么好的训练课堂。如果是坐飞机来北京，按家长们所说的，少让孩子受罪，那孩子们落地时会有这种改变，会有这种精神状态吗？

■ 返回：感谢拥挤

2005届第一批的孩子被全体带队老师带回昆明的途中，算是历尽磨难，直到昆明，孩子的吃苦体验才算结束，在火车上他们仍然坚持着吃苦的精神。这批孩子返回昆明正值北京客流大量涌向昆明之时，我们两个月前就预订的火车票，到取票时，火车站通知我们：票源紧缺，他们不能保证我们全部拿到卧铺票，只能给我们一半卧铺票。几经周折、协商，最后我们拿到三分之二的卧铺票，三分之一的硬座票。这样的结果是我根本没有想到的，因为提前两个月订票时，售票中心并没有告知我们存在这样的风险。面对着这样的情形，我又不能随队回昆明，只有靠全体助手来面对不可预知的一切磨难。离返回昆明还有两天，我必须要组建一支"抗难队"，也即招募一批孩子自愿去硬座车厢。当我在晚上的课堂上，将我们所面临的不可抗拒的困难告诉孩子们，我们要招募一批最优秀的孩子在火车上继续吃苦，让他们自愿报名。我还没下课，很多孩子就举手报名了。下课后，各位带队老师就拿着名单来了，一看大的、小的、男孩、女孩都有。名单上的人数远远超过需要的人数。我们只好让那些较大的、体力较好的男孩去硬座车厢。

第一批孩子在全体带队老师的带领下顺利上了火车。全体带队老师也只能乘坐硬座，他们轮流分班回到卧铺车厢来值日，管理三分之二的孩子。他们怎么也没想到回昆明的T61次列车的拥挤程度，因为来北京的T62次列车就已经够拥挤的了。这列火车的所有硬座车厢都挤满了人，能站人的空间都不会闲着，站着的人是一个紧贴着一个，有的地方，有的人不能将双脚站立，只能用尽最大的意志力来保持金鸡独立的动作，直到能将脚放下去。带队老师要想从车厢中穿行到卧铺车厢，那叫做异想天开。他们每个人要按时过去换班，就只有先走到车门口，这就得用半小时，到站时快速冲到站台，然后拿出百米冲刺的速度跑到卧铺车厢，卧铺车厢的带队老师又要冲到硬座车厢，因为他们不过来，硬座车厢中的座位马上被人占掉。硬座车厢里的孩子们吃饭，上卫生间都十分艰难。

为了让孩子们不要长时间坐着，我让带队老师们将我们带到北京的折叠床垫放在硬座下，放在两排背靠着的椅子的上、下方给孩子们轮流睡。尽管能睡，能将身子伸展，能阻止腿被吊肿，但睡在下面的同学得闻着以脚臭味为主的各种难闻的气味，睡在上面的同学面临着紧急刹车将自己颠簸下来，压在其他同学身上。我们的孩子所经历的这一切，是很多到外地上大学的大学生都不曾体验的。家庭条件好的学生都会买飞机票，不会来领教这种罪。如果让那些最终与我们训练营无缘的家长，看到这些孩子所承受的磨难、苦难，那他们的愤怒足以将我给撕吃了。他们很想让孩子接受人格教育，参加我们的训练营，但又怕孩子吃苦受罪，嫌弃我们乘坐火车，不能接受让孩子坐卧铺的事实，他们认为孩子要在火车上受罪四十小时。可这些孩子在他们只有十一二岁、十五六岁时就承受了这一切，这一切又给予了他们多少颗金色的种子，这些种子的生根、发芽可以为孩子们获得多少幸福，这些幸福更多的来自于孩子未来所碰上的风风雨雨，是这些种子在做着大量的转化工作，不断地将风雨转化成幸福。

一生中最长的一天

上 部

肉身体验

之三

人格人人都有，人格是生命的组成要素，由九大板块组成，人格教育就是要通过教育让这九大板块得到同步、均衡与正向的发展，它是让生命得到健康成长的过程。孩子的人格教育客观上要求孩子能够接触、体验大量全新的生活，惟有如此，人格教育才能够得以实施。北京人格训练能够给予昆明孩子的最佳之处是一切陌生，一切需要适应，再加之我所选择的一切训练条件与环境，我所组合采用的一切训练方法，我所设计的一切训练过程，对于这群独生子女的现有人格水平状况来说，意味着处处是磨难，处处是困难，处处是艰辛，处处是挑战，处处会流汗流泪，孩子们唯有用尽吃奶的力气方能去适应分分秒秒呈现在他眼前的训练生活。历经过的每秒训练生活体验，都会铭刻在孩子的心灵上，孩子们第一天的北京训练生活永生难忘，这将是他们一生中最长的一天。

■ 三道磨难

　　火车上的训练生活给予孩子们自信，因为他第一次料理自己的生活，第一次学会保护自己，他们发现自己有了很多很多的第一次，孩子们都怀着激动的心情，将这些发生在自己身上的第一次一一记录下来。然而，当他们怀着自信与激情走下车厢，排队站在站台上的那一刻起，就被我们的训练课程带入了更多磨难的生活，这是孩子们怎么也想不到的。

　　与空调车厢相比，北京的气温实在是高得吓人，来自四季如春的昆明的孩子们从未领教过如此高温。我们到北京的这一天，恰巧是北京最热的日子。对于自幼就生长在昆明的孩子来说，这里的气温算得上是一大灾难。条件好的北京人都要到昆明避暑。难怪很多北京人说我们简直是疯了，昆明多好，上北京来干吗，受罪。就在这中午1点左右，孩子们要提着沉重的行李走约一公里路去乘坐等待他们的车。

　　当孩子们快速前行时，他们心中充满了希望，北京的车一定是空调车，上了车就凉了。当他们走到停车场，顺序上了车，摆放好行李坐定后，才发现，这些车全是没有空调的。里面比桑拿室还要热，还要闷，他们的希望破灭了。有的孩子实在接受不了这样的刺激，怨气冲天，开始骂骂咧咧。当孩子们上车完毕后，五辆大客车同时出发，这时每队的领队，孩子们的"老大"开始简介等待他们的生活将是什么样的。

　　在北京的10天训练，训练课堂离我们住处远的才需乘车前往，近的，全得靠走路。乘车时，你们要根据指挥不断调换座位，目的是能够让每一个孩子都能很好地观察、了解北京，乘车的过程也是我们训练的过程。

　　一路上，带队老师都让孩子们观察，北京的客车是否全是带空调的。当孩子们看到，很多公交车都不是带空调的，很多轿车开着车窗表明自己没有使用空调，他们好像明白了一些。当他们看到不带空调的公交车里挤满了乘客，他们似乎更明白了一些东西。

　　我让孩子们回答一个问题：为什么当你坐在透气很好的客车里，看着挤满乘客的公交车时，你还会怨气满腹，感觉自己受到巨大的伤害呢？没有一个孩子能回答得上我的问题。他们的父母在千里之外，无法宠爱他们，除了队友之外，没有谁能够帮助他们，这时，我告诉他们："你们现在身居北京，肯定想活命，肯定想活着回到昆明，现在，天很热，你在北京要度过我们训练营的生活，除此之外，你们别无选择，只能面对你们的训练生活。不信，你现在下车，离开我们去找你想要的生活，你能找得着吗？只怕是你刚一离开我们，恐惧就要来临。因为这偌大的城市对你来说，实在是太陌生了，你身上现有的生存能力实在是没法招架这所城市。你的父母把你交给训练营，就意味着你这十天的生活肯定是在训练营中度过的，你们真的别无选择。"听完后，孩子们稍微平静下来了。他们当中，有的很能理解等待他们的生活，有的还没有个底，有的还很害怕。

> 一旦面临"别无选择"，就是经历着人格锤炼。优质人格种子往往在磨难的逼迫中生成。

孩子们在非常消极的情绪状态下,乘车来到我们的第一个训练课堂——中关村海龙大厦。这是孩子们向往的地方，他们知道这里是全国IT产品的发散中心，这里的IT产品不仅齐全，而且价位较低，很多孩子期望着能够到这里买到自己心爱的产品，期望着全面了解这里的一切。当我们270人的队伍浩浩荡荡来到海龙大厦楼下时，瞬间就造成了交通堵塞，值勤的交管协助员说，还从未见过这么壮大的队伍来海龙买东西。为快速理顺交通，我们立即将孩子们带到大厦门口两侧。

这时，孩子们的第二道磨难又来了。

按训练要求，孩子们要在规定时间内，准时赶到集合地，如若迟到，就只有他自己想办法回到住地，我们绝对不会因为某个人或某个家庭自身的问题影响团队的时间。我们按全家七口人（爸爸、妈妈、爷爷、奶奶、外公、外婆、宝宝）编组，以家庭为单位到海龙大厦及周围的电子城购物，全家人必须随时保持待在一起，不能把任何一个成员弄丢了，"爸爸"今天管事，一定要管好全家人。买东西时，一定要学会讲价，千万别被人给骗了，一定要确保钱财安全。

将第二道磨难设在中关村，是因为这里作为中国IT产品的第一道批发中心，非常庞大，涉及到几座大厦。海龙大厦的卖场最大、商铺最多，产品琳琅满目，对于不经常出入这种大商厦的成人来说，要在规定时间内，寻找自己所需产品,还要货比三家，并以最好的价位买到，也不是件易事，更何况是孩子们，而且不是一个孩子，他们还要拖家带口的，要在拥挤的商场里随时保持七个人待在一起，谨防小偷，最糟糕的是他们当中谁也没有到过这里，一切都是陌生的，一切都意味着压力，而最大的压力是最后能不能找到正确的出口，在规定时间内赶到集合地，因为这些大商厦东南西北都有门。对于很少用东南西北来描述地理位置的昆明人来说，北京城里那些指示东西南北的标识起不了太大的作用，因为我们很少分辨得清哪是东、哪是西。这一切，对于从未经历过这种场面的孩子们来说，已是巨大磨难，他们是在喜悦、激动、害怕之中去完成他们的训练课程的。

我们指定的集合时间为下午5时正，集合地就是解散地。所有的带队老师也很激动，他们也早就向往中关村了，因为他们是云南大学的学生，他们也准备在这里购买到如意的产品。尽管这样，当所有的孩子离我们而去时，他们心中充满了担忧与焦虑，他们不断地问我：会不会出事，能不能每一个家庭、每一个孩子都准时、安全、快乐地到达集合地。是啊，他们的提问也不是没有道理的，前面所述很多大学新生无法独立完成到校报到注册事情，相比之下，对于这些小孩子要让他们完成这一道训练作业，风险是很大的。但是，我从未这样想过，我相信孩子们生命中求生、求安全的本能所在。我坚信七个孩子组建成的小家庭，在面临困难，面临风险，处于困境时，孩子们会产生爱心，会产生团结的力量，他们会竭尽全力，用尽智慧来克服一切困难，也只有在困境中，在磨难中才可能培养起孩子们承受压力的能力。

离5点正只有10分钟了，我和几位带队老师快速从三楼冲下来，寻找到集合地的那一道门。当我们一路小跑时，看到多少个家庭也在小跑，也向同一个方向赶去，大学生们的脸上露出一丝轻松。当我们差2分，跑到集合地时，只看到很多孩子已站在那，兴奋地在对比着、欣赏着他们所购产品，但也看到一些孩子垂头丧气地待在一旁。我一看就明白，准是所买的东西比别人贵得多，这不正是我们训练所要看到的最佳结果吗？真是几家欢乐，几家愁。我一声哨响，所有带队老师立即整队，清理人数，不到三分钟，五个队的领队都报告人数到齐，没有一个孩子钱币丢失，只有孩子产品买贵了。几乎所有的孩子都买了产品。

当我看着已忘却天气炎热的孩子们上车时，我心中充满喜悦。

> 经历磨难，就是向孩子生命中投去承受压力、抗击挫折、勇敢面对困难、乐意挑战困难、战胜自我易受伤害的优质人格种子，这些种子能生根、发芽吗？

中关村电子城离我们住地圆明园路5号并不远，不一会儿，我们到达住地，第三道磨难在等待着他们。

当孩子们拖着疲倦的身躯，将他们的行李全部拿下车时，我们宣布了住宿分布情况，并分发了钥匙。他们八个人一间宿舍。孩子们打起精神将他们的行李搬到了各自的房间。当他们走进房间的时候，我完全能想见他们的表情。他们住的是老式的大学生普通宿舍，八人一间，四张高低床，床上有一个普通床垫，一张大桌子，八个铁方椅，最为简单的储物铁柜。女生宿舍只有一层，装有空调，洗漱间有两间，每间有四个水龙头，卫生间有两间共四个蹲坑。男生宿舍为两层楼，只有电风扇，每层楼有一个卫生间，一间洗漱间，每间有水龙头五个。下午六七点走进这种房间，闷热程度比室外高多了，孩子们一进去一股热浪迎面扑来，再加之进入视觉的是沉旧的房间，房间中仅有的床、桌、椅、柜、床垫，傻呆呆地等待着他们。相比他们凉爽、温馨、装修气派、舒适宜人的家来说，相比他们那个性化的房间来说，他们可从未体验过这种居住氛围。在他们看来，这实在是差异太大了，老天简直是给他们开了一个大玩笑，他们怎么会来住这样的地方？

　　五六个小时前，孩子们刚离开火车车厢，就进入了北京三伏天，昆明与北京的温差已经让他们觉得是受了大苦难，乘坐没有空调的大客车，他们更觉得是受了太大的委屈，中关村的训练课程迫使他们进入兴奋、激动、害怕、恐惧、紧迫、紧张、高度专注的多种情感混合状态。在他们乘车来住地的过程中，他们全体在享受着成功闯过中关村这道训练的喜悦，这种喜悦的享受，怎么也不会将他们的思绪引向再次"受难"，"受大难"，相反会将他们引向美好生活的憧憬。当客车驶入北京大学文理应用学院大门时，映入我们眼帘的是与圆明园建筑成一个系列的校舍，刚好是假期，整个校园清幽、整洁、有序、恬静，确实给人一种暇逸、舒畅的享受。沐浴在这种享受中，走进灰暗、陈旧、闷热的房间，突然一百八十度的大转变，怎么能让情感体验极不丰富的孩子们来承受呢？

　　当带队老师来到各个房间要求孩子们立即投入铺床训练，按要求在规定时间内完成，已有很多孩子哭起来了，有的是大哭。透过他们的哭声，我完全能理解他们的心情。我事先就通知过带队老师，如果孩子们哭了，或是想哭，不要劝阻，那就让他们哭，让他们将心中的委屈宣泄出来，让他们将心中的怨恨倾倒出来，让他们将经历的如此不幸哭出来，让他们将心中会产生委屈、怨恨、挫折感和受侮辱感等等全部倒出来。如果孩子们发火、骂娘、诅咒，也不要制止，让他们尽情地去发泄。

> 情感体验是我们人格教育训练成功的最起码的动力，如果没有情感体验的出现，那我们就失去了各种训练的根本基础。正是各种情感体验的存在，我们的各项训练才可能完成，孩子们生命九大板块才可能接受到我们投去的优质人格种子。

我自己很清楚，孩子们面对着的住宿条件还算不了什么，很快他们就要面临更大的磨难，从明天起他们就必须接受难以想象的磨难的挑战。今天孩子们肉体生命、精神生命过不了这些关，那么，训练营的课程就无法完成。

尽管如此痛苦，但我们的团队中还有一小部分非常优秀的孩子，他们非但没有感受到是在受罪、受苦、受累，反而感受到刺激、挑战、过瘾、欢畅，正是因为这种快乐情感的存在，他们积极主动地完成了铺床整理工作。他们铺床的动作和过程本身，还有那洋溢在脸上轻松、美滋滋的表情已让大多数的孩子感到奇怪，他们铺好的床，整洁、清新，富有生活气息，更让痛苦的孩子们看到了一丝希望。怎么会不是希望呢？此情此景，犹如沙漠上突然出现了一片绿洲，出现了一湾清泉，那是拯救干渴生命的福星。铺好、整理好的床铺让更多沉浸在痛苦中的孩子看到了生命的希望，是这样的床铺照亮了一片片看不到曙光的心田。一丝丝的光亮照射到心田，一个个痛苦的孩子开始走出深渊，一双双手开始整理床铺，一张张的苦瓜脸开始放松，一张张整洁的床开始出现，一间间温馨的房间开始呈现。

写到这，我无法按捺住感恩的心，我感谢那少数不怕磨难的孩子们，我感谢养育了他们的父母。正是这样很少宠爱、娇惯孩子的父母，正是这样把孩子当作个体生命去养育的父母，养育了这样的孩子，能将多少与他们同龄，甚至比他们还大得多的孩子们从心灵的黑暗中拯救出来，给他们引路，给他们做示范，朝着人类生命最健康的方向前行。每当我的工作陷入困境时，这一张张总是充满欢畅的小脸，交替着浮现在我的大脑屏幕上，他们给了我多少希望。我感谢你们，我们的人格教育训练营感谢你们。

■ 为晚餐流泪

傍晚7点到了，所有的孩子都很激动地来到北京大学圆明园餐厅，渴望着吃到可口的饭菜。孩子们按队形坐到各自的用餐领域里，按要求接受值日生配给的饭菜，却怎么也没想到住宿算什么，升级的灾难来临了。现在，他们饥饿难耐。常言道，饥不择食，饥是最美好的食物。他们应该端过饭来狼吞虎咽，几下扒完，求得个痛快。可这一幕并没有发生在全体孩子身上。很大一部分孩子端着饭，傻眼了，他们没办法动勺下筷，呆呆地对着那碗饭，伤心地流着眼泪。对于这一点，我早就意料到了。记得我去订餐时，与餐厅经理和厨师长商定，餐厅平时做什么给大学生吃，现在还做什么给我们的孩子吃，不要有任何改变，千万不能照顾我们昆明人的口味。北京很多高校食堂的饭菜我已吃过，对于昆明人来说，两地饭菜口味差异是很大的。夏天的昆明正是瓜果蔬菜最为丰富的时节，各种山珍野味争相进入各家餐桌。昆明在全国来说，算得上是吃的天堂，而且昆明人会吃、能吃、敢吃。得天独厚的地理环境、气候条件造就了昆明人注重吃的品性。我带去的这些孩子基本上是吃滇味饭菜长大的，滇味偏浓、偏咸、偏辣，而北京大学圆明园餐厅的饭菜，相比之下偏清淡、偏酸甜，再加之市面蔬菜品种贫乏，也只是那么几种菜，孩子们肯定是不能习惯的。不要说孩子，即使是孩子的父母来到北京，最不习惯的若不是气候，恐怕就是饮食了。

目睹眼前的情景，我只有让带队老师多鼓励孩子们吃下去，不管怎样，要让孩子们把肚子吃饱。可当孩子们离开餐厅，回到宿舍稍作休息的时候，我和几个带队老师，环视了几个盛剩饭的铁桶，就只有连连叹气的份儿了：很多孩子都将饭菜给倒了。待我们回宿舍路过校园中的一个小超市时，发现里面很热闹，孩子们都在争先购买方便面。此时，我深感这些孩子认知上多大的误区，多大的愚昧，透过此，完全可以感受到这些孩子在家中当小皇帝的任性，完全可以想象到家长给予的溺爱有多深，这就是家庭养育的灾难啊！他们现在身上还有几个钱，校园里还有卖方便面的超市，如果这一切都没有，那他们恐怕只有等待挨饿的命了。

■ 为洗澡犯难

孩子们来到教室，我开始给他们交代如何完成洗澡活动。当我告知他们：洗澡按带队老师给他们编排好的队伍在浴室外等待，一批一批地进去，男女生每批进10人，因为男女浴室各有10个水龙头，每批正常洗澡时间共为5分钟，脱衣服用1分钟，洗澡用3分钟，穿衣服用1分钟，第一批关水时，第二批进，也就是第一批穿衣服时，第二批脱衣服。更衣室很小，孩子们只能相互谦让，不能将衣服拿错。室内只有10个更衣柜，第一批孩子拿出衣服，第二批才能将衣服放进去。洗澡时间只有3分钟，不能提前洗完，也不能延时，时间一到必须将水关掉，让后一批洗。洗出来后，有老师专门等候在浴室门口为每个人检查洗净程度，如果老师用手一搓你们的手、脚或其他地方，搓出一点脏东西，那你们就得重新进去洗，但请你们记住，第二次进去洗的同学，并没有你们的水龙头，那你们只能借其他同学上沐浴露之时，去冲洗一下。因为你不能影响别人洗澡，该你洗时，你不用心，或是动作太慢造成的结果只有你付出代价来承担。

当我将这一段训练要求说完之时，整个大教室里一片嘈杂声，怨气冲天，很多孩子冲动十足，大叫："怎么可能，不可能，不可能，我们做不到。以往在家，我洗头都要用20分钟，洗澡要用1个小时，这种要求简直不可能，我做不到。"当我们把他们平息下来的时候，告诉他们："今天给延长一点时间，总共10分钟，洗澡6分钟，脱衣服2分钟，穿衣服2分钟，今天不检查洗澡的情况。你们真要不洗也可以。"天如此热，他们早已出了多少身汗，身上黏乎乎的，汗臭味开始散发，这时最想做的事是冲个澡，谁不愿去洗呢？

当孩子们按要求来到洗澡室才发现，这里的男女洗澡室结构都是一样的，由外面的一间更衣室和里面的一间洗澡间构成，男女浴室都只有10个水龙头，供10个人同时洗澡，水龙头之间并没有任何隔断之类的东西，因为空间很小，已无法设置隔断，洗澡间通风条件并不是很好，10个人同时洗澡，室内很快就被雾笼罩着，洗澡间墙壁没有贴瓷砖，只是水泥墙而已，地面也是水泥地，但十分光滑，外面的更衣室除去开门的地方，都摆放着铁制衣柜，时间已久，这些铁柜早已生锈。更衣室与洗澡间尽管条件不是很好，但非常干净。这样的洗澡环境，对于家里面卫生间都装修得很精致的孩子们来说，无疑是难以接受的。现要求他们每人只能洗6分钟，不能有任何人帮助自己，事实也不可能有人会帮助自己，每个人既不能提前完成洗澡活动，也不能超时洗澡，对于更多的平时做事、做作业就非常慢的孩子来说，简直是天大的难事。但经历了从中午离开火车到吃晚饭这么短短的7个多小时的磨难训练，似乎他们已出现了一点点适应性，尽管十分不高兴、不情愿，但孩子们的身和心在这个团队中已开始出现适应环境的良好开端了。怎么可能不适应呢，人是环境的产物，有什么样的环境就能造就什么样的生活，当别无选择之时，在及时的教育训练指导下，人是能学会适应他所面对的生活。

> 家长在孩子成长过程中一路不断提供好的生活条件，这就加速了孩子人性中追逐优越物质享受欲望的快速发展，同时也快速降低了孩子适应不同环境的能力。

　　孩子们遭遇了条件差的生活，这与他以往体验过的优越生活差异太大，不论是眼睛所能看到的，耳朵所能听到的，鼻子所能嗅到的，嘴巴所能尝到的，皮肤所能触及、能感受到的，还是迫使身体运动部位产生动作的一切不是让他感到舒服、舒适、舒心，产生高兴、快乐的积极情感，而是刺激他，让他感到浑身不自在，产生痛苦、难过的消极情感。我们的家长是没有亲眼目睹这些孩子进入洗澡间的情绪状态，可我们的带队大学生目睹这一切之时，都深深感慨，这样的洗澡条件并不算差，可怎么就要了这些孩子的命呢？生命的适应性竟然如此脆弱！面对这样的洗澡条件，有的孩子还自认为是心灵遭受了巨大伤害。事实上，在现实社会生活中，谁也做不到随时随地都能获得优化组合的生活条件，相反，让我们产生消极情绪的生活远远多于让我们产生积极情绪的生活，那人是不是注定要长期处于消极情绪之中，事事难做呢？

　　现如今孩子在北京，遭遇这么炎热的气候，洗澡已成为一种来自肌肤、发自内心的根本需求，又有了能够洗澡的地方，孩子们居然望而却步，这是谁造成的呢？是家长。同样是这一批孩子，就有那么少数几个孩子可以欣然接受，乐滋滋地去洗澡，饶有兴趣地品尝着北大学生吃的饭菜，充满希望地去铺床，似乎他们周围孩子所痛恨的一切对于他们来说根本不存在，他们根本不感觉这一切会让他们难过、生气、生恨。这样能够面对更多磨难的孩子，有这么大的承受能力的孩子，有这么强的抗挫折能力的孩子，有这么一颗乐观的心的孩子，又是谁造就的呢？同样是家长。

　　有一些家长，他们并没有刻意地为孩子提供优越的生活环境，而是按照孩子成长该有的生活样式为孩子配备、提供生命成长的养分，他们的孩子并不只是单向式地适应优越的生活，还大量体验了更差环境的生活。这就是我们常说的，能上能下的孩子。细看下来，这些平日生活境遇富于变化、生活内容多样的孩子们，在我们的整个训练中，真是最能获取机会的孩子。不是吗？餐厅将不同于我们以往口味的饭菜摆好之时，是他们第一批去吃的，他们没有挨饿；饱餐之后，当其他同学还在那痛苦地咀嚼，艰难地吞咽时，他们可以赢得更多的时间去做自己喜欢的事；而当进入房间已很劳累，他们却是第一批去铺床的，他们躺在床上养精蓄锐之时，更多的孩子还在那不住地感伤、流泪、享受痛苦、品尝不幸。当满身汗液，身上皮肤已经发痒难耐时，是他们第一批去洗澡的，他们享受着清水的呵护，感受沐浴后的清新、放松、舒心，而更多的孩子还在发愁、发难。在整个团队中，他们事事遂心，处处获得先机，最重要的是，他们在这个群体当中很快就获取脱颖而出的机会，赢得了多数孩子的敬佩，隐约有了领袖风范。他们成为了所有孩子的榜样、典范，正是他们的榜样作用，给予了每个孩子莫大的精神动力。

> 成功者遇到困境时，他们的情感能够以最快的速度调配快乐给他，调配最大的起步动力给他，并为他提供长期动力，支撑他去战胜挑战，抗击挫折。

　　成功者生命九大板块中的人格种子从数量上，远远多于那些普通者，人格种子质量远远高于普通人。人格种子越多、质量越高，表明个体生命九大板块得到同步发展，发展和谐程度非常高，专管个体能否从事某项活动的情感板块质量也就非常高，这就是我们所指的高情商。孩子们在北京第一天的磨难训练，所表现出来的很复杂的情绪反应，在团队中起主导作用的是消极情绪，这些情绪的存在确实是阻止孩子们顺利完成每一项活动的巨大障碍。消除孩子们随时遭遇消极情感，行为活动遭到抑制的有效方式是对孩子们实施人格教育，这正是我们这个人格教育训练营存在的主旨。

■ 情感辅导课的震撼

　　人格教育训练营的宗旨在根本上区别于全国各地到北京的夏令营，决定了我们在北京每一秒钟的生活都根本不同于他们。其他夏令营的组办者都以提供更优越的吃、住、行、用条件来解除家长的担忧，赢得家长的信任，而我们在北京是尽可能寻找能够制造出磨难生活的机会，满足训练要求。

　　第一天训练至晚上8点半时，全体孩子完成洗澡活动，他们原想着可以回到宿舍，可以躺在床上休息，没想到一声哨响，驱使他们必须在两分钟之内赶到指定教室上课。带着痛大于乐的复杂情绪来到了备有空调的大教室，当孩子们感受着教室里的凉爽时，他们怎么也不会想到今晚上是他们人生发生重大转折的时候。

晚上的训练课在容纳150人的多媒体教室完成，而我们的学生就有270人，要容纳下这么多学生，就只有在所有通道上摆放好椅子，这样空调也就显得不够用了。这样的上课条件正是我们训练要求所需要的。我们的每一道课程，每一个训练课堂的设置都要求让孩子的身体感官接受更多更大的不适应、不舒适，让孩子的情感因此而产生消极情绪，让孩子的心理全面面对磨难，也即我们所有的训练课程都要求：

由全面陌生 → 全面不适应 → 学会适应 → 完全适应 → 轻松应对 → 喜爱挑战磨难、抵制挫折。

当孩子们坐定、安静后，我开始为他们上第一堂"情感辅导"课。

如果没有晚上这堂课，那么，每个白天的训练课只能说完成了一半，而且会导致让孩子们害怕磨难的情绪加深，最糟糕的是白天艰苦训练中所投向孩子生命九大板块的优质人格种子不能很平稳地着陆。我们的人格教育训练最精华的地方就在于此。在我们2005届两批350个孩子训练归来，有两个训练失败的孩子，就是因为体质较弱，身体生病后，晚上更多是在宿舍休息，上课较少，没有得到很好的情感辅导，再加之这两个孩子平日得到父母的呵护，宠爱在我们所有孩子当中是最厉害的，结果导致对磨难的恐惧和憎恨。所以，我把晚上的课称之为"情感辅导"课。

我给孩子们讲的第一个内容是：请认识你自己是谁。

当我把这个标题说出来后，所有的孩子都很奇怪地议论开来。我知道，他们对这个话题很不理解。孩子们都说：我是谁还用问吗？我就是我，我有我的名字，我是我妈生的孩子，我是昆明××学校的学生。正当他们觉得奇怪之时，我用手指了指与我们相隔一墙的圆明园方向，告诉他们：隔壁就是你们即将要去的圆明园，圆明园是我们的一个训练课堂，现在你们没有去过，我告诉你们那是什么地方，那是皇帝居住的地方，那是多少皇儿皇女成长、受教育的地方，是太子成长、受教育的地方，是将太子塑造成皇帝的地方。我今晚要将课堂开始于"请认识你自己是谁"，是因为孩子们对第一天训练所遭遇的磨难负向反应十分强烈，要帮助他们正确认识他们所遇到的这一切，必须让他们认识到自己只是一条普普通通的生命，在这个世界上是极为平凡的一个孩子，自己与天底下的孩子相比，并没有什么特殊的地方，并没有什么要优越于别人的地方。当我告诉他们皇儿、皇女、皇太子并不像常人想象的那样是极为享福的，相反，他们得在夜里四五点离开暖烘烘的被褥，挑灯来到学堂上课。要想成为皇帝，这些孩子是需要经过很多磨炼的。当我问及他们："谁是皇儿皇女？"无一人应声。即使是也要承受磨炼的，那既然都不是皇儿皇女，只是全天下一个极为普通的孩子，那你为什么还要如此挑剔，如此埋怨，如此怪罪，如此了不得呢?接着我将一连串的问题抛给他们，请他们给出答案。

1.你们受不了北京的气候，那过去生活在隔壁的那些皇家儿女是不是得到了老天的专门呵护，不给他们炎热，只给他们凉爽呢? 真正要成为皇帝的人都逃不了炎热，都会习惯于这样的炎热，那不能忍受酷暑的人就一定是比皇帝还要高等的人吗?

2.北京那么多人都不是人，因为他们能够承受酷暑难耐的天气，真正是人的都不能忍受这样的高温，全北京只有我们现在这些会抱怨的人才是人?

3.你们现在住的宿舍是北京大学生住的地方，他们来自全国各地，到北京来接受教育，他们四年都要住在这，跟你们相比，他们简直不能称作人，因为他们居然住在这种让你们生恨、生痛的地方。

4.今晚北京大学燕园餐厅给我们提供的饭菜，你们很多人都把它倒了，倒进盛饭桶里，意味着这些饭菜不是你们吃的，达不到你们吃的标准，而这里的大学生和他们的老师天天就是吃这些饭菜，可见，如果这些大学生和老师们是人的话，那你们就是皇帝啦?

5.给你们洗澡的地方就是学生们洗澡的地方，也是老师、家属洗澡的地方，别人能洗的地方，你们就不能洗，你们到底是谁啊?

6.我们乘坐的大客车是北京理工大学的，是理工大的老师、学生们乘坐的车，是他们在这种酷暑里同样要乘坐的车，可你们就受不了啦，就觉得委屈了，就觉得天下的苦都被你们吃完了，你们是天底下最不幸、最不幸的人啦?

7.我现在糊涂了，我真不知道我带了一群什么样的人到北京来，是比全国各地的人都了不起的人? 是比北京人还要了不起的人? 是比皇帝还要高贵的人? 是中国最为高贵的人吗? 我真不知道了，请你们告诉我，你们到底是谁啊?

当我非常生气、充满疑惑、又满怀爱意深情地把这些问题一股脑倒出来，请他们回答时，整个教室里鸦雀无声、一片寂静。谁也无法回答这些问题。沉默足有两分钟后，我告诉孩子们，我来替他们回答这些问题。

孩子们，我们每一个人都不是皇帝的孩子，我们不是比全国各地到北京来读书的学生更为了不起的人，我们也不是比北京人高一等的人，我们当中的每一个只是中国大地上一条极为平凡的生命，我们只是一个普普通通的中国孩子。既然是一个普通的生命、一个平凡的孩子，那么凡是人类迄今为止所经历过的生活，我们作为人类的生命就都能够去经历、去体验，因为人类所经历的生活，都是像我们一样的生命开创下来的。北京是我们祖国的首都，这是全国人民都向往的地方，现在我们到了北京，我们要尽可能体验北京的一切，用心地去体验。可从今天中午1点算起，你们不是用心地去感受每一秒钟呈现在我们眼前的北京生活，细细品尝北京的一切，而是陌生生活来临之时，就尽可能闭上眼睛、捂住耳朵、紧闭嘴巴，捶胸跺足，痛苦地尖叫：我不要这样的生活，我怎么能过这样的生活呢？最大的快乐是赶快逃离这里，回到你家，继续享受你父母给你的呵护。孩子们，我将讲述2004年30个昆明孩子在北京所经历的一切，他们同样是昆明的孩子，他们在昆明的享福程度没有哪一个在你们之下，可他们一年前也是在这个时候到的北京，你们所遇到的他们都遇到了，你们所没有遇到的他们也都遇到了，你们不能承受的，他们也承受了。

你们进昆明火车站时，有特别通道，你们所要拿的行李比他们少一个折叠床垫，你们还有父母帮着，可他们进火车站时就面临着生命安危的挑战。今天，你们下火车后，与他们走了同样的路线来到停车场，但你们手中所要提的行李远比他们少了。2004年我们到西客站时，30个孩子当中5个一、二年级的孩子先下车，围成一圈，我们剩余的所有人就开始将火车上的所有行李拿下来，放到小孩子围成的圈里，因为行李太多，每一个搬运的孩子都要跑好多趟。你们知道，火车下完人后，很快就要开走入库休息，而我们的行李实在是太多了，且我们是自己做饭，所以还带去了很多配料，带这么多东西目的是想磨炼这些孩子。我们只有快速搬运，否则火车就要开走了。那时，没有哪一个孩子叫热、叫苦，每一个人只有一个目标，一定要在火车开动前搬完。我们确实也抢在火车开动前搬完了。当我们清点行李时，才发现，行李已堆成一座小山。5个小孩子背着自己的行李，警觉地站着岗。这时，火车站的小红帽搬运车一下子来了十多辆，这些人看我们行李多，孩子们又小，觉得赚钱的机会来了，乘机把钱抬高，非逼我们用他们的车不可。可孩子们被那些人的做法给激怒了，告诉我：周老师，不用他们搬，我们能搬。就连那5个孩子都赞同。我告诉他们，这可不是昆明火车站，北京西客站实在是太大了，从火车站台到停车场不知道有多远。而且，没有什么车来接我们，我们只能租车。孩子们异口同声地说："我们不怕，再难也不怕。"我被孩子们感动了，决定不用小红帽来搬运了。

从站台到检票口不算太远，可面对堆成山的行李，我们必须留下这5个小孩子看护，检票口那也要留下孩子看守，那意味着搬运的孩子就要减少。但大孩子们都争先恐后地加入到搬运的行列里来，那天的气温与今天差不多，孩子来回跑着、抱着、扛着，不一会儿所有的行李都被我们搬移到检票口了。面对如此多的行李，我们怎么出检票口呢？检票口的工作人员一年四季早已熟视了大包小提、南来北往的旅客，他们对我们没有给予任何优待和照顾，不允许我们来回搬运行李，这意味着我们必须一次将所有的行李全搬出去。我们陷入这样的困境，但我没有看到哪一个孩子脸上有着像你们今天那样痛苦的表情，没有，真的没有。他们一个个生龙活虎，感觉这样的刺激算不了什么，都忙着以自己最大的承受力来搬运，奇迹发生了，在转眼的工夫，我们就拿完了全部行李，开始出检票口了。

当我们出了检票口，找了一个相对宽敞的地方将全部行李堆放起来，而后，让孩子们稍作休息。就在这时，南来北往的旅客，到站台送行的人们看到我们所有孩子围坐在行李周围时，都充满同情、可怜、不满地说："哎呀呀！真是造孽啊，这么小的孩子干嘛这么受罪啊！他们怎么能搬得动这些东西呀，怎么跟逃难似的！"听到这些话，我不停地观察这些人，越是穿戴整齐，越是看着很有身份的人，越是看着像父母的人说得越是凶，越是难听。看着他们，听着他们的话，我心中真正的气愤产生了，这就是中国的父母，这就是中国人如何看待小孩子接受生存训练时的真实写照。可让我吃惊的是，我们当中很多孩子并没有因为这些人如此的话语，如此的表情而觉得自己真的太可怜了，觉得他们真是在受罪，他们反击道："你才可怜呢？我们是了不起的孩子，我们能做的，你舍得让你的孩子来做吗？你的孩子能做到吗？我们为自己感到骄傲。"听着孩子们的反击之语，讲风凉话的人倒被弄得不好意思，觉得是自找没趣，感觉不自在地躲开了。他们躲开了，可我们要面临着的困境又产生了。

孩子们，我们今天刚下火车，北京理工大的司机们就在站台上迎接我们，给我们带路。而2004年的孩子们在检票口外面大厅休息时，根本不知道我们要坐的车在哪里，也不知道要从哪里走出火车站。真的不知道，因为我也不知道，我是一个喜欢挑战的人，喜欢面对磨难的人，喜欢将自己随时投进困境的人，所以我并没有事先做任何准备，因为我们的团队很小。当我们正准备寻找怎么走出火车站的路时，有两个青年男子朝我们走来，他们是来找生意的，听口音，应该是山东的。当我与他们谈妥之后，他们答应另找三个人来帮助我们搬运行李。就这样，他们5个人加入了行李搬运行列，我们似乎轻松了一点，可谁能料到后面发生的事呢？

今天，我与你们走过这一段路，我不觉得长，难走。可是，2004年，当我们搬着行李跟着那五个人走时，我们所有的人都觉得这一段路好长、好长，怎么也走不完。我们30个孩子走在人群拥挤的通道里，无法排成一队，前面的孩子们劳累得已无法走得很快，结果当第一个孩子已跟那5个人走到停车场时，最后一个孩子还站在拐弯处，不知道走向哪边。面对这种紧急情况，当时的我身上真是五花大绑，身后背着一个鼓鼓囊囊的大包，朝前挎着摄像机、口哨、喇叭、装重要物品的包，左肩还挎着一个孩子的雅玛哈电子琴，左手提着四个床垫，我只好提着喇叭往回走，去寻找最后一个孩子。当时我真担心孩子被陌生人领走，因为落在后面的全是小孩子。也许是经过了这一前奏训练，孩子们的警觉性也增强了，他们按要求做到了，当不会走时，就原地不动，听哨声，听喇叭声。当我折回去时，都能够看到这些孩子焦急而又沉稳地在那等待着老师去援助他们。我折回去将最后一个孩子找到，继续往前走，赶上了那些等待我的孩子们，当我们快接近自动扶梯时，却听到有两个孩子走失的消息，走失的两个是大孩子。孩子们，你们可以想一想，当时我们有多难，根本顾不上天气的炎热与劳累，我们只有一个目标，快速找到这两个孩子，到达停车场。当我们走到所租用的车辆旁时，听到孩子叫道："他们回来了，他们回来了。"

当我们将所有行李装到车上后，2004年北京有名的7月10日的大暴雨下来了。当司机循着我们的住址开到住地时，天像开了个大窟窿似的，雨水是一盆盆地往下倒，因我们的住处就处于颐和园东路边，车就只能停靠在路边，按规定这里是不能停车的，因为下雨，司机体谅我们，就冒险把车停在路边，方便我们将行李搬到住处，但不能久留。这时，我们也顾不了什么了，我告诉孩子们宁愿我们全身湿透了，也要保住行李不能淋雨。感动我，感动司机，感动当时在场的北京人的一幕上演了。只见孩子们跳下车，为行李撑开雨伞，任凭瓢泼雨水怎么泼打他们的身后，任凭雨水怎么灌满他们的旅游鞋，他们都严守将雨伞整个罩在行李上，这样一趟趟地将一件件的行李搬到住处。这当中没有哪一个孩子有任何怨言、发牢骚、罢工不干了。当全部行李搬完时，围观的人群和司机无不被感动，他们说：这群孩子将来一定有出息。司机由于被孩子们的行为所感动，答应我们出行租他们的车时，都少收我们的钱，这是他们发自内心给予我们的优惠。

我们住什么样的房我根本不知道，事前是由我们团队中唯一一位成年男性，几经周折，才租到这样的房子。原先，我托朋友租好了北京大学一套老师的房子，可由于临近去北京的头三四天，送孩子来参加训练的家长越来越多，我无法拒绝，当告知房东有那么多孩子要来住时，房东拒绝再将房子租用给我们了，根本原因是会影响隔壁邻居。紧急时刻，要在北京大学附近租到房子是很难的，没办法，我只有请这位男老师，立即乘飞机去解决这个问题。因为我们租期短，很多房东都不愿将房子租给我们，加倍给租金，人家也不愿意。他也是尽了全力，才租到了这一套民房。

因为我一直在指挥着孩子们搬运行李，算是最后一个走进这房子的。当我还在外面时，就有孩子告诉我说：随行的那位生活女老师，才一走进房子，看到厨房时就流泪了。当我尾随着孩子们走进一道大门，顺着一条铺满沙石的小路走七八米向右拐，拐进一条很窄的小胡同，路面是青砖铺成的，走五六米第一道门就是我们所租房子的大门，进门就是一间长约4.5米、宽为2.6米左右的房子，是这一套房子的客厅，大门分里外两道，外面是铁门向外开，里面也是铁门，上半截装有玻璃，下半截仍为铁板，就在这2.6米左右的外墙上除开了这道90厘米宽的门外，在门的旁边还开了一道不大的窗子。在这间不到12个平方米的狭长的客厅里，顺着里边这道门打开后紧靠着的4米长的墙边，从外向里依次摆放着一张半径约为30厘米的最为简单的圆桌，一条简易的没有扶手的深绿色沙发，一张老式书桌正好紧靠着这间与里边屋子的隔墙，沙发与书桌间正好长着一棵大树，树杆穿过房顶，生长出去了。一进门的左手边，窗子下方摆放着一个最为简单的、黑色的电视柜，柜子上方放着一个方形的玻璃鱼缸，柜子与墙之间直立着一台很旧但还能用的冰箱，除去这些家具所占空间，剩余的将是我们30个人一日三餐吃饭的地方，晚上上课的地方，夜里是7个大男孩和1个男老师睡觉的地方。就在这间客厅与沙发、圆桌、书桌相对的另一面4.5米的墙上开一道厨房的门，一间小卧室的门，和这间小卧室的窗子，与大门所在墙相对的另一面墙上也开了一道通往里面一间主卧室的门和窗，客厅里的那张书桌的另一头正好在窗子下。里面的这间主卧室，地面与客厅相比低至20厘米，长约3米、宽为2.6米，在这间不到8平方米的房间里，搁置着一张1.4米宽的普通大床，两个老式柜子，这里边是9个孩子和我睡觉的地方。门、窗都开在客厅四米五墙体上的那间小卧室，长约3米，宽约2.2米，在这间仅为6个多平方米的房间里要住下7个人。这间小卧室里面还有一间更小的卧室，从这间小卧室与厨房卫生间相对的那堵2米宽的墙上有一道门，进了这道门就是那间最小的卧室，大概仅有5个平方米，这里面要住4个孩子。我们的厨房非常之小，厨房的门（实际只是一个门洞，没有装门）正对着客厅里的小圆桌，厨房算起来只有1个多平方，厨房里面，对着厨房门的地方是卫生间的门洞，也是没有装门，卫生间与厨房一样大，里面有一个洗澡喷头，一个蹲坑，一个简易洗手盆。这里的卫生间只能解小便，不能大便。孩子们解大便都得上外面的公厕。

那个生活女老师一进门看到这样的景象忍不住哭了，一点不假。她看到，主卧室和最小的卧室没有窗子，也就是这套房子不能前后通风，导致房间闷热，墙壁上的石灰块不时地往下掉，只要一不小心碰着了，地上就一路白色。厨房不仅小，所有的炊具都很陈旧，而且油腻。当她看到房间里还长着大树时，她真不知道在这里该怎样度过这一个月。当我走进这套房间，看到全部行李都以干燥的面目堆放在房间里时，我犹如吃了一颗定心丸。当看到地砖上满是水时，我让所有的孩子把鞋子脱了，放在大门口的一个大红塑料盆里，那大盆搁在门口就将路的三分之二给占了。然后，让孩子们快速将地拖干，接着让孩子们找到自己的行李包，快速将衣服换掉。

等孩子们换完衣服，整理完，已接近下午5点半，孩子们饿极了，多亏我们这位男老师中午就为我们准备好了北京的大圆饼。他们个个狼吞虎咽，在他们身上我看到了什么叫饥不择食。没有任何一个孩子出现了你们吃晚餐时的情形，没有人会痛苦、会骂娘，没有一个人会把饭给倒了，然后跑去买方便面。你们坐在宽敞的、开放冷气的餐厅里吃饭，他们却要站在非常小的空间里吃饭，更别谈什么空调。我想买空调用，隔壁邻居告诉我，因为北京用电量太大，这里的电压太低，空调根本无法启动。这次餐厅按我们的要求，只要我们一回到住地，就会准备好饭菜，可2004年孩子们拖着疲倦的身体回到住处后，还要参加做饭，学会等待，才有饭吃。

你们每个人睡一张床，没人会挤你，你不需要考虑是否会挤着别人。可他们，每人睡觉的床垫是海绵做的，与你们的床垫差不多厚，但每人睡觉的地方长1.5米、宽0.5米，对于身高超过1.5米的同学来说，他的脚就要伸到凉席上。你们睡在床上，可他们绝大部分是睡在铺着凉席的地上。他们睡觉的空间非常小，是一个挤着一个，而你们不存在的这样的问题。睡在客厅的孩子们要等所有的孩子们睡了，他们才能铺床睡觉。清早，其他孩子还没有起，他们就必须快速起床，收床铺，腾出活动空间。你们住的房间都是单间，一间房子最多的住8个人，房间面积都不会小于16个平方米，而他们10个人却住在一间仅有8个平方米的房间，请注意这间房还没有通往外面的窗子，这一套不足35个平方米的房子居住着30个人，仅靠四台风扇来保持空气流动。你们洗澡时，每人一个水龙头，有足够大的水供你淋浴，而他们要4个人同时在一间只有1.3个平方米的卫生间里，以流水线的方式来完成洗澡，最糟糕的是那个太阳能供水系统形同虚设，根本没办法供温水，他们只有靠老师烧好水，用桶装好供给他们，他们还要再次用冷水来对调，才可以一口缸一口缸地打出来用。他们要相互帮忙冲水，各自站在一个角落里擦洗身体，还要受时间限制，他们的洗澡时间与你们一模一样。等全体孩子都洗完后，他们还要一个一个排着队，再来洗头。你们出行坐大客车，他们出行坐公交车。每当可以乘坐空调车时，孩子们都不同意，执意要乘坐无空调车。我们出行是车等我们，他们出行是等公交车，公交车拥挤都不说，一坐就是一个多小时，大多时候都得站着。每天训练回来后，站在公交车上，大多数孩子都站着睡着了。他们每天出行，要到达训练课堂，就靠推开地图，立即研究出行路线与乘车方案，更多的时候要转二至三趟车，才可以到达目的地。而我们不需要做这么多的工作，只要坐上车，司机就会将我们带到目的地。你们晚上上课坐在开放冷气的教室里，他们却只能打着盘腿坐在客厅里铺着凉席的地上，一个挨着一个，脚无法伸开。

当我将2004年带到北京训练孩子们的艰苦训练生活，对比他们今天所遇到的磨难讲述给他们听后，孩子们开始沉思自己到底是谁这个问题了。

我告诉他们，为什么去年的孩子遇到磨难时，没有他们的消极情绪反应的根本原因是：在火车上，我就跟孩子讨论过关于他们自己是谁这个问题，帮助他们正确认识到自己无非是一个极为普通的孩子，是一个极为平凡的生命，他们自己没有什么地方要比别人优越，相反，凡是人类应该面对的，他们都应该面对，特别是自己从未见到过的，从未体验过的就更应该去面对，去体验，把这些陌生的生活都变为自己的生活，丰富自己的生活经历，这才是人的生命该有的样子。

2004年的孩子正是因为在来北京的火车上，认识到了磨难对于生命的价值，端正了面对磨难的态度——

　　　"磨难是父母最舍不得给你的"
　　　"磨难犹如阳光，没有它就没有温暖"
　　　"真正的快乐来自抗击磨难"
　　　"磨难给你的快乐是永恒的"
　　　"勇敢地面对磨难"
　　　"积极主动地去寻找磨难"
　　　"磨难是教你成长的好老师"
　　　"磨难帮助我们去除身心之痛"
　　　"磨难让我们远离苦难"
　　　"磨难将我们从扭曲之爱中捞出来"

　　讲述完这个事例，我告知孩子们：我这次对你们的训练正好颠倒过来，先将你们推进磨难之中，让你们在里边痛苦、挣扎、喊冤叫屈，让你们真切地感受由于过去生活的单调优越，由于过去更多的被父母百般宠爱、溺爱、呵护，弄得你们只有让自己面对优越生活时,才会萌生快乐,一旦面对比你过去所拥有的要差或差得多的生活,你怎么也感受不到快乐。让你们看到自己实在是一个非常不自由的人，一旦离开昆明熟悉的生活，来到祖国首都，你却不能自如自在，完全被痛苦、怨恨、愤怒所掌控。接下来，我给你们上这堂课，教会你们正确认识自己到底是谁，你知道你是谁，你就应该按照人类生活该有的方式去成长。因为人类生活处处充满磨难，有的磨难是大自然给的，如洪水的出现；有的磨难是人们不可避免要造成的，如亲人在车祸中丧生；有的磨难是人们故意造成的，如贩毒分子为谋取暴利，将毒品卖到世界各地，让更多人吸食毒品。这些磨难有的是专门对着你的身体来的，有的是专门对着你的心灵来的，有的是专门对着你的情感来的。谁也阻止不了这些磨难的到来，因为人类的生活本身就是由磨难组成的。例如你们到北京来，谁能阻止这气候的炎热，谁能改变北京人的口味跟昆明人一样呢？你现在想家，你能缩短北京至昆明那么远的距离吗？从现在开始，你们知道你们不能面对磨难的真实原因，你们知道了人生不可避免磨难，磨难犹如家常便饭，随时随地就在你们的身边。

　　我告诉孩子们：你们在北京的每一秒钟，都不会离开磨难，但你只要跟着团队，不论面对什么，你总要提醒自己快乐，勇敢地战胜磨难，便能获得更为深刻的快乐。讲完后，当我很深情地对他们说："孩子们，你想将自己的生命引上健康之路去发展吗？"孩子们高呼："想，很想！""那能让我看到你们勇敢地面对磨难，抗击磨难，战胜磨难的胜利吗？"我紧接着说。只听到孩子们的回答一浪高过一浪："能，能，我们一定能！"

■ 十五分钟的心灵之苦

人类生命具有刚强坚毅的潜质，善与爱的潜质，创造的潜质，这些潜在质素藏于人的肉身、人的心理、人的情感之中，一旦被充分激发出来，人就有了力量、尊严和爱的能力等一系列最优秀的表现，但这些潜质的实现是要有条件的，也就是生命需要历经磨难。古往今来，任何一个伟大的生命没有一个不是这样塑造出来的。生命潜能的释放是在磨难中、苦难中完成的。美国、日本等发达的国家都非常重视青少年一代的磨难教育、吃苦教育，不仅政府重视、学校重视，就连家庭也十分重视。这些国家的教育研究确实是寻到了生命发展规律，教育实施也确实是遵循了生命发展规律。实际上，我国古代教育先贤们早就将这一生命的发展规律告诫后人。现在中国孩子的磨难教育、吃苦教育也应该得到政府、社会、学校、家庭的重视，特别家庭要引起高度重视，再不能延续将孩子养尊处优的教养方式了。

一个本可以发展强大的生命，却由于错误的养育观念、养育方式、养育过程，被折损、毁灭成一个脆弱的生命，那才是我们做父母的无论如何也洗不掉的罪孽，无论如何也得不到宽恕。

很多孩子第一天晚上从浴室出来时，愤怒地送了我一个雅号"魔鬼老师"，给我们贴上"魔鬼训练营"的标签。这可算得上是一语道破，因为基于对生命发展规律的遵循，我们这个人格教育训练营北京训练活动开创了中国当代青少年的磨难教育、吃苦教育。

我们没有像那些发达国家一样，将教育平台设置到野外、海上、丛林、沙漠之中，而是设置到祖国首都——北京这座巨大城市中，根本用意在于：

1.孩子们未来生命历程中更多的时间会生活于人群集中的城市、城镇，他们意想不到的磨难、苦难会来自于自然环境，更会来自于人文环境、社会环境、人际环境和文化环境。在人口密集的地方，让孩子接受磨难教育、吃苦教育对他们的成长具有非常现实的意义，而且针对性很强。

2.北京是中国政治、经济、文化、教育、历史、旅游的中心，这样的大城市无论从哪一方面来说，都为我们准备好了种类繁多的训练课堂，孩子们在这一切课堂里的训练全是真枪实弹的全真训练，没有一点人为设置训练情境，孩子们能体验真切，做到训练生活化，孩子们在北京度过的每一秒钟既是训练又是生活，训练与生活一体化；这座大城市拥有的广博性、丰厚性，为我们的人格教育准备了应有尽有的优质人格种子。

3.在北京，远离昆明，从时间、空间上切断家长对孩子的呵护，一方面可以还原孩子生活的本来面目，凡是自己可以应对的，凡是自己本该应对的，都要竭尽全力去做到，一方面可以从情感上、心理上为孩子造成非常不适应，从而为北京的训练生活建造好一个最外围的磨难平台。

4.通过在北京的人格教育训练，全面了解中国是一个什么样的国家，将中国装在孩子们的心灵之中，激励孩子们为中国的不断强大努力发展自己。而这一切是野外、海上、丛林、沙漠磨难训练的单一化无法与之相比的。

> 人们对肉身的磨难和吃苦是刻骨铭心的，但精神和心灵的磨难更加难以承受，也更加激发人的力量。

第一天晚上10：40临下课时，我要求，他们必须在15分钟内完成这几件事情：

1.迅速回到宿舍，确定好8个人一组给父母打电话的顺序；

2.每人一分钟的通话时间，不得提前结束，也不得延时通话，请使用最简练的话语告知父母一切都好，并将房间电话号码告诉父母；

3.打完电话的同学迅速去洗漱，洗漱按生活老师的训练要求去做，在洗漱间里不得抢占水龙头，不得争吵，洗漱完毕立即上床睡觉，11点准时熄灯；

4.熄灯后，不允许任何人讲话，你的唯一任务是尽快入睡，什么也不要想；

5.明日早晨，哨音一响，必须立即起床，快速按要求洗漱；

6.我们整个教室只开了一道门，所有人要快速出去，请按带队老师的要求去做，出门时，我希望看到有序、快速、安静、安全。

从进昆明火车站算起，孩子们经过了整整50个小时的严格训练。尽管上火车之前我和助手们与他们是多么的陌生，尽管在50个小时前他们每个人身上充满了独生子女的敏感、骄横和脆弱，然而，我想要的情景出现了：当我宣布课程结束时，孩子们果真有序、快速、安静、安全地出去了。我站在讲台上有点不敢相信自己的眼睛，可这一幕确实是映入了我的眼帘。我想，是不是来得太快了一点儿，真是出乎我的意料。不过等我回过劲来一想，这一点也不突然，一点儿也不快。我在母亲教育课堂上，经常提及这么一个教育观点：心灵的改变可以在瞬间发生。我在大学写作课堂上，经常对学生们说：一本好书可以改变一个人生，甚至一本书里的一段话也可以在瞬间改变一个人生。孩子们经过了50个小时的异地团队生活，磨难训练，独立于父母的生活，怎能不变呢？这种改变是我们这个训练营走向成功的好兆头。

> 情感体验产生于分分秒秒的时间之中，佛家相信"顿悟"唤醒生命，我则时刻重视瞬间的存在。

　　我知道，孩子们回到房间打电话是一种心灵承受折磨的过程。

　　离开父母50个小时，一离开火车就被抛进等待他们的磨难生活，磨难来得如此之快，如此之猛，如此之多，他们真的没有一点心理准备，没有任何心理缓冲，这种时候是最想投入母亲的怀抱大哭一场的。母亲温暖的怀抱是他们洗涤痛苦的港湾，母亲温柔的怜爱是他们心灵得以滋补的鸡汤，母亲暖心的话语足以让他们恢复心灵的宁静。可他们谁也见不到母亲，当他们只能够通过话筒聆听母亲声音成为最大的幸福之时，他们还要受时间限制，他们还要考虑到队友也要通电话。我们可以替孩子们感受一下，他们心里是什么滋味，是什么体验呢？不管体验到什么，这是呈现给他们的情感磨难、心灵磨难。他们在打电话这么短暂的一分钟内，一分钟前和后的时间延续中，在情感世界里出现想念、激动、难过、受委屈、焦急、抱怨、生气、宽容、体谅、对别人充满爱意、善解人意、感恩，他们深深体验这些情感，在承受心灵磨难的同时也接受人格教育。一些孩子才拨通电话就急切地呼喊亲人，亲人应答，他们就大哭起来，哽咽中，快速地讲几句话，告之电话号码，然后以命令的口吻告诉亲人，他要挂电话了，他不能再讲话了，后边的同学还等着打电话呢。绝大部分的孩子打电话确实是这么一个过程，他们之所以会用命令的口吻结束电话，是因为他们对如此通电话有着极大的抱怨，他们为限制他们通话时间而生气，但还是按要求去做了，这体现出了孩子们对苛刻规定的宽容与体谅，体现出了孩子们对队友的爱意。孩子们理解老师这样的安排，感谢老师抓住每一个机会磨炼他们一番的用心。

　　孩子们战胜了抱怨这种消极情感，我们没有发现哪个孩子抓着电话不放，只顾自己倾诉衷肠。经历了这短暂时间的心灵之苦的体验，孩子们获得了宽容、体谅、去爱他人、善解人意、感恩这么一颗颗金灿灿的人格种子。在集体中的磨难给予了孩子们一笔情感财富。我真得替孩子们感谢这个团队。没有这个团队的存在，就没有这一道道的磨难。

■ 继续的夜

正如我向孩子描述的那样，他们上床睡觉后，一夜的煎熬开始了。

孩子们在临睡前刚体验完的心灵磨难、情感的余波还游荡在心中，尽管身体疲劳，却怎么也抵挡不了情感余波的纷扰，使得他们不像往常在劳累之后就很快进入梦乡。况且，在入睡的过程中，闷热空气包裹他全身的皮肤，任凭孩子们怎样掀开夏凉被，始终逃脱不了这闷热，甩不掉的闷热注定要尾随他们、陪伴他们。辗转难眠的孩子们，很快就要把体内的水分转变成汗液，水分大量失去，孩子们要起起落落地喝水，直至疲倦完全战胜了闷热，他们睡着了。没睡多久，闷热又将孩子们弄醒，每个孩子醒来时，都发现自己浑身上下全是汗水，用手一抹，就可以顺手流下。被热醒的孩子们，实在是没办法，只好将房门打开，这一打开，房内使用着的灭蚊药片无法抵挡蚊子们的到来。这下可好了，孩子们自己给自己增加了一道磨难，得在蚊子的轰炸中闭上他们无法再撑开的眼皮。这一夜孩子们都被热醒了几回，被蚊子叮醒了几回。这一夜的睡眠，让他们永生难忘，让他们深切感受到在昆明家中睡觉的幸福。

人格管理铸就钢铁团队

上 部

肉身体验

之四

人的能力是在群体中发展起来的，人的生存离不开团队，可我们六个大人围着一个孩子转的当代独生子女养育模式极容易把孩子培养成一个以自我为中心的人，这样的人难以走入人群，难以建构团队精神，这对于我们的孩子来说是成长的灾难，他还没来得及知道什么是团队，就被后天培养剥夺了他本该拥有的发展种种能力的平台，就被削弱了他本该拥有的来自团队的生存力量。没有团队，训练营不可能存在，有了一个个参加训练的孩子就必须建构团队，这是训练得以完成的第一保障，也是人格训练的重要课程。设计北京人格训练模式时要处处充分利用北京现有的一切自然与人文环境，并将它们组合成一道道磨难，一道道风险相伴而生，团队内涵在这里远远超出一般人的概念，这里的团队是孩子生命安全得到保障的第一平台，抗拒风险，防范细微风险全靠这一团队。我为孩子们设计了他们的最小团队——家庭，七个孩子真实模拟爸爸、妈妈、爷爷、奶奶、外婆、外公、孩子角色，家庭亲情回荡在七个孩子胸中，亲情之爱穿梭在七个孩子心间。这种团队训练让孩子感受到群体的力量，孩子们都看到自己的能力是如何在这个平台上快速发展的。

人是群居的动物，那么人就有渴望群居的欲望，就有群居的价值观。整体、系统观念就是群居价值观之一。这是一颗优质的人格种子，如若孩子早一天拥有这颗种子，那么，孩子可以更容易早一天走入团队生活、集体生活。孩子拥有这颗种子后，才容易去培养团队精神。这颗种子是培养孩子组织能力、管理能力、领导能力的基础。因此，在我们北京训练团队活动中，使每个孩子都能够拥有这颗种子，对于我们的团队精神培养，团队训练取得成效是非常重要的。

■ 观念的重要性

在日常生活和学习中，只要是有两个或两个以上的人或物组成在一起之时，就要用整体、系统观念来考虑问题、分析问题、解决问题。有的孩子智能发展较好，上课时，他很快就接受了老师所教授的知识，可很多孩子还没有完全听懂，老师要考虑到全体学生的学习接受问题，所以会反复讲解那些重点及难点，可这个学生就不高兴了，认为老师很无聊，重复来重复去的，真啰嗦。回答问题时，老师总把很多机会给其他同学，没有给予他太多的机会，这孩子就觉得老师跟他过不去，不喜欢他。不用多久，他就开始讨厌这个老师，讨厌这个老师所教的学科，开始抵触老师上课，不听课。结果学习成绩一路下滑。这个孩子就是因为没有整体、系统观念，而导致对老师的误解、曲解，自己跟自己过不去，结果影响到学业。当他成绩下滑得厉害时，他自己都没有意识到自己的问题到底在哪？其实，缺乏整体、系统观念所导致自身在集体中自我伤害的事例真是举不胜举。

全体成员必须了解整个集体，了解整个集体是按什么样的关系和规则组合在一起成为一个整体的，才能有效建构团队并产生团队精神。也就是说，团队稳固建立取决于全体成员对整个集体的组成有一个全面认识。如果那个孩子能够将全班同学装在他的大脑中，能够知道他所在班级的同学在接受力方面是有很大差异的，有的同学接受力很差，一个知识点，老师可能要重复四五遍，他们才能完全听懂；而有的同学，接受力一般，老师可能重复一至二遍，他们就能完全听懂；而自己的接受力很强，老师讲一遍就可以完全接受。老师面对如此的班级，教学要考虑到全体学生的情况，因为每个学生都有学习的权利，都有学懂的权利，所以，老师必须照顾全体同学，用整体、系统的观念去看待自己的教学。如果这个孩子也能用整体、系统的观念去分析老师的教学，他就会理解老师，支持老师，这样，他会对老师产生敬佩的感情，他会去爱戴老师，他会更加努力地学好老师所教学科。

当今社会的孩子，大多数唯我独尊，不会为他人着想，团队难建构，难管理，其中一个重要根源就在于很多成员没有将团队作为一个整体装在心中，不了解整个团队的构成关系，构成结构，每个人只考虑个人利益，不会去顾及更多人的利益，那团队共同利益就不可能得到保障，这样团队还能建构起来吗？因此，我们的北京训练营，确定了明晰的组织构架，让每一个孩子都明白自己所处的位置，所担当的责任与义务，让每一个孩子都体验到与他人合作的快乐和成就感。

组织结构与识别

北京训练营的组织结构分为三个层次。第一层是由7个方块组成的人格训练营，这7个方块按颜色区分，分别是红队、黄队、蓝队、绿队、紫队、红1队和黄1队；第二层是由家庭组成的方块，每个方块（队）共有7个家庭；第三层是由7个人组成的家庭，7个人扮演不同的家庭成员：爸爸、妈妈、爷爷、奶奶、外公、外婆和孩子。方块是训练营相对独立的训练单位，家庭是训练营最小的训练单位，每个方块之间是平行的关系，每个方块中的7个家庭也是平行关系。每个方块有领队老师和带队老师共4人共同管理一个方块，领队直接由我领导，带队老师由领队领导，3个带队老师称呼分别为老师、"银行"老师、"妈妈"老师，老师分管本队孩子的相关课程教育，"银行"老师分管本队孩子的钱币管理工作，"妈妈"老师分管本队孩子的生活工作。

孩子们靠胸牌上的图标和图标色彩来识别每个人在整个训练营中的位置。每个方块的所有胸牌整个底版色彩是一样的，即红队全为红，以此类推。每个方块的7个家庭只在训练营营标上作色彩变化来区别，也即分别用红、橙、黄、绿、青、蓝、紫7种色彩来标志1至7号家庭。所有家庭中7个成员分别用7个大图标来表示：大树表示爸爸，摇篮表示妈妈，老头头像表示爷爷，老太太头像表示奶奶，一支烟斗表示外公，一块围裙表示外婆，一个小婴儿双手抱一支奶瓶表示孩子。每个孩子都知道我们整个训练营的编制，都知道每一张胸牌表示的是哪一个方块，哪一个家庭中的哪一个成员。训练营全体孩子的胸牌没有一张是相同的。

当我们的孩子从四面八方赶到昆明火车站集合时，他们按通知书上的说明找到自己所在家庭，报到时，带队老师会将他的胸牌发给他们，并告诉他们在团队中的位置，他们是哪个家庭的第几号成员，他们的胸牌标志着他们今天在家庭中充当什么样的角色。然后，带队老师让他们每个人互相认识。孩子们一看胸牌兴趣就来了，当听到老师讲解胸牌图标符号、颜色的含义时，他们更是对自己所在的团队充满神奇感，在队伍中穿梭着，急忙去查看他家里的其他成员及他们的胸牌，认认家里的亲人。相互陌生的孩子们凭这张小小的胸牌，很快就紧紧地联系在一起了。有几个孩子报到后，带队老师没有来得及将他们的胸牌找出来发给他们，他们急得不得了，让家长来催促老师给他们发胸牌，这说明孩子们十分在乎自己在团队中的标志，这胸牌意味着他是团队中的一员，意味着他在团队中的某个角色，他的家庭不能老见不着这个角色，他也不能再忍受与家庭的分离了，他渴望拿到他的胸牌，去见等待他的亲人。

■ 训练的三个层次

我们的任何一道训练课程中都需要团队成员具有协作精神，也就是说要完成的训练活动必须是全体团队成员互相配合才能完成，训练活动一旦完成，团队每个成员都从中获得收获，也就是接受了老师给予的种子，并让种子生根、发芽。

训练活动按组织结构分为三个层次。

第一层次的训练活动是由训练营这个团队来完成的，需要7个方块共同参与完成。例如，每日三餐是第一层次的训练，各方块必须在规定时间内到餐厅规定地点就餐，各个方块的人在自己的餐桌吃，吃自己的饭菜，不到其他方块位置去打饭菜，不窜到其他方块吃饭，在规定时间内吃完饭，洗净餐具，摆放好餐具离开餐厅。早上到水房灌凉茶，也是7个方块的协作训练，按红、橙、黄、绿、青、蓝、紫规定顺序灌茶，红队应该最早来到水房，红队一完黄队就要跟上，依此类推，7个方块之间互相协作，完成灌茶活动。如果，排序在后的方块都已到达水房，排序在前面的方块还没有到达水房，那么，排序在后的方块就不能先灌茶，只能等待，或者，前面的方块都已灌茶完毕，后面的方块还没有到来，等后面的方块赶到灌茶时，规定的灌茶时间却已被耽搁许久，再等后面的方块灌完茶时，这样整个团队就不能在规定时间内完成灌茶活动，团队后面的活动都不能准时开始，就会影响到整个团队一天之内的正常训练。每个方块全体成员都必须记住，规定他们什么时间，在什么地点，按什么要求，完成什么活动，他们严格遵守执行，就做到了互相配合，互相协作。因每天第一层次的训练内容都有很大变化，每天晚上课程将要结束时，我都会通知第二天第一层次的训练内容及要求，每个方块的孩子一定要牢牢记住活动内容和活动要求，第二天早上，不用任何人提醒，每个方块全体孩子就要按要求去执行，我只是巡视各方块的配合工作做得怎么样。

第二层次的训练活动是由每个方块的7个家庭共同完成的，每个家庭的7个人要犹如一个人去与其他6个家庭相互配合，完成规定训练活动。例如，一日三餐，每个方块7个家庭要在规定时间内到达餐厅本方块所在位置，并按规定就座在自己家庭的位置，到自己所在方块的食品摆放桌上去打饭菜，打饭要做到吃多少盛多少，宁少勿多，不够吃可以再来加，打菜时要做到每样菜都要盛，盛的量要一样多，不能因喜欢吃某道菜就要多盛，不喜欢吃的菜就少盛，冰西瓜每人一份，不许多拿，有人多拿一块，就意味着一个孩子没有吃的。排队打饭菜，先来先打，后来后打，不允许出现插队现象。吃饭时，只能坐在家庭里，与自己的家人一同进餐，不允许跑到其他家庭去进餐。在规定时间内吃完饭，到规定的盥洗台上洗净餐具，并按家庭规定顺序摆放好餐具。第二层次的训练活动内容及要求，各方块领队会详细通知，通知后，各家庭成员必须牢记什么时候，在什么地点，按什么要求完成什么活动。届时，领队巡视各家庭互相配合工作。

第三层次的训练活动是由每个家庭的7个孩子共同完成的，7个孩子要按规定要求相互配合，共同完成训练活动。第三层次的训练活动是训练营最基本的，也是最重要的训练活动，所以家庭是训练营最小，也是最重要的训练单位。第三层次的训练活动主要是在各训练课堂内完成的，不同的训练课堂有不同的训练任务，同一训练课堂一天内不同时段训练任务各不相同。第三层次的训练活动内容及要求由我亲自部署，第一时段训练开始前，我才公布训练内容及要求，在此之前，谁也不知道训练内容，包括带队老师在内。每天到达训练课堂，第一时段训练即将开始之际，按方块顺序，各方块带队老师会让7个家庭当天轮做"爸爸"的7个孩子快速来到我身旁，他们7个围着我，我就开始交代第一时段的训练任务，我只交代一遍，不会重复第二次，当我交代完毕，就把我所交代的内容设计成时间问题、地点问题、怎么做的问题、做什么的问题、集合时间、集合地点让孩子们回答，当听到7个人都准确无误的回答时，他们就可以离我而去，去向他们的家庭传达所有训练内容及要求，下一个方块的7个"爸爸"又马上围过来，开始接受通知。每个方块的通知，我大概需要花费2分钟时间，7个孩子走后，另外7个孩子马上围过来，中间没有什么停顿。

■ 简便却最有效率

我把整个团队装在每个孩子的心中，并让他们全面了解整个训练营的组成关系，组成结构。让他们记住，这个训练营是一个整体，不能少了哪一个孩子，每一个孩子在团队中都有他的位置，每一个孩子在团队中享有同等权利，承担同等的责任，每一个孩子在团队中同等重要。我们不论做什么事，首先都要考虑所有人的存在，而不能只考虑个人，或只考虑7个人组成的家庭，或7个家庭组成的方块，我们是一个整体。所以，从昆明出发至返回昆明，整个团队经历任何活动都十分完整、快捷。

整个训练过程，没有一个带队老师和学生知道我的手机号，我也不需要知道任何成员的手机号，目的想让整个团队成员在整体、系统观指导下，无论做任何事，都尽量使用最直接简便的方式联络。每个方块有一面手持的队旗，队旗是方块与方块之间的识别符号，更是联络信号，整个训练营在一起活动时，所有领队都会将手中的队旗高高举起，目的是相互告知，告知每个方块在什么地方，方块之间距离，方块行进速度。方块是相对独立的训练单位，所有训练的活动顺序为红、黄、蓝、绿、紫。红队不论做什么都是开路先锋，紫队都是断后队伍。红队只要接到出发令或开始活动命令，领队就会引领本队按要求去做,整个团队一旦进入活动各个方块之间如何衔接，一切指令全来自于红队领队，后面每一方块只用看前一方块的队旗方位，就知道团队的前行方向、活动方位、前行速度，后面方块领队就会根据队旗信号调整自己方块的前行方向、活动方位、行进速度、活动速度。红队领队只用回头看，看到各方块队旗方位，就可以调整领头的速度，以保证整个团队步调一致。

整个团队无论做什么，只用让红队领队一个人接到活动信息即可，他一动，就会引发整个团队去活动。早晨，孩子们只要听到早餐哨音，就会快速来到餐厅各方块指定位置进餐，只要红队领队带领孩子们走出餐厅，其余方块领队和孩子们就明白，该怎么做了。红队队伍一站好，后面各方块都会按顺序找好各自位置站出队形。看到红队值日孩子走出队伍去水房提本队的水壶，后面各方块值日孩子就会按方块顺序出列去提水壶。红队领队出发哨音一响，红队就出发去乘坐大客车，接着各方块领队控制好与前一方块的间隔，也开始出发。各方块一辆固定客车，客车前挡玻璃窗右下角都贴有各方块图标，大客车也按我们的队伍排列顺序排好。在大门口，我们能看到一片有序的景象，红队出大门后，按他们的队伍顺序上第一辆车，黄队上第二辆车，直至紫队走出大门，上第五辆车时，红队、黄队、蓝队孩子已全部按规定位置坐好，这时，红队领队通知驾驶员出发，一辆辆车就跟着顺序出发。

孩子们乘坐车辆位置每天都要进行调换，目的是让每一个孩子都能在车辆不同位置对北京城进行全面观察。北京城之大，如果我们不利用好乘车的时间，快速了解北京的城市风貌，这对我们损失是很大的。到达训练课堂后，红队领队会按接到通知内容行事，控制好整个团队的活动速度。

去故宫那天早晨，我们的车到达故宫北门时，原先停靠地点已不能停车，一号车驾驶员只有临时寻找停靠地点，结果，另外四辆车也都跟随着，好不容易找到公交车站附近，驾驶员征得交管员同意后，在离公交车站约30米的地方停靠，可我们不是一辆车，五辆一停，就要影响公交车停靠，可能就要造成交通阻塞，这样，我们的停靠就要遭到制止。为了避免这种情况，我们就只好用对讲机通知后面车辆想办法控制车速，一次只能停靠一辆车，前一辆车一走，后一辆车快速停靠，这就要求所有孩子在安全状况下以最快速度下车。下车后每队的孩子们要以最紧凑的方式站出队形，因为下车后是人行道，那么多孩子一会儿就要把整个人行道堵死了，我们决不允许人格教育训练营做出这种事情。红队下车后，带队老师快速指挥孩子以最节约占地面积的方式站好队形，并为后面方块留出足够位置。红队领队快速指挥后面车辆停靠，指挥孩子们下车站队，就这样，没多大工夫，所有方块全部安全快速下车排好队形，我们只占据了人行道的一半路。整个过程显得紧张、有序，驾驶员都没有想到我们的孩子会如此神速，会有如此风范，特别是下了车后，孩子们以最快的速度站出队形，没有给任何行人带来不便。

我们必须经过两次红绿灯才能到达故宫北门，这么长的队伍过红绿灯不是一件简单的事情，因为我们这个团队是追求最佳收益的，如果整个团队分两至三次才能完全通过一个红灯口，那我们的时间效率太低。为了节省时间，确保安全，我们整个团队都必须进入统一步调，任何一个孩子都要高度配合，需要做到什么就必须立即去做到，我们才可能在一次绿灯时间内，将整个团队带过马路。最紧张的时刻即将到来，人行红灯亮时，我们的整个团队早已排好队等候在路口，红灯快要结束，绿灯即将到来的瞬间，我跑到路中一边吹哨，一边举起手中的小红旗向停靠车辆示意，一个很大的孩子队伍即将通过，请给予我们支持，红队领队带着排成两个纵队的队伍快速跑步通过马路，本队的其余三名带队老师分别站在队伍两侧保护、指挥、催促孩子，接着各队都如法炮制，我们硬是抢在一个绿灯的时间内将整个队伍带过了那么宽阔的马路。红队领队真不愧是整个团队的领头羊，他将红队带过去后，急中生智地观察好整个队伍的停靠点，并将红队带到第一个位置，红队排头的孩子配合性很强，看到领队站定哪，他们就跑哪站好，他们一站好后边的孩子就一个跟一个站好，很快，整个队伍就站好，他们一站好，黄队的领队就会带着他们的孩子站队，直到紫队过来，将队伍整理好。这么一个过程我们整个队伍步调一致，和谐统一。当人们都向我们投来赞赏眼光之时，我们整个团队都会沉浸在幸福之中。当我站在路中一边不断地急促地吹着口哨，一边手中摇摆着红旗时，我觉得自己好像在指挥一支军队通过一个万分危险地带，尽管危险程度高，但我的军队是一支训练有素的高效团队，我对他们充满信心，因为这个团队中的每一个细节螺丝钉都安装得很好，很结实，我还怕什么呢？可以说，在北京过马路已是我们这个团队的强项了。只要一到马路口，我们整个团队就会进入一种默契之中，不用说一句语言，人人都知道该做什么，不该做什么，人人都会努力去做好每一个细节。我总感觉到这个团队不论遇到什么紧急、危难时刻，每个孩子的紧密配合，每个孩子出现的精神状态犹如在游戏中一样，做得那么投入，那么酣畅淋漓，那么如醉如痴。

■ 用整体克服散漫

整体、系统观是自私、散漫、随心所欲的天敌，团队中的每个孩子都拥有它的话，你真的看不到自私、散漫、随心所欲的鬼影子游荡在团队的上空，你无法看到。独生子女身上的自私、散漫、随心所欲可以用整体、系统观来驱除，只要让孩子们待在一个团队中，为他们建构整体、系统观，让他们带着这个价值观去从事各种团队活动。记得去长城那天早晨，我们7点30分就出发了，那天北大餐厅为我们配备了干粮和水，我通知餐厅不要一份份配好包装，而是将食品随意散乱包装在一起，仍然按孩子人数打包，也就是说，每个孩子携带的食品并不是他一个人的，很可能是几个人的全部食品，这样做的目的是培养、检测孩子们的整体、系统观。各队领队通知他们，午餐必须按方块集中在一起吃，只有所有人到齐，每个方块的食品才会到齐，全部孩子到齐时，将包中的食品全部拿出来分类集中，每种食品一样多，如果某种食品少了一样，说明有人在途中将它吃掉了，因为餐厅准备时，是保证不会出差错的，为了严防差错的出现，带队老师还亲自去点过数的。结果，那天的午餐并没有出现差错。

在中国科技馆训练那天下午4点，我们准时赶到B馆准备进场看穹幕电影《玛雅》。工作人员告诉我们，这一场人太多，已容纳不下我们这个大团，虽然早晨9点30分，我就与他们预定过，他们只能表示抱歉，并同意为我们加场，开场时间是下午5点。此时，外面还在下着大雨，整个B馆不算大，圆穹形的，地面全是雨水。工作人员要求我们把队伍调一个头，带到入场口的背面，那儿人少，这样不影响他们工作，不影响进场观众的出行。说实在话，此时调头是一件很困难的事，里面声音嘈杂，光线很暗，空间很小，指挥困难。但是，我们也只能听从工作人员的吩咐。红队领队观察好地形后，很艰难地将孩子们全找回来调头，带到指定地点。接着每个队领队也照办，将队伍带到指定地点。等轮到我们进场时，红队领队又要将队伍带到入场口。可没想到，轮到我们进场时，来了很多零散观众，搭我们的顺风车，和我们一块进去看。这些零星观众把入场口全给堵死了，谁也不愿意给我们让道。只有我们进去了，剩余多少位置才能让他们进，如果我们掉了几个孩子，没有进去，那这几个孩子的座位就要被这些观众给占了。这时，时间很紧迫，入场口进不了，工作人员没有办法，只有给我们专门开了一条通道，此时我们的队伍已把这个不大的B馆围了一圈，在我们的队伍旁边还站了很多碰运气的观众，他们都想马上挤进去，能够看到今天的电影，谁都知道到这里一趟的确不容易，谁都想抓住这个机会。如果哪一个孩子发呆，很可能整个队伍就要断裂，观众见我们的队伍没了，就会不顾一切地要求进去。所以，在这种紧急时刻，我们的带队老师工作做得很细，告诉每一个孩子一定要紧跟队伍，千万不能发呆，以防队伍被隔断。当工作人员给我们放行时，带队老师们一边清点孩子人数，一边催促孩子们既要快速又要保证安全。我们在这种外力的高压之下，整个队伍又进入了一种紧张状态，每个孩子都知道自己与整体的关系，如果自己发呆发愣，导致自己和后面的队友进不了场，看不到那从未体验过的穹幕电影，这对自己和队友都是一种巨大的损失，每个孩子都感觉到自己责任重大，尽管馆里面的环境很容易让人分心，个个都做到了精神集中，双眼注视着前面同学的动态，只要前面的同学移动他们就跟着移动。堵在入场口的观众真希望我们的孩子不能全部进，他们就有了进去的希望，但是他们希望的景象永远也不会发生，我们的孩子是有整体、系统观的，他们是一个整体，谁也离不了谁，谁也不能少了谁，谁都要保证他的队友跟他拥有同等的机会。孩子们很快就全部进去，都找到了自己的座位，等待着他们期望已久的穹幕电影开始了。

■ 人人为我，我为人人

在我们这个训练团队中，孩子们做什么都按照训练规定的要求去做。他们知道自己是团队的一员，每个人在这个团队中都非常重要，这是一个尊重每一位孩子的团队，每个人之间都处于一种尊重、平等的关系，每个人都不会只顾自己的利益去行事。吃饭时先到的同学打饭菜不会将好吃的先吃完，他们总是按规定去做，他们心里总想着后面还有同学，每个同学都享有同等吃饭菜的权利，每个同学都有保证他人能吃到各种食品的责任。所以，孩子们爱吃的冰西瓜，不会有人去抢、去多拿，非常想多吃的孩子会等到最后出现剩余西瓜时，其他孩子都愿意留给他们时，他们才会去吃。我们的团队没有发生过任何拥挤现象，上车、打饭菜、接凉茶、洗澡、进出各种门厅、洗脸刷牙、上卫生间等各种活动都是秩序井然。我们团队的训练生活有序、和谐、平和但又充满活力、充满生机。这样的氛围是靠孩子们拥有整体、系统观创建的。每个孩子都知道自己在团队中是重要的，每个人都是重要的，团队器重每一个人，团队是由每一个人组成的整体，那么这个团队不论做什么都要考虑到每一个孩子的存在与利益。吃饭时，绝对会有他的那一份，他的那一份肯定与其他人的一样，孩子们还用最先到达餐厅去争取自己的利益吗？孩子们会按顺序去打饭菜，因为他的利益能够得到保障。早晨洗脸刷牙时，尽管盥洗室不大，水龙头少，但没有发生一例争吵事件。孩子们都懂得自己不能长时间占据水龙头，还有很多同学需要洗漱，等待的同学也都知道，前面的同学没有谁会故意耽搁时间，他们一定会尽力快速去完成的，尽管时间很紧，老师一定会考虑给予他们一定时间的。这样，谁还会去挤呢？

从昆明出发，上火车后，为孩子们分发票时，分到下铺、中铺的孩子非常高兴，可分到上铺的同学却十分不情愿，经过老师的反复劝说，才勉强同意接受。出现这种情形是因为那时的孩子，心中还没有整体、系统观。可从北京回昆明，不是睡不睡上铺，而是去硬座车厢坐的问题。当孩子们知道我们面临不可改变，不可抗拒的力量时，每个孩子都会为团队考虑，我们是个整体，总得有人去硬座车厢，否则，我们这个团队就不能一起回到昆明，他们每个人都愿意去硬座车厢。

我为孩子们播撒了这颗种子，这颗种子在训练活动中生根、发芽，使得我们这个整体能为每个人考虑，每个人也都在为这个整体考虑，否则，我们无法闯过一道道难关，取得如此优越的训练成绩。我感谢人类生命发展为我们提炼出来的这颗种子，我感谢这颗种子为孩子们所接受，我感谢孩子们让它在自己的生命中生根、发芽，我感谢它为孩子们带来的收获，我感谢它让孩子们知道什么是团队，什么是团队精神，我最想感谢的是它让我具有这个能力。

纪律拯救心灵自由

上部

肉身体验
之五

人类发展至今，积淀了一个优秀人格品质，那就是规范意识、规则意识，就是守纪律。人类最大的心灵自由是处处发现规律、特点，并将其制定成人们能够遵照执行的规范、规则、纪律。只可惜我们企盼建立一个讲规范，讲规则，讲纪律的社会时，我们深感力不从心，因为这项品质并不是每个成年人都能够轻松获取，随即出现的是孩子们也不能轻松获取这项品质，相反很多孩子沾染上了随心所欲、任性的劣质人格品质。要让每个孩子充分享有参与训练的权利，得到充分的训练，这就必须扼制住孩子的随心所欲与任性，随心所欲与任性是干扰孩子参加训练，完成训练的天敌。建构规范意识，规则意识，守纪律就成为了训练的重要课程。训练营的每一项活动都设计出了规范，训练营中的每一个成员都要遵守规则、遵守纪律。

自由在很多人的理解中存在极大的误区，特别是在孩子当中。很多人误认为自由就是摆脱更多的束缚，自己掌控自己的一切。大学里，一部分自由学生，为了摆脱束缚，他们毫无畏惧地旷课，无所顾忌地成天睡觉，任由自己的心灵驰骋于网络天地。期末到来，毕竟还是要接受考试，除非他自由到什么都不要。十二年的寒窗苦读无法让他摆脱对大学毕业证的追求，社会生存现状无法让他摆脱对谋职就业的选择。当走进考场时，面对试卷，大脑一片空白的他没有任何自由可言。他在读大学期间一直在实践着对自由的追求，毕业时他最大的自由没有来到，面对他的却是最大的不自由。

获得真正的自由之时，自己是快乐的，他人也是快乐的。人们只有遵循了事物的规律，人们才可能在这一领域获取自由。首先了解这一领域的规律、规则，然后去遵循它，那我们才能产生游刃有余的成就感。我们走在规律、规则导向的路上，我们的方向是正确的，我们不会迷路、误入歧途，不受其他东西的拘束与限制，规律与规则始终为我们保驾护航，我们就可以在这一领域内顺畅前进，这就是我们获得的自由状态。

人人都想追求自由，这是生命的深层次需要，可很多人都不知道自由获取与遵守纪律之间有着必然联系。

纪律在那些自我性强的人面前显得十分多余，显得十分不尽人情，要让他遵守纪律是一件令人头痛的事。一般来说，人的天性无拘无束，天马行空，但人的社会性决定了他必须遵守纪律，习惯束缚，这是一件困难极大的事。训练营中的孩子，各种类型都有，要让每个孩子都能受到平等的训练，只有依靠纪律和规则。教育孩子们懂得自由获取与遵守纪律之间有着必然联系，也是人格训练营重要的教学目标之一。我们要在培养孩子们遵守纪律的过程中，让他们充分领略、体会、体验自由的存在，让他们懂得追求自由的正确路径是遵规守纪。

训练营中最可怜的孩子是那些不会遵守纪律的人，他们可怜到长这么大，还不懂得保护自己，还不懂得为自己寻找人生活的人际环境——获得安全、尊重与爱戴的前提是理解规则，运用规则。在他一路的成长过程中，他居然没碰上一个人教会他遵守纪律，帮助他运用规则保护自我，追求自由，真是不幸运的孩子。

记得一个18岁的男孩子，在洗澡间没有遵守规定，洗澡的3分钟到了，他却不关水，不离开，一个带队的大学生走过去强制性地将水关掉，并出手去拉他。这个男孩不但没有在提醒下遵守规定，反倒破口大骂，扬言要与这个大学生来一场角斗。我得知后，问他为什么会这样做，他告诉我他不喜欢被人管着。当晚，我上课的主题为"纪律、团队与自由"，并以这个男孩身上所发生的事作为案例，详细展开分析讨论。下课后，他主动找我谈心，告诉我他第一次明白了什么是自由，真正的不受约束是什么，第一次痛心地意识到他18年来的可怜，可怜到18岁才知道这一切。他感叹他的幸运，如果不是这一次，他可能沿着不会遵守纪律的惯性一直滑下去，真不敢想象后果。他主动去找那个大学生承认错误。从此，这男孩变了，他变了，并引发了一群可怜的孩子变了。

在课堂上，就自由与遵守纪律的关系我给孩子们做了全面的分析。通过上课，孩子们知道纪律是任何一个集体、团队存在的基本保障。两个小朋友在一起玩游戏，两人之间都要在玩之前定下一些游戏规则，两个小朋友之间的游戏规则就是他俩组成的小团队的纪律。孩子们通过回忆自己的亲身经历知道，人的生活是离不了他人的，每个人都渴望与他人交往，与他人在一起活动，每个人都害怕孤独与寂寞。所以人是群居的动物，人是要生活在一定的团队和集体中的，人可以同时在几个团队和集体中生活，也可以不同时段生活在不同的团队和集体之中。两个小朋友组成的游戏团队，在游戏活动中都要制定游戏规则，双方都要遵守规则，他们之间的游戏活动才可以开展、完成。更何况是很多人组成的团队，要完成同一活动，而这一活动的完成是每个人的愿望，它对每个人都有好处，那这个团队更应该有规则、条文要求。有规则、条文只是做了第一步，重要的一步是团队中的每一个成员还要明白为什么要有这些规则和条文，这些规则和条文的遵守执行对每个人有什么好处，有什么坏处，每个人能否做到这些规则和条文要求的行为。如果前面两步都做到了，都没有什么问题，那么，我们每个人就要无条件地去遵守执行，规定做的一定做到，规定不做的一定不去做。

孩子们知道遵守纪律是为了团队共同完成活动，活动的完成对每个团队成员都有极大的好处。自己是一个懂得遵守纪律的人，是一个会遵守纪律的人，身上拥有着遵规守纪的好习惯，不论走到哪里，自己都会去自觉遵守所在团队、集体的纪律，自己都会为所在团队完成同一活动起到推动作用，对自己好，对大家好，自己都会赢得团队其他成员的爱戴和尊重，自己是一个自由的人，是一个快乐的人。

如果自己是一个不懂得纪律、团队和自由之间的关系，不懂得遵守纪律，也不会去遵守纪律的人，那肯定是一个讨厌、反感、憎恨纪律，违背纪律，对抗纪律的人，那么无论去到哪里的团队，都是一个破坏、阻碍团队活动完成的人，团队活动完成不了，不但自己想要得到的东西会失去，同时也因自己的存在，使得所有人想要得到的东西也不能很好地得到，那所有的人就会为了维护自己的利益而战，团队中的人会用鄙视、蔑视、反感、讨厌、厌恶、孤立、憎恨的态度对待自己。这些态度不是人生活的人际环境，而是培养恶魔的地方。但自己又无法消除这种人际环境，这种人际环境足以将一颗活鲜鲜的心灵吞噬掉，将一个生命毁灭掉。这种生命怎么会谈得上自由呢？连活命的空间都没有了。

人格教育训练的主旨是将大量优质人格种子投向孩子们，用优质种子去置换孩子们质量不高、劣质的人格种子，客观上要求我们训练中将会出现大量的纪律，其实很多纪律本身就是一颗颗优质种子，孩子们面临着很多必须做到的行为，同时也面临着很多一定不能去做的行为。我们的纪律非常多，执行起来非常严格。我们规定，每天出发乘车，我上车的时间就是车队出发的时间，谁落在我之后，意味着他今天就留在住地休息。两批训练还没有发生过谁留下来休息的案例。

纪律规定，团队回到昆明下火车时，如果家长到达月台迎接，任何孩子不允许接受父母的任何帮助，告诉父母离自己远一点，以免打乱孩子们的队伍，团队要到达出发时的地方，办理完各种相关手续后，孩子才能跟随父母离开集合地。这群经历了北京十天训练的孩子，当见到父母时，多想投入父母的怀抱，诉说他们的艰辛，汇报他们的成绩，可就在这种期待即将实现之时，还得受团队纪律的约束，还要告诉父母离自己远一点，还要再等待一段时间。

带着这一群训练有素的孩子，我没有感觉到劳累，反而感觉到轻松、欣慰，我和他们在北京做出了一件件全国少年难以做到的稀奇事，我梦想他们能和我一起去打破更多的常规，去追寻中国少年健康的成长路。

战胜磨难构建七个人间的「家庭」亲情

上部

肉身体验

之六

热爱生命、珍视生命、尊重生命、敬畏生命是人类生存发展中积淀下来的四个优秀人格品质，这里的生命不仅是指自己的生命，同时指整个世间人的生命，如果我们每个人都拥有这个优秀人格品质，那么，人世间的生命就不会受到凌辱，受到伤害，受到毁灭。生命不仅指肉体生命，同时指精神生命，生命存在的最大价值是身与心受到热爱，受到珍视，受到尊重，受到敬畏。人格教育最为重要的工作就是将这四个优秀品质置入孩子的人格之中，我要确保训练营中不会发生生命得不到重视，遭受践踏的现象，确保每个孩子的生命安全，确保每个孩子的生命尊严，就必须将它们作为训练的重要课程。我将孩子编织成一个个家庭，让他们以自己最熟悉的家庭成员角色来建构他们的"家庭"亲情，同时担当各自的任务，这就要求他们要学会热爱生命、珍视生命、尊重生命、敬畏生命。

　　家庭是我们最重要的训练团队，因此对家庭的管理、要求是非常严格的。家庭每一个成员必须保护好自己的胸牌，胸牌每天要交换给家庭的其他成员，胸牌是出没于我们这个团队的通行证，不仅是他们的通行证，也是回到昆明后，父母参加我们的训练成果报告会的通行证。没有胸牌，意味着他在团队中没有身份，团队其他成员将不知道他是谁，没有胸牌，上车困难，吃饭困难，到训练课堂通过检票口很困难，乘坐火车通过检票口也很难。我一再强调胸牌的重要性，可还是有少量孩子因从来没有管理自己物品的习惯，最终还是将胸牌给弄丢了，他们也吃尽了丢了胸牌的苦头。孩子们每天早餐时，开始交换胸牌，他们的交换顺序是这样的：以在昆明火车站报到时领到的胸牌上的图标为准，7个孩子按图标所示站出爸爸、妈妈、爷爷、奶奶、外公、外婆、孩子顺序的横排队形，爸爸在最左边，孩子在最右边，这种排列尊重社会习俗，爸爸在家中是挑大梁的，所以排列在第一个，每个孩子都要记住那天排列的横排队形顺序，它关乎到每天的胸牌交换。报到那天的第二天早晨，开始交换胸牌，按横排队形的顺时针方向依次交换，即爸爸的交给妈妈，依此类推，孩子的交给爸爸。每天早餐时，七个孩子的胸牌都会按顺时针方向移交给下一个孩子。

　　爸爸是家庭中主管训练任务的，每一时段要到我这里听取训练通知，然后向家人传达，领导家人一起协商如何按要求来完成训练任务，爸爸在家中有很高的威望，所有的家庭成员都要敬重他、支持他。爸爸要管理全家人的训练活动，要带领全家人按家庭决议去完成训练任务，爸爸是很辛苦的。妈妈主要管理全家人的生活，管理全家人的安全，管理全家人的和睦相处，要和爸爸密切配合，做好全家人的训练活动。哪一个孩子轮到挂大树图标的胸牌，他（她）今天就是爸爸，他就要承担起爸爸的所有规定工作，谁是妈妈谁就要承担妈妈的所有规定工作。其余家庭成员一定要服从管理，支持爸爸、妈妈的工作。

　　家庭训练活动处处需要7个孩子协作，相互配合，他们的训练任务才能完成。在每一项训练之中做得最好的家庭就是这项活动中的领头羊，我鼓励每个家庭都能成为领头羊，都能成为更多训练项目的领头羊。我每天都要对所有家庭的训练成绩做记录，记录是分时段做的，每当一个时段训练结束，每个家庭前来报到时，我就开始做成绩记录。成绩考核指标有：

　　第一，整个家庭到达时间及名次，到达标准是7个人手拉着手，高高举起，并大声报出他们的家庭番号，标准语言是"某某家庭全部到齐"，听到声音，看到举手，记录当下时间，排列名次，第一个到达的就是这一时段的领头羊；

　　第二，每个家庭要将采访、调查、交谈、沟通的笔录本交给指定带队老师统计、登记，采访了多少人，有没有受采访者的亲笔签名，有没有受采访者留下的赠言，或感受留言，采访记录做得如何，地形地貌图绘得如何，对训练课堂的感受记录；

第三，全家人背好书包、水壶站成一个圈，相互检查身上所携带物品保管及遗失情况，并上报给带队老师；

第四，爸爸汇报家庭协作情况，有没有家庭成员不配合、不协作。

晚上上课时，我们都将当天的训练成绩做好统计，然后通报全体孩子，将每天的领头羊公布出来，希望其他家庭紧紧跟随这些领头羊，并争取超越这些领头羊，成为明天的领头羊，让我们的团队前进得更快。

在我们的整个训练过程中，每个家庭的孩子都很看重能否成为领头羊，因为领头羊是引领整个团队前进的动力和目标，它不仅跑得快，而且能够掌握好前进的方向，它总是将团队带到正确的方向上去。孩子们知道，领头羊是什么样的，是将教师每次播撒的种子最先获得的，有了这些种子他们家的训练活动就比其他家庭开始得早，开始得好，他们能够赢得更多的时间在训练活动中让这些种子生根、发芽，也就是在训练中不断地发展这颗种子指向的能力，不断建构起这颗种子规定的习惯。也就是说领头羊是最先获得老师给予的种子，最先按老师的训练要求去做，将老师布置的训练活动最先完成，完成得最好，他们能最先、最好地完成，就说明他们在训练当中发展了自己的能力，建构了自己的好习惯。孩子们都知道，我每一次布置训练活动内容和要求，就是将好多颗种子同时播撒给所有的家庭，这是他们专门接受种子的时刻。我让孩子知道能否获得这些种子取决于他们能否将教师的训练要求和训练内容听到心灵中去，而不是听到耳朵里去，耳朵听到和心灵听到是完全不同的。耳朵听到，我们看到的结果是他明白了老师在说什么，他能够准确无误地重复出来，仅此而已，而心灵听到，让我们看到这孩子不仅明白老师在说什么，还看到孩子被老师所给的要求和训练内容所激励、所唤醒、所点化，他急切地想要得到老师给予的这些种子，他知道这些种子可以让他成长得更好，他渴望获得这些种子，他渴望能够马上去做，能去体验这样的训练，能在训练活动体验之中获得这些种子，并能够让这些种子在活动之中生根、发芽，变成他的能力，变成他的好习惯。所以我布置的训练要求和训练内容被心灵听到的，这个家庭就会很快投入训练之中，一家人团结和睦，相互配合，快乐、高兴、愉快地去做，因为他们自打听到我布置的要求和内容时，就处于被激励、被唤醒、被点化的兴奋状态，似乎他们的心灵之中被装了一个太阳，温暖的阳光让他们沉浸在快乐的海洋之中，那快乐推动着他们要去行动，哪怕是一分钟都不愿意去耽搁。孩子有这样的心境状态，渴望得到，就像久旱枯涸的土地渴望得到甘霖，我们还会愁种子播不进去吗？

当代青少年所表现出来的一个令人担忧的人格品质就是不能积极忍耐、忍让。多起发生在青少年中间的暴力、凶残事件令人发指，这样的事件每天都在全国各地轮番上演着，其根源就是孩子们没有积极忍耐、忍让的品质。

有这么一种以自我为中心的价值观：这世界上所有的人都要对得住我，所有的人都要爱我，无论在哪我的需要都要得到满足，谁都不能做出伤害我的事，谁都不能对我不尊。这种价值观不是在少量孩子身上出现，而是在绝大部分孩子身上出现，它是孩子产生一系列低质量人格品质的决定性因素之一。养成这种价值观的罪魁，首先不是社会，其次也不是学校，其真正的第一个生产厂家，乃是独生子女家庭，生产总设计师、总工程师是孩子的父母亲人，生产执行者是父母亲人及其家庭成员。这些厂家有先进的厂房，有充足的原材料和时间，有高素质的工作人员，这些最佳生产条件的组合只为生产一件精品，只为雕琢一件近乎完美的杰作，那就是世界上最为自私的人格品质，将没有积极忍耐、忍让的劣质品性发展成人类臭名昭著的心灵垃圾。

这些具备自私，以自我为中心，没有积极忍耐、忍让的孩子算得上世界上最为可怜的孩子。在他们生命九大板块中早已备足了播种宽容、原谅他人、积极忍耐、积极忍让这些优质人格种子的土地，可在孩子还没来得及知晓他未来可以成为一个宽容、富有爱心、有宰相度量的高尚人之前，他的父母早就剥夺了孩子肯定会成为这种人的权利，并用手中的强权为孩子开始设计，将孩子推上一条没有幸福、没有安全的不归路。

父母爱这条生命，只爱着这条生命可摸、可看、可听、可感的肉体，父母只关心这条肉体生命是否在茁壮成长，是否灿烂得像一朵朵绽放在春日里的鲜花，为了这条肉体生命越来越娇艳、璀璨、芬芳，父母不惜花重金，甚至倾囊来培育这条肉体生命，以免留下遗憾。父母培植着这条生命，为孩子提供物质需要时面临着选择一般的，好的，还是更好的，父母一定会毫不迟疑地选择更好的。除去父母外，孩子还有4个祖辈血缘亲人在疼爱着他，这4个老人的加盟，至少让孩子得到6个亲人疼爱，6个人面对一个孩子，6个人都会、都愿意让利于孩子，6个人都会不约而同地牺牲自己的利益来培育这朵娇贵的花。只要孩子长得好，吃得好，睡得好，学得好，用得好，玩得好，足够安全，天天快乐，6个成年人甘愿奉献、勇往直前、在所不惜、耗尽心血地为孩子抵挡一切人生的苦难、遮挡一切生活的磨难，为孩子提供阳光明媚、风和日丽、宁静祥和的生活。6个亲人终于拖着疲倦的身躯，怀揣着困顿的心看到了他们努力的硕果：孩子徜徉在生活的温暖中，沐浴在生活的幸福中。6个亲人笑了，他们付出得这么多，不就是追求这样的成就吗？可孩子的6个亲人，你们知不知道在这个成就背后还有更大的"成就"，你们还创造了一个很快就会看到的"成就"——一个极度自私、极不具积极忍耐、忍让精神的孩子。

心理学研究表明，人的习惯只需要21天就可以建构起来。何况天长日久的功效呢？一个孩子，每天都有那么多亲人面对着他，每个亲人在为他抵挡生活中的磨难、苦难与困难，每个亲人都甘于奉献将最好的东西呈现给他，孩子都在过着没有过程的生活，孩子在坐享其成。从孩子诞生之时，他就开始接受这样的生活，在孩子的情感中，在孩子的认知中，他认为接受这种生活，接受这一切是理所应当的，因为他只接受过这种生活，充满艰辛、磨难、困难、真实的生活却被家人给予过滤、提纯，孩子看不到，接触不到，体验不到生活的艰辛，他想接触一下生活的艰辛都是那么的不容易，他每天度过的生活让他感到生活就是这么的美好，每天有好吃的、好穿的、好用的、好玩的，他真实的生活教育了他，并为他建构起顽固的价值观，及相应的情感习惯与行为习惯：在他的人生当中他本来就是一个接受一切美好东西的人，什么人都要将好东西奉献给他，他是不能被任何人所怠慢的，遇事逢人只有别人谦让他三分的，从来不会发生他谦让别人的事，也没有这个道理。

> 从孩子的角度来看，孩子是没有权利选择生活的，他还没有诞生，他将要过的生活早已被父母亲人所安排。坐享其成的生活不是孩子自己想要的、选择的，而是他无法逃避的。

孩子们的价值观是有极大错误的，他的这个价值观只适用于他的家庭生活，只适用于他与父母亲人之间，一旦跨出其家庭，就要体现它的负面价值，不仅伤害他人，最重要的是伤害了他自己。他的情感习惯和行为习惯在人群当中就会以对他人没有任何积极忍让、忍耐的态度和行为呈现出来，这是人类群体生活所不能接受的，这是违背人类群居生活原则的，是违背人类心理接受规律的。

我们的训练营是一个团队，它是由若干个家庭团队组成的。由这些谁都不能积极忍让、忍耐的孩子组建的团队，最基础的训练就是磨炼孩子们的积极忍让、忍耐的品质。没有这一品质的存在，这个团队也就不可能存在，更不可能形成团队精神。所以，我们的整个训练课程始终贯穿着磨炼孩子积极忍让、忍耐品质这根主线。不同课程从不同方面来磨炼孩子的这一品质，一定要将积极忍让、忍耐的种子播撒在孩子们的心灵世界之中。

家庭团队的模式，最能磨炼孩子们的积极忍让、忍耐。

我们模拟家庭，7个孩子形成一个家庭团队，让孩子们面对事先设置好的物、事、活动，以及人际关系。孩子原有的价值观和习惯在一开始，完全不适应这样的陌生环境，但他必须适应，否则不能生存。在适应过程中，孩子将自己身上的错误价值观、不能容忍不合心意的事与物的情感习惯和行为习惯全部暴露无余，并产生了极大的抱怨。我及时分析这种消极情绪，引导他们将自己的消极情绪视作一面巨大的镜子，让他们对照镜子细细审视自己的模样，看看自己与其他人有什么区别。对照他人，剖析自己，分析自己，研究自己，找出自己为什么与别人会有差异？为什么别人可以高高兴兴地去忍受、退让的事，到自己这里就不行了呢？自己真的就比别人要特殊，要娇贵？如果自己真的没有什么特殊的，没有什么娇贵的，与他人是一样的，那自己究竟因什么原因而比别人不如，别人能做到的，我为什么做不到呢？人类生活中，真的需要每个人对他人、他事、他物给予积极的忍让与忍耐吗？

有一个家庭是由3个女生4个男生组成的，最小的孩子11岁，最大的孩子13岁。到北京的第二天，全部男生就跑来向我诉苦，申请解散他们的家庭，他们不愿意与那3个女生组成一家人。原来，这4个男生很愿意服从训练要求，他们作为家庭成员都在尽职尽责，可这3个女生，视男生的服从为软弱，在男生头上作威作福，凡事都让男生去做。训练中，男生会将他们身上带着的小食品拿出来大家一起分享，可女生，不但没有将自己带着的小食品分给男生吃，还总是当着男生的面吃她们自己的东西，男生觉得女生十分小气。女生走累了，男生就帮她们背书包，可男生的水喝光了，向女生要水喝的时候，女生不但不给，还对男生进行讽刺、挖苦、戏弄。家庭做什么决定，3个女生总是跟男生别扭着，心不往一处想，劲不往一处使。集合时，女生总是磨磨蹭蹭，使得他们的家庭总是最后才报到，从没得到过名次。这4个男生数落出这3个女生的一大堆不是，经我调查，男生说的确实是实情。这3个女孩子是非常自私的，从她们的自私表现上完全可以看出在家庭中至尊无上的地位，她们的自私着实让一般的人难以接受，难怪这4个男孩很认真、很痛苦地请求我判令他们"离家出走"。我想，如果他们的家庭真是现实生活中的家庭，恐怕家庭中的男主人公早已无法忍受，真是要提出离婚的。大凡当代婚姻中，若双方都是不能积极忍让、忍耐的人，这婚姻来得有多快，解体也就有多快；若一方是不能积极忍让、忍耐的人，这婚姻终究会因另一方的积极忍让、忍耐丧失之时而告终；若双方都是能积极忍让、忍耐的人，这两人真是可以享尽人类婚姻的最大幸福。因为，孩子扮演的家庭，自私孩子的最真实的表演，也会让表演者忍受不了，要走向祈求解体家庭。何况现实生活中的婚姻家庭里，积极忍让、忍耐所显示着的威力呢？

我为7个孩子召集了他们的家庭会议，帮助他们分析着他们自身的原因。4个男孩子缺乏积极忍让、忍耐，3个女孩子根本不知道自己的自私程度，自己的自私没有给他们的家庭带来收获、快乐，反而给家庭、给自己带来多大的损失。让3个女孩子站在4个男孩子的角度来感受她们自己的自私行为，她们自己能够好受吗？我对4个男孩子说："天底下，大海最怕蓝天，因为大海没有蓝天那样宽广的胸怀，而蓝天最怕男子汉，因为蓝天没有男子汉那样可以无限拓展胸襟的领空。男子汉可以无限拓展他们的胸怀，可以包容太多太多的东西，你们应该从现在拓展你们的胸怀，这3个女生就是拓展你们胸怀的恩师，如果你们的家庭能够从此和睦相处，那10天后，你们的胸怀已非常广阔了。"我让3个女孩子记住，最可怕的人就是无法辨别事物的人，最可怜的人也是这种人，她们会把阳光、温暖、关爱视作黑暗、寒冷、伤害，她们错过了最美好的天使，去迎来毁灭自我的魔鬼，因为他们将黑暗、寒冷、伤害视作阳光、温暖和关爱。我让她们千万别步入这个世界，她们现在站在通往这个世界的边缘。4个男生会不断地扩大对她们的积极忍让面，会不断增强对她们的积极忍让力，请她们一定好好抓住让自己走出自私世界的机会。

每天，我都要关注他们这个家庭的变化情况，孩子们告诉我，他们更多的时候都按照我给他们的法宝去做事，矛盾实在大时，他们虽然会争吵，但争吵完后，大家都会相互承认错误，有时大家会抱头痛哭，哭完，也就什么都没有了。他们这个家就像这样，大家相互磨炼着自己的积极忍让、忍耐。

在回昆明的火车途中，我对所有的孩子展开了深度心灵访谈，失声痛哭的孩子当中就有这3个女孩。她们哽咽地自责道：她们真的错了，给4个男生制造了多少麻烦和痛苦，而这4个男生还一个劲地宽容她们，忍让她们。她们觉得自己对不起4个男生，也对不起自己，她们恨死自己身上的自私，她们多么渴望自己是一个有积极忍让、忍耐精神的人。她们感谢训练营，感谢这4个男生，让她们看清了自己，意识到自己身上所存留的多少劣质人格种子，并给予了她们改正的机会。

> 我给了孩子们一个学会忍让、忍耐的法宝。我让孩子们试着从所做的事情、活动中学会分析与判断两样东西，一个是做了这件事我获得了什么，我失去了什么；另一个是我获得的多还是失去的多，如果是获得的多，失去的少，这件事值得去做，做这一件事有很多地方值得我去积极地忍让，如果是获得少，失去的多，这件事不值得去做，我不需要对很多事给予积极的忍让。

记得在清华大学紫荆公寓集合时，出现了两个女孩突然抱头失声痛哭感人的一幕。这两个女孩子是一个家庭的，但其中一个认识了另一家庭一个较大的女孩，并和那个女孩玩得很好，于是这个女孩就一直向我提出要求，希望能调换家庭，以便能和那个女孩经常相处。我没有答应她的要求，于是这个女孩就不严格遵守训练纪律，总是离开自己的家庭去找那个女孩。她的这种行为，引起了她的家庭成员的不满，因为这个家庭的训练因她经常缺失而受到影响。大家一直好言相劝，可这个女孩听不进去，总是不能严格要求自己。清华大学训练这一天，刚好轮到另外一个女孩当"爸爸"，"爸爸"要行使管理全家人的权利，这一天当中她很尽职尽责，总是不断地提醒着每一个家庭成员，很有耐心地把一家团聚在一起。而经常外出的这个女孩子，因受到了很大的约束，总是找这个"爸爸"的茬,可这个"爸爸"用足了她最大的忍让，忍耐着这个女孩。就在公寓指定餐厅前集合时，"爸爸"叫喊着家人，快到老师处报到，可这个女孩却故意作对，走得远远的，"爸爸"很负责地跟过去，想把她拉回来，可没想到，却被这女孩用力反推到地上，"爸爸"再也忍不住了，从地上爬起来，哭着走过来，全家人对这个女孩气愤极了，大家都在指责她，她很委屈，大哭着走到我身边，让我给她讨个公道。看着这一幕，我并没有说什么话，我只让这经常外出的女孩告诉我：她跑出去对她自己有什么好处，对自己的家庭有什么好处；不跑出去，好好待在自己的家里，她会失去什么，她的家庭会失去什么。这两边对比，哪一件事值得去做，哪一件不值得去做，哪些需要积极忍让，哪些不需要忍让。她一项项地分析着，我不断地矫正她的分析，分析到最后她自己无法控制住自责，走向当"爸爸"的女孩，哭着道歉，请求她的原谅与饶恕，当"爸爸"的女孩说道："其实，我也有很多没有做好的地方，我不应该这么粗暴、简单，是我不对，我做得不好。"刚说完话，两人突然搂在一起，哭泣着，相互拍打着，相互安慰着，相互感激着。

孩子们的训练越往后越轻松，并不是课程难度降低，训练磨难减少，恰好相反，在难度加大、磨难加深的训练中，孩子们的积极忍让、忍耐品质得到不断发展，孩子们之间的摩擦、矛盾发生频率越来越小，孩子们的身体感官能够忍耐的东西越来越多，心理忍让能力越来越强，孩子们能够非常乐观、平和地去面对所发生的一切。

饥饿训练还原了吃的本质

人类吃东西的本质是获取营养，供养生命，让生命得以存活，得以发展。可吃的本质是独生子女身上早已变质了，孩子不是以生命存活、成长需要营养、需要能量而吃，恰好相反，是以是否符合自己那早已被规定好了的口味喜好而吃，因食物是否给自己的感官带来快感而吃，造成这一切的根源就在于父母供得起他们进行挑选，父母不仅提供物质上的选择机会，更重要的是提供着物质选择上的情感支持，只要孩子吃得高兴，就愿意给他。孩子因喜好而吃，不是因生命存活、成长需要而吃，孩子就不可能拥有热爱食物这样一个正确的价值观，失去这一价值观，孩子的食谱范围将变得很窄，生命的存活及成长会面临十分不自由的境地，适应环境去生存这一优秀人格品质将与孩子无缘。在训练中通过饥饿训练，矫正孩子因喜好而吃的习惯与价值观，将热爱食物，适应环境生存这两项优秀人格品质置入孩子的心灵，让孩子赢得吃食物的自由。

　　2005届第一批孩子刚到北京的那天，考虑到孩子们的不容易，我让他们多睡了半小时。7点正，我吹响了北京训练第一天起床哨。孩子们很快按要求洗漱完毕，听到第二声哨响时，快速跑到餐厅去吃早餐。怎能不跑呢？头天的晚餐，很多人将饭菜给倒了，仅靠那一点方便面提供的能量很难撑住昨晚那么多消耗。跑到餐厅一看，那是昆明人很少吃、也不喜欢吃的小米粥、花卷、馒头、白水煮的鸡蛋，外加一点榨菜丝，很多同学就开始皱眉头了。但他们的情绪比起昨晚晚餐时好多了，这些平时在家对牛奶、面包发腻的孩子，还真得耐下心来，喝这清淡的小米粥，撕着馒头往嘴里送。但孩子们还是不太乐意吃那味道更加清淡的白水鸡蛋。从第二天开始，按照课程要求，孩子们要接受饥饿训练，此时他们还"食不果腹"，但面对这些营养丰富的早餐，味觉没有完全把大门打开，却是难以下咽的。饥饿训练的目的，就是让孩子们学会理性地来看待食物营养、口味与人的身体的关系，同时提高克服困难的意志力。我通知所有带队老师，不要鼓励孩子吃，他们想吃多少，就让他们吃多少，连台好戏肯定在后边上演。

　　7点40分，孩子们按要求将军用水壶拿到开水房去灌满凉茶，这凉茶是我们请开水房师傅按配方特别泡制的，一切采用云南的上等材料。在昆明时，曾特别提示家长一定要为孩子准备这个军用水壶，在北京，它是孩子的救命壶。可就有的孩子抵死不要，嫌难看，怕丢脸，有的家长也觉得让孩子天天背这么大一个壶，太难为孩子了，不愿意提供。没带壶的、条件较好的孩子跑到学校小超市，买了几瓶饮料准备带走；较少会为自己着想、不会管理自己的孩子，压根就想不到要去买水。带壶的部分孩子看不上这凉茶，干脆卖了几瓶饮料倒在壶里。看着那些按要求去装凉茶的孩子，我为他们的父母感到欣慰，他们是这个团队中教育成本、成长成本最低的孩子。只需老师给予一次情感辅导，他们就能将人类优质的人格种子接纳下来，种子在他们生命土壤上很快就会有生命力。而看到那些不按要求行事的孩子，我们完全可以将他们断定为教育成本大、成长成本大的孩子，他们的人格教育需要花更多的时间成本，他们的成长需要经历很多的曲折，教育者要对他们付出数倍的耐心和爱心，付出更多的心血。

　　养育孩子是"一分耕耘，一分收获"的，自孩子诞生之始，父母给予他爱的能量的多少，父爱、母爱能量的均衡度，父母与孩子呆在一起的亲情时间长短，父母亲自执行养育工作量的大小、时间的长短，父母对孩子执行正确养育方式的多少，父母为孩子建构成长环境的健康程度，父母教育价值观正确程度，等等这一些，塑造了孩子本人的人格雏型或接受人格教育的"原坯"。看着孩子们的种种表现，我们完全可以推断这孩子的家庭教育状况。我们在这个训练营所看到孩子的种种表现，有如说是孩子教育成本的种种差异，不如说是孩子背后270个家庭教育的种种差异；有如说是孩子们在磨难生活中的较量，不如说是270个家庭之间在教育孩子领域的较量。

> 决定孩子教育成本、成长成本高低的根本因素是孩子的家庭教育。

7月16日是我们到北京的第二天，早晨8时正，270人的团队出发，前往北京大学 —— 今天的训练课堂。

我们的住处离北京大学约有4公里路，课程要求是步行往返。当我们按红、黄、蓝、绿、紫的顺序出发，走出大门时，孩子们四处张望，寻找昨天乘坐的客车，带队老师通知他们，今天出行不用车，步行到达北大。有些孩子按耐不住，冲动地说："这么热的天，怎么能叫我们走啊，会不会走得晕死过去。到北京的哪个夏令营会走路，不让我们坐空调车，我们也接受了，现在怎么要叫我们走路了。"我知道，训练营中难以承受磨难的孩子肯定不少，但人数在减少，这就是教育的力量，我期望随着训练难度的加大，这个数量趋向于零。我不会提前告诉带队老师一整天的训练计划、训练内容，我总是在课程即将完成时，才会通知带队老师下一时段的内容。所以带队老师、孩子们都无法预知后面的课程，后面的活动，他们面对下一时段即将到来的课程总是难以做好心理准备。我是一个追求将奇迹变成常规的人，奇迹蕴藏在无穷的变化之中，而且我深信，不论遇到什么，出现什么，我和这个团队都能勇敢地去面对。

红队领队老师手举红色队旗走在最前面，红队的孩子们作为一个整体很优秀，随即跟上了老师，接下来，每个队都按要求前进了。从住处到北大东门这条路，机动车道很宽，自行车道很窄，人行道就更窄，甚至时有时无。我要求红队领队老师以最快的速度前行，后边的孩子们背着书包，背着水，近乎小跑地紧跟着，他们必须保持着队形。我在队伍中来回跑动，监督整个队伍的前行情况，最重要的是应急处理意外。我的这些助手，带队老师是从云南大学的本科生中精挑细选出来的，考察他们的第一个指标就是身体状况，身体不强壮的根本无法胜任训练工作。很多带队老师都曾在校运动会中拿过名次，参加过不同级别的体育比赛。在他们的带领下，全体孩子都进入了急行军状态，一些孩子跑得十分痛苦，掉队了，但在带队老师的鼓励、帮助下还是跑起来了，勉强跟上了。最要命的是那些身体胖乎乎的孩子，力不从心，身体犹如铅块坠着似的，怎么也跑不快。270名孩子跑在通往北大的街道上，途经清华大学的西北门和西门时，引起了路人的注意。我不知道孩子们有没有一种骄傲感、欣慰感。但我肯定感到骄傲、欣慰，因为这里是全国多少孩子向往的地方，这里为中国培养了多少优秀人才，这里走出了多少影响中国历史进程的领袖人物。我之所以让他们走这一段路，就是要让他们萌生这种情感。

当我们整个团队快接近北大东门时，孩子们很激动，忍不住地向队友重复着：北大到了，北大到了，我们梦想的北大到了，这就是北大，这就是北大。所有的带队老师也激动不已：这就是北大。我们的队伍停留在北大东门前长长的人行道上，只见机动车道两侧停满了各式旅行客车，两条长长的车龙，十分壮观。孩子们一看这阵势，就更加兴奋了。我告诉孩子们到北大来的夏令营远不止这些，一天到晚都有夏令营来到北大。2004年，我带着孩子们晚上8点多在北大图书馆参观时，还见到十多辆满载孩子的大客车穿梭在校园里。整个暑假，到北大、清华的夏令营持续不断。但是，没有哪一个夏令营是步行来到北大的，除我们这个人格训练营外。此时的孩子们望着豪华大巴，脸上绽放的神采，显出了他们是与众不同的骄傲。

尽管我们今天到北大来赶了个早，但赶早的夏令营更多，致使每个团队，只能在北大停留两个小时，就必须离校，否则北大容纳不下这么多孩子。与2004年我们小团队在北大待了整整3天相比，两个小时实在是太短。我与北大相关工作人员协商，终于多争取了一个半小时。当轮到我们入校时，已接近10点。这意味着我们中午1点半钟就得走出这道门。

才进北大门，就有好多孩子叫肚子饿。真可惜，在北大不能自由活动，任何人不得私自跑开。叫饿的大部分孩子身上没钱，他们的钱全部在"银行"老师手里，饥饿之时，不是领钱的时候，再说，以饥饿为由领钱，是一分都领不到的。他们心里只知道，我们要中午1点半钟才离开北大，至于什么时候吃午餐，在哪吃，怎么吃，吃什么，他们全然不知。他们更不知道从北大出来后，任何人不得离开队伍，私自乘公交车或打的回住地，必须原路步行回去，而且是在中午气温最高的时候步行。他们哪里知道北京人很少在高温天气里步行在街上，他们又怎么知道，我通知餐厅下午3时吃午餐呢？今天够这些孩子好受的。早餐吃得多的孩子还可以抵挡，吃得少的就真得掏出他全部的意志力来支撑，那些基本不吃的几个孩子，就得用尽他能有的一切来活下去了。那些既不买水，也不背凉茶的孩子，教育成本、成长成本较高一族，必须付出最高的代价。校园里能顺手买水的地方，价格足足高出小超市一至二倍，由于没有自由活动，他们到不了校园超市。最让人难以想象的是，走在北大的校园里，听着导游的解说，汗不停地往下流，刚买到手的一瓶水，两口就没了。这种情形在昆明无论如何也很难见到。他们兜里的钱，在这高温闷热的天气里，在团队纪律的约束下，已倍加贬值，买不了两瓶水就没了。我为孩子们准备凉茶，真是以一当十，既防暑解渴，也减轻孩子们的经济压力，省下钱可用在更有意义的地方。可孩子不能领会一壶水对生存的含义。在这种高温天气里，对于他们来说，需要水，已是生命本能的需要。看到他们嘴唇干裂，可怜一片之时，我想他们心中一定懊悔没有带背壶，没有准备足够的生命养料。像这样的孩子，我和带队老师们都将自己的凉茶拿给他们喝，宁愿我们不喝，也不能违规把钱发给他们。

当我们中午1点半走出北大东门时，我通知全体原路步行返回，3点钟准时在餐厅吃午餐。那些不按要求执行、训练做不细、做不到位的孩子们已不堪重负了。他们今天对苦的体验可谓深刻了。此时，我在想象如果他们的父母亲人在这里，接下来他们会做什么，还会按我们的要求去训练吗？他们的父母能承受孩子坚持训练，坚持走回去吗？但我已看到那些还能继续体验吃苦，还能乐观地坚持走回去的孩子，毕竟这类孩子的量要大于前一类孩子。关键时刻，教育成本、成长成本低的孩子显现出积极的带动作用。我一声哨响，这一类孩子很快站到队伍里，扶着、牵着、拉着、帮着前一类孩子出发了。考虑到中午气温最高，我没有要求孩子急速行走，不要求按队形走，只需以队为单位，拉开间隔，可按自己喜爱的方式步行返回，但一定要确保安全。一路上，孩子们的谈笑声转移了对劳累、饥饿、干渴的注意，脚步也放快起来了；受苦后他们的心拉近了，充满爱意的团队出现了。看到他们能够坚持吃苦，看到他们承受磨难的能力不断增强，看到他们抗挫折的能力不断增强，你完全能够坚信将孩子放到磨难中体验情感，确实是健康成长的一笔财富。

今天才是我们北京训练的第二天，孩子吃苦的程度将不断加深，他们将在不断加码的磨难中坚持着。我在昆明带过很多孩子和家长的同步训练活动。出现的情形是，孩子往往能够在集体中坚持面对苦境，坚持体验吃苦，可他们的母亲绝大部分面对苦境时怨气冲天，很难主动面对苦境。如果让这些孩子的家长到北京来经历孩子们所经历的一切，我不知道能有多少家长可以像我们的孩子一样呢？

> 很多家长对磨难、苦难没有很好地体验过，也没有坚持体验苦难，因此很难感受磨难、苦难对人是笔财富，很难感受到磨难、苦难对人的优秀成长的推动性。

下午3时正，全体孩子都来到餐厅。

我没有让值日生给孩子们分饭，实行自助餐。现在没有人不饿，在这种饥饿状态下，让他们自己动手打饭、打菜，可以非常真实地显示孩子们人格状态。以便我们捕捉后，作为晚上课堂人格评价原始材料。带队老师在一旁观察，我也在来回观察。孩子们严格按要求排队打饭，严格按要求盛着每一样菜，严格按要求将每一样菜取得一样多，特别是轮到拿切好的冰西瓜时，只能顺着拿，不能挑三拣四，不能多拿，只能拿一块。在整个打饭过程中，没有一个孩子发生违规行为。从这个细节来看，孩子们比起昨晚的晚餐、今早的早餐来说，确实变了，变得可以让我们欣慰，变得可以让我们骄傲，变得可以让我们看到更多的希望。对于中国独生子女而言，如果在家庭中也像今天这样饥渴交加，劳累满身，第一个最应该吃饭的是他们，第一个最应该吃好东西的是他们，第一个最受疼爱的是他们。且不说回到家中，就是在北京，同样在北大，那些豪华夏令营中，也有很多家长带着他们的孩子来参观、体验的，谁也逃脱不了高温的天气，只见家长对待他们的孩子，不是递水，就是擦汗，还要不断递上好吃的东西，而这孩子却不乐意地往前多挪一步。

当孩子们端着饭菜回到座位上进餐，吃得有滋有味，用"狼吞虎咽"来形容是恰当的。有的孩子吃一次不够，还再得来第二次。不一会儿，食堂提供的饭菜顷刻间被吃得个精光，厨师们忙着增加饭菜。厨师长问我："怪了，饭菜做得跟昨天一样多，昨晚倒了一半还要多，早餐剩得也不少，怎么今天下午只是晚一点吃饭，就要增加饭菜了，你用什么绝招呀。说实在的，看着昨晚那么多饭菜被倒了，我们心里很不是滋味。这些孩子干吗呢，不愿吃你也别倒，那多可惜，多浪费啊！"听了厨师长的话，我也没多说什么，只是告诉他："看着孩子们倒饭，我跟你们一样，心里很不是滋味，以后这种情况再也不会出现了。以后你们准备饭菜的量要大于今天下午。今晚的晚餐8点钟吃。"

孩子们自打今天午餐起，很少有人倒饭了，从第五天开始，剩饭桶里再也见不着任何食物了。我细细总结一下，孩子们能够改变的原因有这么几条。

第一，孩子们在课堂上和训练中深深认识了自己只是一个极为平凡的生命，生命的存在需要物质营养，物质营养全来自于所能吃下的食物。人要活着，一定要吃，不是昆明的菜才能吃，全世界各地，只要具有安全性的食物都能吃。营养与味道没有联系，不是好吃的东西才有营养，味道是给我们的味觉提供快乐的，能吃到味道好，营养好的食物，那就是我们说的幸福。为了生命存在，每个人首先要追求营养，而不是追求味道，如果追求到营养，同时又能获得味道，那我们获得了吃饭的幸福。很多人犯了天底下最大的错误，首先追求味道，而毫不顾及自己生命所需营养，所以，他们将自己弄得胖乎乎的，或弄得枯瘦如柴、弱不禁风，或弄得疾病缠身。我们吃食物时，不是因为它好吃，我们才去吃，而是因为它有营养，是我们所需要的营养，所以，我们才去吃。

第二，孩子们遭遇了饥饿训练。天气的炎热势必耗费很多体能，来回走8公里，再加上在北大所走的路程，不会少于12公里的行走也要耗费体能，在北大要完成训练课程又要耗费他们的很大一部分体能，早上7点半吃得不多的早餐要撑到下午3点，这一切客观上造成孩子需要补充能量，需要营养，需要食物。饥饿训练让孩子们深深体验到食物对人生存的重要性；深刻体验到不是味道对人最重要，而是食物对人最重要；痛心地体验到自己也是犯大错的人，对自己最坏、最可恶的不是别人，就是自己。

第三，我斥责他们倒饭、买方便面来吃的行为，是天底下最为无耻的、潜伏于父母身边最危险的强盗行径。父母已为他们的每一顿饭买过单，他们倒了，无疑是将父母的钱拿过来撕碎，扔掉而已，然后拿钱去买方便面，这个钱他们自己是有不起的，是他们从父母身上抢来的，因为父母给的钱不是用于吃饭的，而是用于父母没有为他们付费的领域。孩子们从我的斥责中深深地被刺痛了，他们是父母的孩子，怎么会成了抢劫父母的强盗呢，可他们的行为又确实与强盗没有什么两样。于是，打心底里觉得对不住父母，一定要对得起父母为自己付出的饭钱，那就是好好吃饭。

第四，孩子们是在群体中生活的，他们能力的发展离不开这个群体。这个群体生活在磨难的环境中，那些教育成本低、成长成本低的孩子总是一种榜样，榜样的力量一直在激励着他们向前走。自己有生命，别人也有生命，别人能将自己的生命保护得好好的，为什么自己偏要作践自己，别人总是一件事比一件事做得好，总是快乐的，而自己却总是难以做好一件事。对比的存在，激励着孩子们去思考，不服输，因为我们为孩子设置的生活只能让孩子走向榜样学习的方向，而不会走向自暴自弃、破罐子破摔的方向，等待他的生活谁也替代不了他，得靠他们去过。我们训练营客观上造成孩子们发自内心的需要"我要变好"，这是孩子人格发展的根本动力。

第五，这次饥饿训练是全体孩子人生当中从未有过的吃苦体验，在他们能承受的最大极限内，体验到饥饿的滋味，渴望着能吃到东西的快乐，就在他们的渴望最强烈时，他们真的可以吃到东西了，这种快乐就由渴望变成现实，所以，孩子们能够真切地体验到食物能填满空在运转的胃的快乐，随着食物不断进入胃，胃空转产生的痛苦逐渐消失，胃的内官觉逐渐感觉到食物填充的快乐。这是他们至今人生中最好吃的一顿饭。这次所获得的快乐足以支撑他们去追求更多的吃饭的快乐。

> 让父母最为担忧的就是孩子的偏食、挑食，让中国儿童营养学家最忧虑的是孩子们营养摄入不均衡。但在我看来，孩子挑食、偏食的顽症，使生命的本质需求偏了轨道，这会直接造成生命本身的变形并扭曲人格。我必须在训练营里根除这一顽症。

7月18日训练课堂在清华大学。这次孩子们有经验了，无论如何早餐要好好吃个饱，才能完成即将面临的、更大困难的训练。会筹谋的孩子，将剩余的食物，特别是鸡蛋装在餐盒里带走，以应对饥饿。清华大学离我们的住地比起北京大学相对近一些，可清华大学实在是太大了，我们在清华较为幸运，没有被时间限制，可饥饿训练难度也就远胜于在北京大学。全体学生按要求走遍清华，同时还要完成训练任务，这意味着他们所走的路远远多于北大训练，他们所要耗费的体能远远大于北大训练。下午3点才离开清华大学，这意味着进餐时间更晚了。但孩子们应对今天的饥饿比昨天还要轻松。孩子们成长了。

7月19日我们的训练课堂是八达岭长城和十三陵。由于路程较远，餐厅给我们备干粮做午餐。在这种较热的天气里，干粮多选用真空食品，我们带去的干粮真叫干粮，如果没有水帮着吞咽，是没法吃下去的。19日这天天气好极了，在太阳的照射下，全体孩子按要求在长城进行训练，在规定时间内，按家庭用餐，也就是大家坐在一起吃干粮。当我巡视时，看到孩子们在树阴下，在烽火台里，乐滋滋地吃着他们的干粮，在快乐的笑声中，居然也将干粮吃完了。

7月20日，我们的训练课堂在圆明园，这一天孩子接受的也是饥饿训练。

上 部
肉 身 体 验
之八

水的适应性极强，水无论流到什么形状的地方，它就一定让自己显示出那个地方的形状，最好的性格也应当像水那样有极强的适应性，可我们孩子的性格远离水性，孩子的适应性也就极差。雕塑孩子的性格，让他快乐地拨动自己性格的调节器，笑对磨难生活，并从磨难中获取能够拥有的那份优质生活成为训练的课程内容。我将这样的课程设置在孩子吃午餐的过程中，让孩子去体验从未有过的午餐活动，去建构他个人难以获取的奇迹般的午餐经历，在这种活动当中，要让孩子感受到生活是富于变化的，这种变化源自于人类本性趋利避害，为了追求高品质的生活，我们就得时时跟随变化着的生活，我们就得不断调整自己的内心世界，调整自己的肉体生命，去做出我们从未做出过的决定，去实践我们从未实践过的行为，去完成我们从未完成过的活动，去获取我们从未获取过的生活。奇迹般的午餐训练还真改变了不少任性的孩子。

　　7月21日，我们的训练课堂是故宫、王府井大街、协和医院。这一天是2005北京训练活动最刻骨铭心的一天，对我也是磨炼最大的一天。

　　我们从故宫北门（后门）进去，从故宫南门（正门）出来。当我们中午12点半在宣开门集合时，接到送餐司机的电话，告知我原约定的接餐、用餐地点，因改单行线，不能进去。他只有开车去重新寻找合适的位置，让我等候通知。带着这270人的队伍在没有一丝遮阴的酷热地带，气温这么高，我们首要防范的是中暑。可又不知道将队伍往哪带，整个团队停留在天安门前，许多的夏令营、旅行团和旅游散客交织在一起，人群摩肩接踵，这对我们意味着风险极大，孩子容易走失。这个团队除去我和随队医生是富有生活经验的人外，其余全是大中小学生。随队医生毕竟不是搞教育的，对北京也不熟悉，对临时做出正确决策，也帮不了什么忙。正在犯难时，送餐司机的电话来了。通知我到人民大会堂南侧大街去等，只有那可以停车。

　　人民大会堂南侧大街离天安门直线距离不算远，可行人不能穿越长安街走过去。我们只有穿越长安街地下通道，走到天安门广场，再穿过广场西侧的地下通道，接着还要再穿行一个地下通道才可能到达。

　　接近中午1点正，这一天也是一个高温晴朗的天气，天安门广场上没有一棵树，太阳纵情照射，地面温度非常之高，除去站岗的武警战士，几乎没有行人，两辆救护车闪烁着急救灯，车速极慢地巡视在广场上，一看就知道是等待急救中暑者。我担心这整个队伍怎么顺利穿过广场，这是一道突如其来的磨难，面对此，我不能逃避，也无法逃避。我进入了少有的紧急状态，所有老师也进入了紧急状态，我们要快速将队伍从天安门前带走。

　　在天安门前，集合270人的队伍，算是我们整个北京训练中最为艰难的事了。为了增大训练难度，有效训练孩子们，我们没有带任何扩音设备，这对于所有夏令营、旅行团是不可思议的事。下达所有命令全靠口哨音，但在人声鼎沸的天安门城楼下，哨音就显得不管用了。我快速穿梭在人群中，找到举队旗的带队老师，通知他们把最优秀的学生叫出来，以队为单位，快速把本队所有学生找齐，然后按红、黄、蓝、绿、紫队顺序出发，出发时，一定要看队旗颜色，前队带后队。带队老师找到学生后，却基本上找不到能够站得下本队学生的空间，就全凭前面团队意识训练、紧急集合训练、孩子五种感觉器官专注力训练的成效，来完成边走边集队边清查人数的工作。在这种情况下，如果哪一个孩子这时心思不在团队集合出发上，那么我们整个团队就不要想顺利走出这人群簇拥地带。声音指挥减弱，就只有靠视觉来帮忙。当我通知红队带队老师举旗出发，尾随我前进时，意味着这是对后面每一个孩子的严峻考验，也是对我们几天训练的总检测。

当我高高举着手中醒目的伞走上天安门广场时，回头一看，队伍尾巴还在天安门城楼下，我心中掠过一丝寒意。按理我们的队伍应该全部离开天安门城楼了。肯定是队伍断开了，后边的队伍不知前边的队伍往哪个方向拐弯了。我通知带队老师把跟过来的队伍带到国旗杆的东侧原地等待。我折回去，地下通道里停着我们的队伍，他们告诉我，有一个夏令营团队横穿他们的队伍，将他们和前边的队伍隔断了，他们不知道前面是向左或向右拐，只好原地等待。我告诉他们方向，让他们赶到旗杆东侧与前面的队伍汇合。但前边的队伍又不见了，我猜想他们一定是朝着相反的方向去了，于是派学生去把他们追回来。从天安门城楼到旗杆东侧，这么很短的距离，却足足花去半个小时。

终于聚拢后整个团队被火辣辣的太阳所暴晒，被地面上聚拢的高热所烘烤，没有一个成员能逃脱这一难。整个偌大的天安门广场，此时此刻只留给我们这个来自昆明的团队，留给我们这个由中小学生组成的团队享受，真是太不相称了。尽管广场四周有林荫的街道上人头攒动，可就没有任何一个团队来与我们分享这暴晒和烘烤。回想我们第一天下火车时，以为那就是北京的热，我们到圆明园那天，气温是我们到北京以来的最高温度，看着多少从豪华空调大巴上下来的游客没走多久，就都纷纷中暑，我们以为那就是北京的最热，跟现在比起来，那些算什么热啊！热浪并没有把孩子们吓倒，让孩子们惧怕，反倒让孩子们更加坚强，更加乐观。只见孩子们一边掏出痱子粉抹擦那些曾经消失现又生出痱子的肌肤，一边分享着让他们骄傲的东西：别看我们在这被晒、被烘，可这是在祖国怀抱的正中间，全国有多少孩子能感受呢，就是那些离我们不远的夏令营中的孩子也没有这种感受！

> 因为万事随心、养尊处优而产生的优越感是廉价的、靠不住的，只有在耐受痛苦中去迎战困难，并取得胜利，才能获得真正的优越感。

我们这个团队的孩子经过这么几天的磨难训练、吃苦体验，被激发出了身体潜能，精力十分充沛。圆明园训练那天，我们看见中暑的人很多，越是乘坐空调车的人，越容易中暑，而我们270人的步行团队，只有一个孩子轻微中暑。这天中午，在很少有人到来的酷热广场上，我们无法避免地停留了半小时，救护车没有向我们开过来。1点半，我率领着这个庞大的队伍在天安门广场上摆起了蛇阵，长长的队伍构成了天安门广场的一条风景线。为了避免中暑，保存孩子们的体力，我加快步伐。高举着的伞不再为了遮阳，而是犹如一面大旗在率领着孩子们前进，孩子们只要看到这把艳丽的伞，就有前行的动力，只要看到这把老师手中的伞，他们就会跟随老师去面对一切风浪。当我快走到毛主席纪念堂北门时，北京理工大年轻、随和的司机 —— 小张师傅接我们来了。他戴着一副墨镜，身上的衬衫全敞开着，一颗纽扣也没扣，他手中也没有任何遮阳的物品，满脸流汗，歪歪斜斜、打不起精神地向我走来。他一见我就嚷嚷："哎哟喂，周老师，你太伟大了，你看你的队伍这么壮观地走在天安门广场上，我们北京人是不会在这个时候溜广场的，你们太伟大了，这些孩子真棒，我们理工大的司机都被你们给吓倒了。"

虽说北京夏天很热，可大多数工作的人，只要不在户外，他们的工作间基本上都装有空调，在冷气开放的环境中工作是很舒适的。回到家，家中也基本都装有空调，他们也体验不到户外的高温闷热。他们早上8点左右上班时，气温不算高，下午6点左右，白天的高温已下降了很多，他们无法体验到我们一整天在户外活动的高温难耐。北京城的孩子不会整天待在户外活动的。而我们穿行在没有一丝遮阴的巨大广场！一会儿，我们的孩子还要在高温露天吃午餐，这简直是令一般人难以想象到的疯狂。记得，我们将要离开昆明时，我的一位助手网聊，想更多地了解清华，她与清华的一位大四的男大学生聊起来。当她告知，我们要带领学生在清华校园里吃午餐时，那位男生说："他在清华读书四年，却从未听说过谁会在这酷暑的校园里吃午餐，说我们这伙人真是很酷，很有创意。"我得知此话后，没说什么。可今天，我们要在户外大街上吃午餐即将成为现实。我不知道孩子们会想什么。

我跟随小张师傅来到停车的地方，真是糟糕透了。他的丰田海狮车停靠在大街两边的停车带上，车是一辆接一辆，我清楚地记得一辆蓝色的海南马自达轿车停在他的车后面，两车之间的距离不到1米。车紧贴着人行道，这条人行道并不很宽，约有2米，铁栅栏围起的花坛隔着人行道与车辆停靠带平行。在这样的地形空间，根本就没有摆放饭菜的地方。我让小张师傅把后门打开，饭菜仍然搁在车上，我让两位助手和我一块给270个孩子打饭。条件再差，也要确保饭菜的卫生安全，也要确保孩子们吃下营养搭配均衡的食物，也要确保孩子有足够的体力。幸运的是，人行道紧靠停车带的边上都栽种有树，我们不需要再被暴晒、烘烤了。

孩子们将自己洁净的餐具拿出来，到指定地点集队，我们三个就站在这不到一米宽的空间里，娴熟地为270个孩子打饭、打菜。看到我们的孩子有序、安静地打完饭，然后他们个个都很精明地为自己寻找到一个相对舒适的地方，津津有味地吃着得之不易的饭菜，我总算是轻松了一大截。我真不敢相信这些孩子是我从昆明带去的，我真不敢相信眼前的这一切都是真的。如果说今天午餐地点遭遇改变是给孩子们的磨难，不如说是给我的磨难。作为这个人格教育训练营的创办者，课程的制定者，我接受这样的磨难是应理该当的，对磨难交出圆满答卷也是我必须要做的。

孩子们坐在天安门广场边，人民大会堂旁大街上吃饭还真又成了一道壮丽的风景线。长长的队伍摆放在人行道旁，很有阵势，一个个孩子手中端着饭菜吃着，饭菜的香味招来很多游客，让我们卖饭菜给他们。任何一个没有食欲的人，见此情景，一定会萌生食欲。孩子们一边吃，一边在议论着，一边看着过往行人车辆对他们的反应。孩子们有的觉得太新奇了，从来没有体验过这样的生活，这么大的阵容，让他们备感自豪，自豪自己居然也是这个阵容中的一员，他们自豪能够在北京天安门广场旁、人民大会堂旁吃午餐，他们为有这样的经历而骄傲。有的孩子在接受行人好奇的采访，他们个个讲得眉飞色舞、满脸生辉，引得行人更加好奇。有的孩子正遭遇队友的攻击和批评，因为他们觉得自己好像北京城里的乞丐，怎么会坐在街头吃饭，结果被批评得连连赔罪，请求原谅。有的孩子被这场面所感动，快速抓起相机拍照。

当孩子们吃得差不多，都以为可以饭饱神虚一阵时，我一声哨响，让他们快速按要求收拾一切，完成集队任务。5分钟后，我从头至尾巡视了一遍，孩子们都严格按要求执行训练任务，没有人倒饭，也没有人乱扔垃圾，这一带的环境没有被我们270人的团队污染。当我们离开后，这里依然如故，我们也没有遭遇任何纠纷事件。当我们准备按原路返回，去东长安街时，我深感北京是一座非常宽容的城市 —— 我们那么大的队伍在街边吃午餐，没有人过来干预，也没遇到任何麻烦。队伍开始启动了，经历了一个小时前的阳光暴晒，地面高温的烘烤，回去再次体验时，我不再担心什么了，孩子们似乎已忘记了他们刚刚遭受的一切。现在孩子们勇敢地返回广场，整个团要步行到达王府井大街。

我们顺利地完成第一次户外用餐训练，真是别出心裁，引得北京城多少人好奇，也感动了多少北京人，感动多少个夏令营的孩子们。然而最受感动的还是我们的孩子。他们都觉得我们这个团队，天天在北京创造奇迹，做着与任何一个夏令营完全不同的事。他们开始觉得不是吃苦了，不是坚持吃苦了，相反，他们觉得越来越想挑战，挑战能力在急剧上升。

> 每个人都希望自己与众不同，当每个人都融入团队并显现出一种整体的卓越时，个人的自满将迅速转换成自信。

在中国科技馆吃午餐是第二次在训练课堂用餐训练。

去科技馆那天，老天翻了个脸，整天不停地下雨。按要求我们在科技馆的训练时间是从开馆起至下午闭馆。中国科技馆也是更多到北京来的夏令营必去之地。中国科技馆确实值得孩子们去，亲身体验里面所展设的一切能激励孩子们热爱学习、热爱科学、追求科学，花一整天的时间去用心体验每一件展品，是值得的。但很多夏令营到这里，最多2小时就离开了。整个暑假，这里都是暴满。正因此，科技馆管理极为严格，从A馆出来就不能再进去，那意味着孩子们中午出来吃完午餐后就无法进去，训练无法完成；进去后直至下午闭馆才出来，那孩子们就要被饿一整天，这超出了我们训练的底线要求。该怎么办，对于我来说，又是一个挑战。孩子们按要求开始在科技馆A馆接受训练后，我和几个助手全面考察了A馆的布局，要找到一块能让我们吃午餐，而又不影响科技馆正常工作，还不能招致干涉的地方。助手们告诉我，除去咖啡厅和地下层小卖部不是展厅外，没有任何地方可以用餐。且这两个地方都非常之小，容纳不小我们这个团队，也不会同意我们在那里影响营业。展厅里更不允许那么多孩子抬着饭吃的。那该怎么办呢？无论如何也要让孩子们在这里体验一整天，孩子们的确也非常喜欢这，这个课堂不同于其他任何课堂。这个课堂对我们来说，是非常重要的，这里有我们非常重要的训练课程。

当我非常焦急时，突然看到一个清洁工从一楼楼梯间走出来，出来后，她身后的门又自动弹回去。门总是关闭着，也就是说楼梯间不对游客开放，游客上楼乘坐自动扶梯和电梯。我冲向楼梯间，一看高兴极了，这里的楼梯间规格与一般的写字楼相同，楼梯间里没有窗子，靠声控灯照明。楼梯间从一楼一直通向五楼，每层之间楼梯为两折。尽管这里光线很暗，空气不是很好，但有足够的空间，每级台阶上坐两个孩子外，还可以留出一条通道，能够容纳下整个团队，对我们来说，有这么一个地方，已算得上奢侈了。整个团队在这里吃午餐不会影响到外面展厅，也不会影响科技馆中其他工作。唯一不高兴的人是清洁工和保安，但我们的孩子是训练有素的，在卫生和安全方面绝对不会出事。

吃饭的地方是找到了，可饭菜怎么拿进来呢，我可以向收门票工作人员特别请求出去再进来，我最多能带上五六个助手。但我几个无论如何也很难一次就将近三百份盒餐拿进来，再者，从安全用餐考虑我们不会用快餐盒，孩子们到哪都是用自带的餐具来装饭，就需要将孩子们的所有餐具带出去，餐具各式各样，不可能整齐地摞在一起，就需要很多背包，这些都是增加困难的因素。这些困难是难以完全克服的。最好的方法就是将餐车用保温桶送来的饭菜全部端进来，在楼梯间给孩子们打饭，可科技馆管理人员会同意吗？我想用爱心去感动他们，因为我深爱这些孩子，我热爱中国孩子的人格教育，我想以一名母亲、一名老师、一名教育研究工作者的爱去感染他们，我始终坚信，在这个世界上，真正能解决问题的是爱，爱的能量是最有穿透力的，爱能解决一切。

当我几经周折，终于找到相关主管人员后，我将来意告诉他，向科技馆提出请求：请求他们批准并同意我们将装有饭菜的6个保温大桶抬到楼梯间，在那里给孩子们打饭，并让孩子们在楼梯间以最快的速度吃完午餐，确保卫生、安全、安静，不会给他们带来任何麻烦。我的爱心，我的深情打动了他们，他们最终同意了我的请求。他们告诉我，这可是中国科技馆的先例，这么多年来还从来没有发生过这样的事情，如果不是我对孩子们炽热的爱，不是我们这批孩子的训练经历感动了他们，这事是不可能发生的。

我怀着喜悦的心情和几位助手到停车场去接餐。小张师傅担忧地问我："下这么大的雨，那么多孩子，找个避雨的地儿都没有，够呛,你们今天可怎么吃饭啊?"我告诉他，我们要将餐桶抬进科技馆，在里边楼梯间吃午餐，他不能等我们了，下午我们会将餐桶带回去。他用充满疑惑、惊奇、敬佩的眼神足足盯了我一分钟，然后，大声说："周老师，我可真服了你们了!"冒着大雨，我们抬着餐桶迅速走向科技馆。此时的我，不知哪来的力气，和一个男助手，抬起那大保温桶行走。一个男助手对我说："周老师，你马上就要打破中国科技馆的常规了，全中国也只有你一个人这样做了，你真是一个追求将奇迹变常规的人，跟着你做事，我们都觉得过瘾，这些天来，我们都做出了常人连想都不会去想的事，我们的挑战性也越来越强了。"当我们抬着餐桶，进了大门，就招惹了多少奇异目光。我们穿越那检票通道时，每个人脸上都有一种庄严、神圣的表情。

当我们快速将一切准备就绪时，带队老师已按要求把排成单列的队伍带进来。我们将餐桶搁置在一、二楼之间的两折楼梯相接的走道上，安排每一级台阶站一个孩子，第一个孩子站在一楼第一级台阶上，依次顺序站着上去，最后一个同学站到了五楼上，孩子们紧贴扶手站，并贴着扶手往下移动，这样，打了饭的孩子不断往上走，坐在靠墙一边的台阶上，每两人坐一级台阶。经过了这么多天的训练，要求我们的孩子按规定移定队伍打饭，按规定顺序顺着往上坐已不是难事。孩子们按要求保持安静，没有招惹保安的到来。虽然楼梯间很窄，可有序的移动队伍，孩子的集体意识，孩子们的宽容足以保证不会有争吵、打架发生。孩子们美滋滋地吃着，他们无比激动、高兴，因为这种吃午餐的方式实在是超出他们的想象，他们怎么也想不到会是这样的。好奇是孩子们的天性，在我们这个训练营里，孩子的好奇心可以自由飞翔，他们确实对我的这个创意充满了好奇。他们都觉得太好玩了，太精彩了，太过瘾了，太幸福了。此时，他们早已忘却了这里很闷，光线很暗，又很窄，人又多，他们觉得已不是什么磨难训练，而是一种享受，回荡在他们心中的只有一缕缕照射到心间的金色阳光，只有温暖，只有对老师给予爱的感受，只有对老师和他人的感恩。他们为其他夏令营的孩子们只能走马观花般的参观而感到可惜，相比之下，他们觉得自己是幸福的，这里对他们来说不是参观地，而是他们发展智力、开阔视野、激发学习热情、热爱科学、追求科学的地方，这里是改写他们人生的课堂，在这里他们有足够的时间去观看任何一件展品，他们可以尽情地去触摸展品，他们将不会错过全天不同时段开放的科学实验演示、科学课程讲解，他们可以自由体验他们喜爱的展品，他们可以寻找到自己最感兴趣的领域去研究、去思考。孩子们变了，变得越来越阳光。今天的午餐如果让他们第一天遇上，那简直不敢想象结果如何。

孩子们吃完后，收拾好餐具和个人随身物品后，又急忙赶去展厅了。虽然这么匆忙，匆忙在这狭窄、幽暗的楼梯间，却没有任何安全事故的发生。这引起了我的思考。为什么很多中小学会发生楼道拥挤事件，甚至挤伤、踩死的事件常有发生呢？为什么因楼道间的一点并不痛的碰撞，孩子们就要发生口角、发生打架斗殴事件呢？为什么这种事件一直不断地延续，不能制止呢？我们今天这么短短的午餐过程、午餐结果里面是否蕴藏着答案呢？这里肯定能找到答案。这里的孩子经过了真实的、鲜活的磨难生活的训练，训练置换了孩子心灵中那些劣质的、霉毒的人格种子。

> 我们用对别人充满爱意置换了自私与冷漠，用宽容置换了尖酸刻薄，用理解、善解人意、换位思考置换了自我为中心，用管理自己、约束自己转换了失去自控，用尊重他人置换了无视他人等，这种优质种子存在，而且生根、发芽，体现在孩子们的行为上。

7月24日在北京自然博物馆的吃午餐，让孩子感受到了另外一种磨难。

这天，我们来到北京自然博物馆已是9点多了，博物馆里展厅很多，陈列的展品深深地吸引着孩子们。当孩子们来到三楼时，发现这是关于人体科学的一个展厅，这个展厅设置非常全面，从生命的开始到生命的死亡几乎全是用真实的标本来讲述的。很多人体器官标本都被浸泡在福尔马林药液里。最让我们吃惊的是，展厅里居然还陈列着三具尸体，一具躺着，两具直立着，尸体浸泡在装满福尔马林药液的玻璃柜里。胆大的孩子带着充满好奇、胆小的孩子去看，他们越看越激动，几乎是将眼睛贴到玻璃柜上了。他们一边看，一边在研究这死者是怎么失去生命的，又一边想象着死者生前是一个什么样的人，导致他们停留在尸体前的时间很长。

看着他们这么津津有味地观看与谈论，我总觉得吃午餐时他们一定会出问题。但我又一想，这么一来，一种很特别的午餐磨难不是形成了吗？说真话，我绝少见过死者，为了战胜对死亡的恐惧，我曾在夜里一二点时，到医院急诊手术室外等待过死者被推出来，但绝没有像医学院的学生一样直视裸露的尸体。现在，到了三楼展厅，一个胆大的孩子告诉我前边有最新奇的东西，我就一个劲儿地跟着他，结果突然被带到摆放尸体的玻璃柜前，突然看到这三具尸体，我真的没有任何心理准备，就像他们也没有任何心理准备就被丢到磨难中一样，我只能面对，无法逃避，只能大胆、勇敢地面对。我和孩子们一样是人，他们经历的，我同样要经历。这时，我对医学院的学生给我讲述他们的经历真是深有感触。医学院的很多学生第一次上解剖课，面对着从福尔马林药液里捞出来的尸体，他们会产生一种强烈的生理排斥反应，这种排斥反应影响到心理，最强烈的反应是无法进食，食欲全被这种反应给破坏了。我能够肯定自己今天跟医学院的学生一样，不会有食欲。看着这些孩子如此好奇，胆小的孩子加入到他们的行列也不再胆小了，也挤着挤着去看，惟恐看不够。我和他们该怎样抗击这种奇特的生理、心理反应去好好吃午饭呢？我不知道，真的不知道。

三楼展厅参观完了，也就意味着北京自然博物馆全部都被参观完了。当我刚来到一楼时，就接到送餐电话，我们的午餐已送到。我快速赶出去，办理相关手续后，餐车直接开到博物馆小广场。全部餐桶放在树阴下，一切准备就绪后，孩子们已按规定时间全部出来集合准备用餐。

我事先的担心不是多余的，意料也没离谱。当哨音响过后，没有见到过平日孩子们吃午餐的急切劲，很多孩子嘴里嘟哝着："怎么又要吃饭了。"一些孩子直截了当地说："我不想吃，吃不下去，我难过，恶心想吐。"按理说，今天是他们最饿的一天，因为夜里3点就起床，3点半钟就乘车到达天安门广场看升旗，在广场上拍照，参观毛主席纪念堂，又到自然博物馆参观，所有孩子的早餐都是吃干粮，干粮的量远没有平日早餐吃得多，现在已是中午12：30，无论如何也该饿了。可眼前懒洋洋的孩子们，一反常态，没有食欲。这可不行，午餐后，我们即将前往离博物馆不远的天坛公园。天坛很大，天气又这么火热，不吃饭，没有体力，孩子就无法完成我们的训练任务。今天是我们在北京训练的第九天，今晚的课程是我们最后一次课程，今晚课程有很多内容，有重要活动。前面的训练都完成得不错，我们不能功亏一篑。看来，意想不到的特殊磨难到来了，我们尽全力也要战胜它。

我把所有带队老师招集来，我们先带着那些想吃饭的孩子一起吃，然后，一边吃一边动员孩子们过来吃。就这样，我和助手们要快速遗忘刚才看到的那一幕，将注意力全部转移。我和他们谈起了博物馆里一个展厅——动物之夜的有趣故事。我问他们："你们到动物之夜，都看到动物是怎么过夜的？"他们被我问蒙了，摸不着北，一个个愣着。我告诉他们："博物馆的参观，我去得最多的地方是'动物之夜'。每次去，都看见好多动物在里面睡觉。"他们一会儿全大笑起来，这一笑，把好多孩子都招惹过来了。他们追问笑什么时，一个充满幽默感的大学生说："今天博物馆里来了很多动物，他们一个个最喜欢去的地方是'动物之夜'，他们嫌睡觉的动物标本不会呼吸，嫌那些动物标本睡姿不够优美，一个个都寻到了能摆优美睡姿的地方，开始加入到动物之夜里去了。"话音未落，一阵狂笑暴发了。这笑声又把更多的孩子吸引过来了。孩子们相互转述着这段话，笑得腰都直不起来。我也忍不住了，一边笑，一边告诉孩子们："这些来过动物之夜的小动物是一家一家地来，一家一家地走，今天到自然博物馆来参观的人可见到了千年等一回的动物之夜，他们真是大饱眼福，我们真得感谢这些做义工的小动物们。"话音刚落，几个较小的孩子没搞明白，为什么那么多人在笑，他们问我："周老师，哪来的小动物，什么小动物？"我对他们说："一群来自南方的小动物，你们没有见啊，今天有好多好多我们的孩子，实在是困倦到了极限，都跑到'动物之夜'展厅里去睡觉。多少到这里来参观的人看到他们，都说'这些孩子怎么都跑到这来睡觉了'。吸引参观者的不是'动物之夜'展厅里的那些标本，反倒是被这些活标本给吸引住了。"听完后，所有的孩子都捧腹大笑，有的笑得不能直立，有的笑得跪在地上，有的笑得上气不接下气。

我没想到，这么一个话题引发了这一浪一浪的笑声，更没想到竟然会让很多孩子想起了饥饿，唤起他们的食欲，也一个个跟着过来打饭吃了。那些排斥反应强的孩子，看着这么多孩子都吃起了饭，似乎觉得他们也该做点什么了。但终究还是没有过来打饭，带队老师们一边吃饭，一边鼓励他们去打饭。就这样，我们采用多讲笑话，多讲有趣之事来转移所有孩子的注意力，减轻排斥反应，让所有的孩子都吃了午餐。

上部

肉身体验

之九

按质、按量、按时完成工作是人类发展至今积淀下来的一项优秀人格品质，它是当代人力资源领域评价个人智商、情商的尺度，也是当代企业中最为看重的人力资源之一。我们的孩子在学习领域难以证明自己是一个按质、按量、按时完成学习的人，在生活领域更无法表明自己是一个能按质、按量、按时完成自己的生活事务管理的人，在玩的领域同样难以显示自己是一个按质、按量、按时完成活动的人。孩子人格中缺失此项优秀品质，已弄得父母焦头烂额，身心疲惫。在北京的训练，具备了让孩子拥有这项人格品质的训练环境，我将这项品质的获取设置成训练课程，让每个"家庭"明白在随后的规定时段中，在哪些空间，要完成什么活动，活动要求是什么，活动结果是什么，完成活动后要在什么时间准时到达什么地点报到及获取下一时段训练要求，然后将全部家庭放飞出去。没有任何老师跟队，也没有任何大学生教练跟队，放飞之时，孩子们只要离开我10米之外，一切都是陌生的。届时，我只需准时出现在报到地点，完成放飞家庭的回归报到工作。

　　人的生活离不开时间与空间，任何一个人的生活都是存在于这两个维度中，也就是每个人的生活都是由时间和地点共同编织起来的，一个好比经线，一个好比纬线。每个人的生活是由无数个特定时间、特定空间所产生的生活连缀而成。

　　根据空间的不同，培养孩子的时间观念，学会高效地使用时间，乃是我们设计训练课程的教学目标。我们把时间的使用划分为纵向和横向两个方面。纵向使用时间，是将时间按不同的计时单位分成不同的段，通常可以按秒、分、小时、天、周、月、年这些计时单位将自己所拥有的未来的时间在特定的空间进行分段使用。孩子更多地面对纵向使用时间的效率问题。时间管理能力强的孩子，他的时间规划单位用到小时、分，甚至是秒，也就是说，他会将他的每一小时、每一分、每一秒都进行规划，让每小时、每分、每秒都安排得富有效率、富有意义。时间的使用从横向来说无非是在某一单位时间内，一个人能同时兼顾、完成多个空间里的事，或能同时兼顾完成同一空间内的多件事。这往往是对成年人的要求。一个人在单位时间内越能兼顾多个空间里的事，或一个人越能兼顾同一空间里的多件事，就意味着他的时间管理能力极强，堪称高效率人士，是企业最钟情的人才。

　　我们让孩子认识到时间的存在，树立他们的时间观念，培养他们的时间管理能力是有着极其重要意义的。孩子树立时间观念，具备时间管理能力的年龄越小，这孩子的生活就越早呈现有序而丰富状态，就越容易成为一个具有生活情趣的人，孩子的健康成长也就更加符合人类生命发展的规律，这孩子的成才速度会越快，级别会更高，对人类的贡献率会越大，他自己感受到的幸福程度也更为深刻而富有价值。树立时间观念，培养时间管理能力确实是使人的生活进入良性循环的重要因素。

　　树立孩子的时间观念，培养其时间管理能力，人格教育训练是完成这一任务卓有成效的方式。

　　每一批孩子到北京完成训练时间只有14天（含来回乘坐火车时间），训练小科目很多，要按期高效完成这些课程，唯有树立起孩子的时间观念、培养时间管理能力作保障，同时也向全体孩子播撒了时间观念、时间管理这两颗种子。在我们的训练方案书中明确地标示着每一项训练活动完成时间，很多活动是按分钟计算，有的甚至计算到秒。孩子们从训练开始（到火车站报到）至训练结束，没有任何活动是没有时间规定的，也即他们所有训练活动都是在特定时间规定下完成的。我们正是通过这种在活动中突显时间的存在，在孩子脑海里刻下这道深深的时间刻痕，让孩子明了什么活动只能在什么时间发生，通过让孩子一切活动牢牢地受时间限制来树立孩子的时间观念、培养孩子的时间管理能力。

我们不同于北京任何一个夏令营的根本之处在于：每到任何课堂，从不允许带队老师带着孩子们去活动，相反，孩子们都必须离开全体带队老师，在他们离开时，他们一定会习惯性地接受通知，记住他们必须在什么时间到达什么地点，不准时到达指定地点，意味着与团队失去联系。为保证训练的有效性，每天的训练会分成好几段，每段训练都有严格时间规定，我们不会将一天的几段训练做预告，因为我们要随时收集、整合、利用训练课堂里突如其来的一切困难，不断提高训练磨难指数。这样，孩子们总是要按要求完成了前一项训练，并及时赶到指定地点，他们才能接受下一项训练的通知，才能得知下一项训练的内容和要求。所以，我们的孩子一天之内要历经很多次分散、集中、再分散、再集中的训练，能够将孩子们放出去，又收回来的金钥匙就是时间。

记得第一批孩子刚下火车就被投到中关村电子商城 —— 海龙大厦，孩子们要在一个非常陌生、规模宏大、地形复杂的商城中，沉浸在这个兴趣海洋中，面对琳琅满目的商品不断吸引着他们的眼球，牵着他们的魂，必须随时保证7个人在一起，而这一切客观上导致孩子们需要有更多的时间，最好没有时间的限制，但就在这种情境中，我们不但没有给予他们更多的时间，反倒还缩减时间，如果不在规定时间到达指定地点集合，那么他将与整个团队失去联系。孩子们要完成训练任务的过程中必须树立起时间观念，很好地管理好自己对时间的使用，一定要将时间放在第一位考虑，不论做什么都要考虑时间的多少。

我和助手们主要的任务不是去逛商城，主要是巡视、查看、跟踪了解孩子们逛商城、买商品训练情况。在每一个角落里，我们都能看到孩子们步行的速度很快，非常专注地在寻找他们所要了解、所要购买的商品，上上下下来回跑着货比三家，叫着、喊着、拉着他的家庭成员。整个商城里最为匆忙的算是我们的孩子了。正如孩子们所说的那样，比起平日，他们的脚能走快了，嘴能问路了，知道做什么都要考虑时间了，会顾及队友了，有了时间观念了。离规定集合时间不多时，你能看到在商城里跑动的孩子，在朝着一个方向跑动的孩子，这就是树立时间观念、培养时间管理能力会发生的结果。

在北京大学与清华大学，孩子们要接受纵向使用时间和横向使用时间的训练。到北大、清华的夏令营参观方式与我们截然不同。他们在导游的带领下，扛着营旗，排着队绕着学校著名的景点走一圈，基本上一二个小时就可以完成。我们将北大、清华定为训练课堂，每个课堂的训练课程都要花上一天的时间。因为训练课程要求孩子们全面深入了解北大、清华，单靠一两个小时是没办法完成的，需要孩子们花更多的时间去亲身体验、亲身感受。

首先，孩子们要全貌了解北大、清华校园。这两所校园都很大，特别是清华校园，孩子们只有足迹遍布校园，才可能做到全貌了解。要完成这一任务，对孩子们有一个紧迫要求，也就是抓紧时间，有效使用时间。校园空间也需要进行划分，对孩子们的步行区域进行时间管理，也就是整个团队什么时段，完成哪一块区域的参观了解。为了让孩子们能够参观了解得更细、更深，我们规定孩子们按家庭7个人一起参观活动，将整个团队打散、化整为零。对孩子们只作统一的时间、地点规定，指定他们每个家庭必须在什么时间，到达什么地点，如果不能准时赶到，或不能准时准确地找到指定地点，他们将无法获取下一时段训练任务要求，也就与整个团队失去联系。靠这种用时间、空间将分散出去的孩子随时收拢来，目的是训练孩子们纵向使用时间，管理时间。我们按照熟悉北大、清华校园的人，靠步行到达我们指定地点所需时间来规定孩子们的到达时间，这表明孩子们面临着巨大挑战。从某一地点出发，限时到达另一地点，对于熟悉地形、熟悉路的人来说，只是一个速度的问题，对于不熟悉地形地貌的成年人来说，仅凭他的生活经验，多年积累的空间感，他们也能赶到，但对于从未到过北大、清华的孩子们来说，不仅是速度问题，他们没有更多的生活经验，甚至他们现有的寻求各种帮助的经验都没有，他们还不具备在较短时间内确定出正确的行走路线的能力，他们面临将路走错，方向走反，走冤枉路的风险，这些风险导致他们最后的灾难 —— 不能准时到达准确地点。孩子们7个人一组，一起走在陌生的路途中，毕竟不如一个人走起来那么省事，那么快，一路上，一会儿这个要上厕所，一会儿那个书包带断了，一会儿又有人鞋带散了，一会儿又有人发呆了、掉队了，这些都是损耗时间的人为因素，是他们不能准时到达的风险。我们告知孩子下一时段集合地点的方式有别于一般，先确定一个地名，一个大范围，然后采用描述的方式，将我们具体的某个集合地描绘出来，这一切都是采用口头语言，发布通知时，出现不专注、没有倾听能力的人就要出问题，他将可能把时间记错，把地点记错，这也是他们面临的风险。他们一旦不能准时到达，从此与团队失去联系，错失当天完整的训练课程。

这种真实的困境，这种在陌生地方很怕失去集体的情感，这种在陌生地追求生理安全和心理安全的需要，这种在团队训练中生怕失去自己的训练机会的情感，迫使孩子们脚步不得不快，路线不得不找对，不得不去寻求捷径，不得不克制自己的行为，不得不七个人抱成一个团，不得不节约每一分钟。就是这样的训练，让孩子们树立起了时间观念，让孩子们培养出了管理时间的能力，让孩子们懂得了时间对于个人，对于团队，对于生活、对于生命的重要性。

准时到达集合地点的要求，最能培养孩子把握时空的能力

最让孩子们难以忘怀的时间训练是在北大完成的。上午9点正，我们发布完训练要求后，告诉孩子们10点正在未名湖边的那条鱼旁边集合。快临近10点时，我和助手们躲藏在未名湖旁小山堆的密林中，看到我们的孩子在未名湖旁转来转去地找那条鱼，似乎能准确到达那条鱼旁的孩子不多。要找到这个地点，首先得找到未名湖。未名湖是北大的著名景点，任何一个北大人都知道，所以孩子们要找到它不难。但如果孩子们在了解未名湖时没有注意那个鱼石舫，他怎么也找不着这条鱼。即使孩子们找到了这条鱼的方位，他们也还存在不能准确到达指定地点的风险。10点差5分，很多孩子都朝着鱼舫走过来了，只可惜很多孩子并没有走到离鱼舫最近的一个湖边端头，却走到离鱼舫较远的一个湖边端头，按我们的要求是未名湖畔的那条鱼旁边，只有第一个湖边端头紧贴着那条鱼，那才是我们的集合地，可很多孩子没有仔细分析地点描述，看到另一个湖边端头离路较近，人非常多，很多参观者都会驻足拍照留恋，他们就停在那等待。当离集合时间只有2分钟时，我和助手们向鱼石舫飞奔而去，10点正我们准时出现在第一个湖边端头，只听到这为数不多的孩子们高声欢呼，而另一端的孩

子们显得非常委屈，这条鱼可够他们受的。

去颐和园的头一天晚上，我在课堂上给孩子们介绍颐和园时，展示了颐和园的全貌图，我顺手随意指了一个地名——多宝塔，告诉孩子们明天有一个集合地将是这个地方。第二天10点正，当全体孩子们都准时来到船石舫时，我在嘈杂的人群中发布下一站的集合时间、地点，他们知道要在12点准时赶到多宝塔。按课程训练要求，孩子们要在这两个小时之内，全面了解颐和园北部山体区域，这里很大，需要了解的东西很多，这意味着孩子们一定要抓紧时间，有一个较好的行走路线方案，才可能将所有地方覆盖到，了解到，最后赶往多宝塔。可就是这个多宝塔把他们给害惨了。别说他们，就我们而言，也几经周折，才从颐和园里一个年岁较大的管理员那打听到这多宝塔所在位置。我们问了很多导游，他们都不知道颐和园里还有个多宝塔。很多管理员、售票员、检票员都不知道这个多宝塔在哪。当我和助手找到这来时，发现有十几个孩子还是找到了。到12点时，也只来了三分之一的孩子，我知道今天的这段训练难倒了多少孩子。我只有启动第二套方案，发动已来到的孩子下山去寻找没来的孩子，否则，今天的训练无法完成，很快，餐车就要到了。为了有效完成每一道训练，我禁止整个团队采用手机联系的方式，在这种情况下，唯一能靠的就是团队精神。我估计孩子们就在离这不远的地方，把他们找回来不会太难。

孩子们一边下山，一边叙述着他们的经历。他们在多宝塔山脚下已经来回走了很多趟，一会儿这个人告诉他们往上走，一会儿那个人告诉他们往下走，一会儿有人要他们往左走，一会儿有人要他们往右走，怎么走也找不到，最后索性将附近没有走过的路都去走一遍，万幸还没有全部试完，就找到多宝塔了。当他们到达时，他们好多人都哭了，不是委屈地哭，是高兴得哭，是为自己骄傲，为自己感动而哭的，找到它实在是不易啊！脚走得肿痛了，人很累了，就是一种挑战，一种追求希望的力量鼓舞着他们，是团队的力量在鼓舞着他们。这些下山找队友的孩子们做出了种种猜测，猜测队友们是否也正经历着他们所经历过的，猜测着他们会不会全跑到北门去了，猜测他们可能刚好在山脚下……

我的估计八成是对的，当孩子们才下山时，就发现很多孩子在路口迟疑，因为这条通往多宝塔的小路确实与多宝塔不相称，是一条不起眼的小路，一般人万万想不到，它竟然会是通向一个景点的通道。孩子们见队友下来了，犹如见着了救星，高兴得直叫："我们不会被丢掉啦！"这批孩子加入了寻找队友的行列，队伍壮大了，孩子找孩子，我和助手去北门外接餐，联系在颐和园内用餐事务去了。半小时后，当我们走在那年久失修的小道上，隐隐约约听到孩子们的谈笑声，我知道孩子全被找回来了。当我们上去时，好多孩子还在分享着他们寻找多宝塔的艰辛，分享着他们能力不足的叹息，分享着他们在寻找多宝塔中的成长，分享着他们为此值得付出的一切。

下午5点20分，在颐和园玉带桥，孩子们接到下一训练任务，沿着湖堤一直往前南走，走到早上进来的那道大门集合，6点必须到达。孩子们怎么也想不到前面的路有多远，但他们凭借时间训练给他们的经验，不管有多远，必须以最快的速度去行走，路上不能有任何耽搁。当我处理完两个孩子的问题，并让他们走与我们相反的方向回去（路程较短），所有的孩子早就无影无踪了。我们快速赶路，可万万没想到灾难来临了，当我们只有15分钟用来走路时，发现离集合地实在是太远了，即使跑，可能也来不及了。那么多孩子都准时到达了，而我们却没有到达，而且几辆客车已在外面等待着我们，这是无论如何也不能发生的事。湖对面的路离集合地已不远，但我们没有船，怎么也过不去呀。我急中生智地朝着湖中仅有的两三张小船大喊起来："喂，湖中的小船能不能救救我们，我们遭遇困难了，求求你们啦！"就这样不住地呼叫，我们这种富有戏剧性的大呼急喊，终于感动了上帝，把一对熟睡在小船中的中年男女唤醒了，他们满怀好奇地听着我们的诉说："请你们救救我们，我们并没有遇到什么危险，只是时间来不及了，对岸有昆明来的孩子在等着我们，请你们把我们渡过去，只有这样才来得及管理孩子。"这对富有爱心、善解人意的男女，一听到是这么回事，就快速将船划向我们，可那小船最大乘载量为4个，我们也只能有两个人随船渡到对岸，其余的都得急跑到达，也只有这样了，这对于我们来说已算是解燃眉之急、雪中送炭了。我和一个女大学生上了小船，为了抢时间，我们俩坐到驾驶座上，开始了我们一生中最激烈的体育运动，不要命地蹬着脚踏板，只见小船飞一般地朝着对岸驶去。

为了表示感谢，我们得在短短的七八分钟内将我们到北京的目的、到颐和园干什么、为什么会出现刚刚上演完的那一幕——介绍给这两位北京人。我们的介绍并没有达到解除他俩好奇心的目的，反而更引起他俩巨大的兴趣，只可惜，我们相遇得这么蹊跷、这么匆忙。这俩人一看就是北京的文化人，那男的很快就对我们的相遇萌生感慨，感慨能有几个北京人遇得上这么富有传奇色彩的事，能有几个北京人在不经意之中就帮了别人大忙，感慨他们的幸运。他身上充满了作家情怀，或干脆说他简直就是一个作家，能在瞬间感受到他俩给予我们的不只是这么一点小忙，而是帮助我们没有在孩子面前毁损榜样的形象，失去榜样的力量，感受到我们要求孩子做到的，我们首先一定要做到的榜样力量，感受到我们在中国大地上敢为人先，率先走出了这么艰难的一步，感受到在中国独生子女教育领域里可以燎原的星星之火。

我和助手拼死拼活地踩着、蹬着、转动着脚踏板，终于在铁定的8分钟内将船划向了岸边，我俩已来不及做更多的致谢，一边将他俩不会收下的钱放在座位上，一边快速用力跳上岸，向集合地以百米冲刺的速度奔跑过去。离规定时间还差20秒的时候，我和助手突然闪现在孩子们当中，我们所经历的一切他们全然不知。

还值得提及的是第二批孩子在清华大学的训练。因为这次训练难度要大于第一批，就步行来说，他们那一天足足走了20公里路。清华大学整个校园都留下了他们的足迹。他们并不是简单地走在清华大学，而是一边走、一边观察、一边采访、一边描绘清华地图，而且要在指定时间到达指定地点，指定地点都没有明显标志物，地图上也没有标志，即使是清华的学生也可能从未到达过。如果不准时到达指定地点，他们将无法知道下一时刻该做什么，也就意味着与整个团队失去联系。孩子们按家庭开始训练。结果，很多孩子不善于运用自身资源、团队资源、他人资源，走了很多冤枉路。最要命的是，我指定下午4点半到达清华紫荆学生公寓其中一个餐厅，我没有说出这个餐厅的名字，只是对它进行了一番描述，在我描述的过程中，只要稍不留神，听漏了一个外貌特征，就会找到另外一个餐厅去。

下午4点10分，我和助手到达紫荆学生公寓，发现有很多孩子已到达，都在四处张望，寻找那个餐厅。我下达任务时，语速很快，而且只说一遍，绝不重复，目的是不让他们记录，只能用心去记。我知道这种训练难度是很大的，很多孩子要拜倒在这种训练下。孩子们吸取了前面几次吃亏、走弯路的经验教训，都学会了利用一切可利用的资源。当他们看到我们时，就高兴得欢呼，因为我能将他们带到那一个餐厅。看到他们这种心态，我们要想尽一切办法甩掉他们，在他们的视线中消失，然后神不知、鬼不觉地出现在那一个餐厅大门前。我与3位助手说好了，我跑哪，他们就跟哪。此时，我真没把自己当作是一个30多岁的女性，一个孩子心目中的老师，撒腿就跑，奔跑在清华大学学生公寓一楼的自行车库里，穿梭在公寓之间，跑向隐蔽的地方，几个助手也没命地跟着跑。毕竟，我比孩子们富有生活经验，很快就将大部分孩子给甩掉，只留下几个体力强的孩子紧追在后。现在不是跟他们拼体力的时候，而是要迷惑他们，要拼智力。凭着我敏锐的观察力，我找到了一个足以让他们晕头转向的地方，我和助手们躲在隐蔽处，看着他们转来转去，无法确定我们在哪，时间一分一秒过去，他们也很着急，他们无法在这里死等，只好退去。其实当他们还在等待时，我们就从一个拐角处走了。出来一看确实没有孩子在我们的周围，我们以最快的速度跑到了那个餐厅前。结果等我们到达时，果然还没有孩子出现，这时，离我们规定时间不到2分钟。我知道孩子们肯定是找到另一餐厅去了。等助手把他们叫过来时，个个是精疲力竭，一副打了败仗的样子。这时，他们聚在一起，开始声讨他们自己的问题，抱怨自己的不专心，怪罪自己的理解错误。他们向我提出愿意接受惩罚，让我给他们确定一个惩罚方案。看到孩子们认输愿罚，我告诉他们既然输在方位感，那就罚你们从紫荆公寓离我们住地最远的一道门走回去。孩子们很诚恳地接受了这个方案，可他们哪知道这一走就是好多公里路。孩子们打起了精神，自己一边走，一边问路，寻找那道离住地最远的路。看到带头的孩子们朝着与我们住地相反的方向走去，我知道他们问对了，走对了，也就跟着他们走在受罚的路上。当他们走出那道大门，向保安问路，保安没有给出正确答案。他们只有四下打听，好不容易问对了，走起来才发现，出了大门，他们又要沿学生公寓外围墙往回走，走了很长一段路，几个孩子叫了起来："那不是刚才集合的那个餐厅吗？"很多孩子朝他们手指的方向，穿过铁栅栏，往里望去，确实是那个餐厅，这时他们才发现，什么叫接受惩罚。

■ 掉队产生的压力感，最能感受时间的存在

刚到北京开始时间训练时，每个队的带队老师最担心的是他们的孩子能不能准时赶到集合地，特别是训练结束时的集合，因为这关乎着每个队的最大荣誉。从客观上来说，每个队如果有一个孩子或几个孩子不能准时赶往集合地，将会导致他们这个队的训练受阻，将会毁损到这个队的利益。我们以队为基本训练单位，7个人组成的家庭是我们的最小训练单位。训练要求规定，任何一个队，出现孩子不能及时赶往集合地，那么这个队下一阶段的训练就要受阻，我们的训练前提是不能少一个孩子，不能剥夺每一个孩子接受训练的权利。出现孩子不能准时赶回的队，要花时间进行教育，每一个孩子要对这个队负责，这是对团队的要求。对每个孩子的要求是，如果自己没有及时赶到，整个团队是不会等待他的，他不仅要

失去与团队的联系，最终会影响到他所在集体的荣誉。如果孩子只要不是在结束训练，离开训练课堂的最后一次集合上出问题，也就是在训练中任何一个时段集合出问题，基本上都能补救。在同一训练课堂中，孩子们即使没能准时赶到集合地，一般都会四处寻找我们所有的孩子，一旦遇到我们的孩子，他们都会询问上一段集合时所交代的训练要求，获取下一段的集合时间和地点。到时，他们准时赶到集合地，也就不会出现一步错步步错的情形了。但是，我们的训练有时一天只会在一个训练课堂，有时一天要去几个训练课堂。对于一天只有一个训练课堂来说，最后结束训练，即将离开训练课堂的集合最能检验、显示每个队的团队精神。对于一天有几个训练课堂来说，每结束一个课堂转向下一训练课堂时的集合都是检测团队精神的最好时间。真正让带队老师们焦急，让每个队的孩子最焦急的时刻都在这些时候。

清华大学训练那天，红队有5个孩子在上一时段集合时，不够专心，没有听清楚结束训练的时间和集合地点。在中途训练中，向蓝队队友打听，蓝队孩子告诉了他们，可他们怎么也没想到就那天最后的结束时间与集合地点是各队互不相同。结果等他们按着指定时间，到达指定地点时，才发现没有一个红队的孩子，也没有见到红队的带队老师，全是蓝队的孩子和老师在那。蓝队的老师也不知道红队在哪集合，按规定他们不能打电话给红队领队老师，哪个队丢了孩子，按丢失人次计算，对领队老师进行惩罚的，哪个队捡到了其他队的孩子，并安全地带回，这个队要受到奖励。在这种规定要求下，这5个孩子只能随着蓝队回住地了。红队全体孩子都准时赶到集合地，却怎么也见不着这5个孩子的身影。领队决定让一个带队老师将全体孩子带回住地，剩余3个带队老师留下来找这5个孩子，可全体孩子不同意，决意参加一起寻找。于是整个队开始在清华搜寻，一个多小时过去了，他们绝望了。孩子们告诉我，当时领队一下就急得流起了鼻血。整个队带着低落、悲伤、怨恨的情绪回住地来了，当他们走进餐厅时，已是下午4点多了，其他队的午餐早就吃完了。经历了这一次，红队在整个训练中就再也没有发生这种事情，团队也因此而建设得更加友爱。

在我们这么严格的时间训练中，往往还要出问题的当数那些平日专注力就非常差，上课最让老师头痛，学习成绩较差，几乎没有专注能力的孩子。可以说，在这么真实、严格的训练中，在面临着可怕后果的训练中，这两三个孩子天长日久的坏习惯还是得不到摧毁，他们总要不时地掉队。最令我们全体孩子难忘的是发生在天坛公园的那一幕。

当我们将孩子们从北京自然博物馆带到天坛公园西门时，近中午1点半，当时孩子们已有倦意，因为他们那一天是夜里3点钟起的床，那一天的训练课堂是最多的，有天安门广场、毛主席纪念堂、北京自然博物馆、天坛公园。考虑到睡眠时间少，活动时间过长会影响孩子的注意力，我一个家庭一个家庭地交代训练要求和结束训练的时间和集合地点，交代完后，还要让孩子重复一遍，当孩子们都清楚地记得下午4点30分在天坛东门准时集合，我们才让他们解散，并开始训练。

下午4点15分，我和助手们巡视完孩子们的训练活动后，快速走向东门。我发现东门不像其他门那样，都有一条主干道直接通向大门，而是要折转几条道才可能到达东门。当我们走出东门时，已有一部分孩子在那等待。4点半时，各队清点人数，发现平时曾经几次不能准时到达的3个孩子又没有到达。很多孩子都在抱怨：怎么又是他们3个。队伍集合好，刚要上车时，广播里传来其中两个孩子在寻找我们团队的信息。从广播里，我们明白了，这两个孩子4点半跑到了南门，现在正等待老师去领他们。他俩到达南门时感到很奇怪，在那怎么也看不到我们团队的影子，他俩慌了。因为这次不再像以往那样是训练中途集合出问题，而是结束训练出的问题，他们要找不到我们，意味着他们得自己承担一切后果。其中一个孩子害怕极了，只有给远在昆明的妈妈打电话，告诉妈妈他丢了，与团队失去了联系。他妈妈在昆明虽然十分着急，但她非常了解孩子的坏毛病，很少有专注的时候，肯定是没用心去听老师交代，才导致这样的结果。他妈妈急忙与我联系，只可惜她没有我在北京使用的手机号码，无法与我联系上。还算他俩动了脑筋，向南门管理员求救，管理员让他们与广播室联系，通过广播寻找我们，让我们听到广播后，到南门去领他们。

当把他俩领回来后，他俩承认错误时说："当他们的家人告诉自己集合时间地点时，没有专心，而是想着其他事情，听到集合时间是4点半，但没有听清楚集合地点是哪道门。在训练中，他们与家人走散，结果两个走到一起，当他们向别的孩子打听集合地点时，却得知是在南门集合，他们就跑到南门去了。"他俩也碰到了那个还没有回来的孩子，碰到时，他俩告诉他是在南门集合，可他不信，也就没跟他俩到南门去。听到他俩说着这一切的时候，我脑海中回忆起一幕景象。孩子们以家庭为单位完成训练活动，只要哪一个家庭里有这种专注力极差的孩子，哪一个家庭的其他成员就会备感头痛。当全家人要奔向一个目标时，这个专注力差的孩子始终难以配合。每当大家快速前进时，他总还在东张西望，怎么也做不到专注于一个目标上，慢慢腾腾地呆着脸，只要一到转弯路口，他绝对不知道他的家庭成员的去向。更不用说，在人多的地方。他们的家庭成员毕竟是孩子，对他们的忍耐是有限的，最关键的是他的家庭成员没有办法来帮助他。面对这样的孩子，到底应该怎样来帮助他们呢？

　　眼前的这两个孩子，这一次是害怕了。以往训练中他们所出的问题，并没有哪一次会让他真正体验到在陌生地看不到队友时的惊慌、恐惧、害怕。没有体验到这种真实感情，他们总还觉得危险、风险是不可能会降临到他们身上的，离他们还很远。这正如人们常说的，人类的成长，存在这么一个怪圈：一方面，触过电的人体验过电的危险，当他们将这种体验、经历告知他人，把对电一定要小心的经验传授给他人时，很少有人会将他的话牢牢记在心头，总不当回事；另一方面，等听过这些话的人，真正触电时，也真正体验到触电的滋味时，他才会想起那个人说得真对、真好，于是悔恨自己当初不把别人当回事，不把别人说的经验之谈存储起来，到现在吃亏了，才意识到别人的好，于是，他又开始向别人述说着那个人所说过的一切，而更多的人也还是不在乎，直到他自己遭遇触电。这是人性的弱点，凡事只有自己亲自体验过才相信人类的经验总结，没体验过之前，人类的经验总结只是一句空话，对自己不会有什么指导作用、影响作用的。所以，这两个孩子历经了这一次，终于意识到训练中为什么要专注了，缺失专注总是会让自己失去一些东西。我想那个还没有归队的孩子现在一定正体验着真正被丢失的情感，他心中一定在憎恨自己当初的不专注，悔恨自己总不把老师说的一定要专注当回事，去重视。

　　我留下几个助手在天坛公园搜寻那个孩子，我带着这两个孩子上了最后一辆等待我们的车，而其余的车都准时回去了。到了车上，司机都替我们着急，建议我们再等一等。我告诉司机："不用等了，那个孩子没有权利让全体孩子等他，全体孩子也没有权利为他的错误付出这么宝贵的时间。"当我们走后，4个助手一直在天坛公园寻找，动用了广播呼叫，坐在电瓶车上跑遍了天坛的每一个角落。天坛公园就要关门了，还没有出现他的身影。助手们到天坛公园派出所办了登记备案手续后，也只有回住地了。那个丢失的孩子年龄12岁，据"银行"老师说，他今天领零花钱30元。

　　在回住地的路上，我没想太多的，急也没有用。我相信经过这么9天的训练，他完全有能力回到住地，如果是第一天到北京，就发生这种事那风险是很大的。我在思考，整个训练营训练到第9天，明天训练课程一结束就要乘坐火车回昆明，发生了第一次孩子丢失事件，对于整个训练活动来说是好事呢，还是坏事？对于这个孩子到底是好事还是坏事？经过一阵子的思考，我得出肯定的答案，这对于整个训练营，对于这个孩子都是一件好事。我没有必要去担忧，我坚信自己的教育理念，我坚信经历过人格教育训练的孩子生存能力是很强的。因此，回到住地时，一切按原计划进行。孩子们像往常一样，在完成着他们的规定训练活动。我知道孩子们心中都在想一个问题：那孩子到底会不会丢失掉，周老师真的就不担心吗？

我希望孩子们对于此，可以多思考一些，这也是一种体验。可孩子们从我的脸上看不到一丝焦虑、紧张、不安的神情，因为我情感世界里就没有这些情感出现，相反，他们只能看到我往常充满自信、充满活力的神情。

当我站在洗澡室的月亮形的大门口，准备巡视孩子们的洗澡训练时，我发现那个丢失的孩子出现在我的视线中，当时是下午6点35分，那孩子身背书包，手中拿着一个空饮料瓶，拖着疲惫不堪的身体摇摇晃晃、歪歪斜斜地走在回宿舍的路上，他的心如同他的身一样备受煎熬，他的心所遭受的罪远不是他的身所能相比的。自打他正式面临自己与团队失去联系，丢失掉之时至他现在回到住地，他的心灵世界从没有停息过翻腾。为什么别人不会像他那样不专注，为什么他的耳朵就不像其他人那样管用，为什么老师同样的交代，其他人都能够清楚地记得，而惟独他什么也听不到，什么也记不了，他为什么会成为这样的一个人，是谁让他成为这样的人这一连串的问题会轮番出来啃咬他的心灵，他无法回答这些问题，他只能忍受着它们。当他看到我时，十分不自在，因为以往出问题时，我总是给予他信心，期望他能改变自己。我让他讲述了全过程。

原来，在天坛里训练时，由于他的坏习惯，又没跟上他的家庭成员一起训练，当他与家庭走散后，就自己一个人在天坛里转来转去，他生性内向，不太愿意向别人打听，当那两个到南门的孩子遇到他时，问及他在哪集合，那两个孩子也才知道他也没有好好听，也不知道集合地，但当那两个孩子告诉其打听到是在南门集合时，他不相信他俩的话，也没跟着他俩去到南门，而是自己判断，集合地肯定会在西门，一开始到天坛的那道门。结果，他与整个团队在走着相反的方向，难怪到东门集合的孩子就没有一个看到过他。当他到达西门时，没有看见任何一个孩子，他也着急了，但他并没有想办法寻找团队。他与那两个到南门的孩子相比，灵性不够，性格的内向导致他不愿意向他人寻求帮助。等了一会儿，他决定自己回去，因为这时他记起了我强调过的话：谁要是不能准时赶回集合地，与团队失去联系，就自己想办法回住地。就这样，凭着他小学6年的学习，凭着我们9天的训练，凭借北京发达的公交车，他一个人从天坛不知倒了几趟车，终于回到了训练营。

■ 按成年人的标准训练孩子的时空感

　　孩子们的时间训练最精彩的课程当数横向使用时间，也即统筹兼顾能力训练，能在同一时间同一空间完成几件事情，或在同一时间指挥几个空间中的工作。我们在北京的训练课堂有：北京西站、中关村海龙大厦、北京大学、清华大学、八达岭长城、十三陵长陵、圆明园、故宫、王府井大街、协和医院 、颐和园、中国科技馆、清华大学附中、天安门广场升旗仪式、毛主席纪念堂、人民英雄纪念碑、天安门广场、人民大会堂、天坛、北京自然博物馆、海淀图书城、中国军事博物馆、住地宿舍、餐厅、洗澡室、多媒体教室。孩子们在每一训练课堂都要同步完成这么几个基本任务：一是全面了解、熟悉所到训练课堂的空间全貌，能够绘出地形图，理解其建筑风格；二是走遍训练课堂；三是全面了解训练课堂存在的功能、性质、作用、地位，训练课堂所拥有的资源状况，资源使用状况；四是全面采访训练课堂里的各种人员，通过采访能更深层次地感受训练课堂；五是深入挖掘每一训练课堂所拥有的资源，将它们转化成优质人格种子在具体训练中投向孩子们。在每一课堂要完成这些训练任务，就需要孩子们学会横向使用时间。

　　在训练课堂，他们要同步完成这五个基本任务，他们必须做到：不停地问路，快速行走，注意观察周围一切，绘出地形图，寻找被访对象，完成访问，完成访谈笔记，用心体验所经历的一切，不断记住自己的感受，随时要顾及到他的家庭成员是否在一起，还要相互提醒着准时赶到集合地。也就是在每一个时间段内同步完成这么多工作。在北大、清华、颐和园、圆明园这种占地面积非常大的训练课堂，我们需要花一整天的时间才能完成基本训练任务。在这种课堂中，孩子们的训练是被分成好几段来完成的。每一时段的训练，孩子们要在两个基本考核指标要求下来完成一切活动，一是在规定时间内完成，二是要在规定空间内完成。孩子们的训练既受时间、也受空间限制，时间一到，他们也必须走遍所规定的空间领域。在这两个基本考核指标保证的基础上才可能完成对训练课堂空间全貌的全面了解、熟悉，才能够绘出地形图，理解其建筑风格；才能走遍训练课堂；才能全面了解训练课堂存在的功能、性质、作用、地位，训练课堂所拥有的资源状况，资源使用状况；才能全面采访训练课堂里的各种人员，通过采访能更深层次地感受训练课堂；我们只有在孩子们完成前面这些训练后，才能深入挖掘每一训练课堂所拥有的资源，将它们转化成优质人格种子，在具体训练中投向孩子们。这样客观上，孩子们就会进入这种综合性强、内容丰富、挑战性强的训练之中。这种时间的横向使用训练，确实能将孩子训练成同一时间内完成几件事情的人。

故宫、中国科技馆、北京自然博物馆、海淀图书城、中国军事博物馆、中关村海龙大厦这样的训练课堂，孩子们的训练仍然要受时间和空间限制，他们要在规定时间内全面了解规定空间里资源的存在和使用状况，孩子们需要在走动参观的过程中，完成仔细阅读，仔细观察，全面了解，做摘抄笔记，用心体验置身于其中的感受，采访相关人员，注意谨防与家人走失。

最让孩子们骄傲的横向时间使用是在他们的生活方面。特别是洗澡时间的使用。我们要求每个孩子在5分钟内完成洗澡，1分钟脱衣服，1分钟穿衣服，3分钟洗澡，既不能提前，也不得超时，洗完后还要检查其洗净程度，这是一项严格的时间训练课程。第一天晚上，考虑到孩子们刚接受训练，就降低了训练难度，从第二天开始，严格执行训练。当孩子们清楚了洗澡的每一步要求后，在带队老师严格的时间控制下，孩子们开始他们的洗澡训练。第一批10个孩子全部进入到更衣室后，老师的计时声才一发出，只见孩子们七手八脚地将身上的衣服往下脱，脱下来就往柜子里扔，然后快速拿好已准备好的洗澡用品等待老师发第二道命令。孩子们穿得都很少，基本上没有时间不够用的。当老师第二次计时令发出时，孩子们快速跑到洗澡间，一人站在一个水龙头下，打开水，开始洗澡了，每过一分钟老师就报一次时。男孩子洗头时很占优势，短发的女孩子还可以对付，那些长头发的孩子最让我们担心。可我们怎么也想不到，这些长头发的女孩子可真有创造力。她们冲到水龙头下，打开水，第一件事就是将头发打湿，然后，将洗发水倒在头发上，抹均匀，将头发往后一甩，就开始去擦洗身子。等老师报第二个两分钟时，她们开始冲头，冲身体，第三分钟一到，她们与其他孩子一样，洗完了。有些孩子，可能平时动作实在太慢了，要完成现在的训练，他们也着实费尽心思。只见他们冲洗身体时，主要擦洗脖子、腋窝下、大胯内侧，之后，用淋浴液擦洗全身。平日动作就快的孩子，洗澡时显得得心应手，能将全身到处都擦洗到，再用淋浴液擦洗。时间一到，还真没有发现哪一个孩子满身泡沫站在不流水的龙头下。

就这样，一批一批的孩子进去洗，洗完好，顺序来到老师这等待检查。老师的检查是很严格的。越往后，需要重洗的人已经很少。

第三天，孩子们排队等候入室洗澡时，我看到，大部分长头发的女孩子都将洗发水提前弄到头发上，在完成着头发的干洗。不用说，这些孩子在不断地总结经验，在不断地寻找能够又快又好地洗澡的方法，而且这种方法很快就得到了流行。干洗头发并不是她们发明的，但是能将这种方法运用于此，不是创新是什么呢？她们这种创新表明她们想解决时间紧的问题，表明她们具有能够解决这一问题的能力。面对着她们的头发干洗，我们做父母的是否应该考虑过一些问题。当我们抱怨孩子做作业慢、吃饭慢、一切日常起居行为慢时，我们是否想过孩子有这么一段日常生活起居的时间训练吗？在训练中，孩子自己去尝试着寻求解决方法吗？如果孩子没有这种训练，那是因为什么呢？

当孩子们已经适应了5分钟洗澡后，他们从5分钟洗澡中感受到了很多，分享孩子们的训练感受是我人生一大快乐。孩子们都说：其实洗澡就应该是这样的，既节省时间，又节省水资源和能源，最重要的是让他们体验到自己身上很多习惯都不是好的，如果没有这种训练，他们将无法知道自己身上的习惯不好。5分钟洗澡训练让他们身上的每一个部分都动起来了，而且动得很快。

■ 效率是最重要的指标

我们的训练从孩子早上睁开眼睛就开始了，直到孩子上床睡觉才结束。孩子很多，训练课程很多，如果不进行时间训练，后果真是不堪设想。我是一个追求时间效率的人，我不允许自己不出成效。每天训练课堂不一样，训练课堂离住地距离不一样，导致我们每天回住地时间不一样。但不管多么不一样，每天训练归来的程序是一样的。回来后，孩子们要完成洗澡、吃晚餐、上课这三件大事。从回来到孩子们睡觉的这几个小时中，孩子们同样是紧张的，同样是在训练。我们总感觉时间不够用，所以，必须利用好每一分钟。回来后，孩子们分成两批，一批孩子到餐厅吃晚餐，一批学生去洗澡，他们都得在半小时内完成，然后进行交换，吃完晚餐的就做好准备去洗澡，洗完澡的就做好准备到餐厅吃晚餐，同样要在半小时之内完成。一个小时之内，孩子们都要完成吃晚餐和洗澡。随后，有10至20分钟的休息时间让孩子们去洗衣服。哨声一响，全体孩子要赶到教室上课。

晚上的课程是给孩子播撒人格种子的最佳时节，它的严肃性、重要性是很强的。因此，正式上课前都要清查人数，如果没有什么特殊情况，任何孩子都不能缺课。事实上，这是孩子最爱的一道课程，也是人格教育训练中最精华的部分。为了节约时间，显示较强的时间管理，追求最大效率，我采用一种非常特殊的点名方式。当孩子们在规定时间内赶到教室，坐定、安静后，我就开始点名，清查人数。我必须在3分钟之内清查出是否全体孩子到齐，如没到齐，他（她）是谁，因何原因。我训练孩子们我的语速有多快，他们的起立速度就要有多快，而且要保持身体不与桌椅发生碰撞，不能制造碰撞声。我以最快的语速报着每个家庭的番号，不论孩子坐在教室的哪一个角落，只要他们是这个家庭的，他们就要立即站起来。这不仅要求孩子们反应要快，身体起立动作要快，也要求我的眼球转动一定要快，要在孩子起立后一秒钟之内扫描人数，清查是否有7人，若出现人数不足，要马上落实孩子的去向，带队老师要很快将名单和原因报上来。当我报下一个家庭番号时，前一个家庭全体坐下，后一个家庭全体成员起立。就这样，3分钟内我一定能清查完备，准确无误。孩子们也正是在这种时间训练氛围中成长着。

我给孩子们的时间训练非常注重细节。日常生活中一般人都能记住整点时间，如1点、3点半，而很难准确记住不是整点的时间。为此，为了让孩子对时间有准确的反应，我在规定时间时，有意强化这方面的训练。早上，在大门口上车的时间不是7点30分，也不是8点，而是7点37分准时上车，或是8点差2分准时上车。

孩子们的纵向时间使用和横向时间使用训练在完成整个训练计划中起到了至关重要的作用，同时也完成了树立孩子们的时间观念，培养孩子们时间管理能力的重要任务。

追求风险，赢得安全

上部
肉身体验
之十

人类生存风险无处不在，避让风险是确保人类发展至今的一个优秀人格品质。风险的出现是有规律的，大凡人们充满无知、偏见与愚昧的地方，通常是风险出没之处。要想有效、高效完成孩子的人格教育，我们必须把孩子投置到磨难之中，北京的人格训练组合了多少充满风险的环境要素才得以建构出一道道的磨难，这就向我提出了一个巨大的挑战：如何确保孩子的生命安全。确保孩子的生命安全成为了训练的一门基础课程，培养孩子的风险意识，教会孩子避让风险成为课程的核心训练内容，要避让风险，抗拒风险就必须让孩子大面积面临风险，在追逐风险之中，建构风险意识，学会避让风险，抗拒风险，赢得一次次的安全。训练风险意识淡泊，避让风险能力低下，抗拒风险能力低下的孩子，特别是几百个孩子不是件易事，尤其是将他们置入处处是风险的训练之中，对我来说，不仅仅是智商的挑战、情商的挑战，而且是抗挫商、意志商与创造商的挑战，最重要的是承受力与胆识的挑战。

当2004年我们完成北京人格教育训练活动回到昆明时，很多同行都觉得我没有必要去冒那么大的风险。任何一个到北京的夏令营，组办者最为关注的是孩子的安全问题。为了做到零事故率，他们尽可采取一切安全防范措施。封闭式管理是较为安全的一种做法。多室内活动，少户外活动；晚出发，早结束，让孩子多留在宾馆。孩子们始终在监管老师的视线内，一切行动听指挥，所以，只要在户外活动，孩子们都要尽可能排着队伍，队伍是一种安全保障。导游走到哪，孩子们就走到哪，不会面临迷路、丢失的危险。安全系数低的地方，是夏令营较少去的地方，即使去，逗留时间也是很短的。多乘车、少走路也是能降低安全事故的一种方法。

然而，我心中明白，孩子的安全不是来自他人的庇护，而是来自他内心的自我保护意识，来自他自己本能的需要。事实上，很多家庭对待孩子的安全教育已步入误区，孩子的避让风险、自我保护的能力日趋下降，孩子成长的世界越来越不安全。夏令营的常规做法，是消极的防范，而我的训练营为了让孩子能够远离危险，寻求安全，通过尽量让孩子面对风险，来培养孩子们的避险意识和能力。这种"置之于死地而后生"的教育理念，对人格塑造的作用极富积极意义。

我们到北京的主旨与夏令营完全不同，完成我们全套训练的基础平台是孩子的吃苦教育、磨难教育、生活教育，这个基础平台客观上要求我们尽量组合利用北京的各种资源条件，制造尽可能多的磨难环境，让孩子在各种磨难环境完成训练。这必然导致我们面临的风险比夏令营大得多。夏令营有导游，全体孩子要紧紧跟随导游，而我们的孩子不但没有导游，他们的带队老师也是第一次到北京，也是来接受人格教育训练的大学生，还要在较短时间内，将自己培养成一个导游，他们到哪都得自己现查询路线，现问路。孩子们不是跟着他们的带队老师，而是7个人一起活动，7个人一起自学成为导游。夏令营的全体孩子不能离开监管老师的视线，统一活动。我们的孩子要尽可能离开老师，不能跟在老师身后，做什么都要7个人一起独立完成。他们就像被鸡妈妈赶出去自谋生路的小鸡。我们在北京所要到达的训练课堂不是所有夏令营都要去的。他们和我们共同去的地方，他们不会久留，我们留一天的，他们顶多留两个小时。我们的户外活动比他们多，时间比他们长。我们出行不完全是靠乘车，到达有些课堂是靠步行。夏令营吃午餐不会像我们那样，将午餐送到训练课堂。在训练课堂完成午餐活动，要领着几百个孩子，现寻找吃饭的地方，不可预知的因素太多，这对我来说是"危机四伏"的。我有意识制造恰当的危险，让孩子应对。夏令营孩子挂着的胸牌写满了孩子的个人信息，诸如姓名、年龄、北京住址、导游联系电话，还有个人照片，这显然是一种安全防范措施。我们的孩子也挂胸牌，但我们的胸牌不是给团队以外的人看的，胸牌上没有任何个人信息，只有图标，通过图标我们知道这孩子是哪个队，哪个家庭的，任何外人没法看懂图标的含义。更多的夏令营会选择乘飞机往返北京，路途中花费时间少，孩子更容易管理，安全系数提高。我们乘坐火车，去北京的火车途中我们要开展训练，回昆明的火车途中我们要做总结，这来回火车上的80多个小时，几百个孩子的管理，存在很大的风险。

我始终坚信教育可以改变一切，人格教育关注孩子整个生命，是一种生命教育。同样危险的事物，对于有些人不构成危险，对于有些人构成小危险，对于有些人构成大危险。危险存在的地方，危险出现的地方，是人们充满无知、愚昧、偏见的地方。去除危险、防范危险的最好方式莫过于知晓更多、去除愚昧、矫正偏见，这就是教育的过程，是人格教育的过程。母亲应该知道一个女人生育一个孩子真正的价值在于培养出一个比自己伟大的生命，而不是复制自己的生命。一个母亲对孩子百般疼爱、万般宠爱，既当神供奉着，又当宠物养育着，让孩子学这学那，其实这都不是孩子的追求，而是母亲的追求，是母亲要让这孩子延续甚至超越自己生命的图谋，最大的愚昧莫过于此。这母亲在不知晓人类生育子女的真义，没有将孩子当作一个独立的生命来看待，没有遵照生命成长的规律来养育孩子。孩子浸泡在扭曲的爱当中，已是中国孩子遭遇到的成长中最大的危险，这危险是疼爱他的妈妈所制造的，是他的妈妈在不知晓的状态下自食的恶果。通过教育可以去除愚昧，通过教育可以矫正偏见。有了教育这把利器，我还怕什么呢。我带着这么些孩子到北京不是去举办某个主题活动，不是去参观旅游，而是去完成人格教育，整个北京之行孩子们都将沐浴在教育之中，这就是我防范一切风险、危险的前提条件。在中国大地上，我第二次迈出了别人不会选择的教育之路。

首先认定孩子是一个独立的生命，再考虑他的安全，这是我进行人格教育的基本原则之一。

在整个训练过程中，要有效地保护好学生身体各个部位的安全，将健康、勇敢、生机勃勃的孩子交还家长是我的职责，也是我最大的使命。训练营不能发生任何安全事故，一定要做到学生生命零风险。为了达到这一要求，我要尽可能发挥教育的功效，在设置训练课程中遵照以下原则。

第一，课程训练内容要尽可能让孩子的注意力每一分每一秒都集中在某一积极、有趣的事件上。集中程度高的关键在于，孩子是否钻入那一事件的深层，是否进入到一种感兴趣状态。北京的一切对于孩子们来说都是新奇的，可以组合利用训练课堂里的资源，让这些资源组合能深深吸引着学生。在中国军事博物馆，孩子们分散训练之前，我告诉他们观察有毛主席肖像的所有图片、照片、油画，这里面有一个最大的秘密，很少有人知道这个秘密是什么，这个秘密与蒋介石有关，与中国命运有关。孩子们听到这以后，兴趣高涨，向我追问，这个秘密是什么，我告诉他们我也不知道，我今天就是要来寻找这个秘密的。有了这个悬挂在半空的不解之谜，哪个孩子还会在博物馆里闲逛呢？在孩子去中关村海龙大厦分散训练之前，我告诉孩子们：中关村电子城里的电子产品在全国来说最比较便宜的，听说几百块钱就可以买到一台MP4，二三百块钱就可以买到很好的MP3。听到我的介绍后，孩子们欣喜若狂，激动不已。谁还能看到一个无所事事、游手好闲、惹事生非的孩子身影出现在商城呢？

第二，我们所选择、设置的训练活动一定要显示出团队协作才能完成的特性。一个人是无法完成的训练，客观上就为每个孩子创造了参与的机会、参与的空间，同时产生参与的欲望，整个团队不会有人无事可做。我们的最小训练团队是家庭。无论任何时候的训练集合都是以家庭为单位，7个人到齐的家庭才能来报到，报到要排名次，孩子们都很在乎这种排名，排名的先后，说明着每个家庭的团队精神的变化。先报到的家庭就可以赢得时间休息，就可以赢得更多的好机会。集合报到时，是孩子们最为焦心、操心的时候。孩子们总是要7个人手拉着举起来示意他们家庭的到齐。没到齐的家庭着急得不得了，在孩子群中找着他的家人是否到齐，他们叫着、喊着，那场面真叫热闹。我们只需要为孩子设计必须由7个人才能完成的活动，让他们全面了解活动规则，然后进行管理、监督和检查，孩子们就一定能为自己营造一个安全的环境。

第三，我们要求孩子们完成的训练内容，一定会有训练结果，这个结果一定要显示出是所有孩子心血的凝结，每一个孩子在这个结果中都有一分不可缺少的贡献。在中国科技馆，每个时段孩子们都会按时回到指定集合地来接受考核，考核他们是否细心观察展厅里的每一件展品，是否体验过这些展品。我们的考核是针对每一个家庭的。当我的问题提出来后，7个人谁知道谁就回答，谁的答案全，就用谁的。这样，每个人都可以将他最感兴趣的东西讲出来，每个孩子都有展示自我的机会，每个孩子都有得到认可的机会，每个孩子都有值得家人欣赏的地方。

在中国军事博物馆，夏令营的孩子更多的集中在一楼展厅，因为那里陈列着孩子们喜爱的各种兵器，小到子弹、手枪，大到坦克、战斗机。而去二楼、三楼的孩子就很少。中国军事博物馆布置得非常好，采用大量直观的实物、照片、画面，将中国历史上的各段战争以磅礴的气势全面展现出来，这里值得每一个中国人前来参观、了解。可那么多来到这里的孩子们，却不知道这里蕴藏着大量的宝藏，只任由自己的兴趣参观兵器馆，其他各馆是很难吸引他们走进去的。在二楼、三楼的孩子都是父母带着来的，这些孩子多多少少有些不情愿。为了让我们的孩子不陷入这种误区，完成规定训练任务，每当各个家庭回来接受考核时，我都会问一个非常细节的问题，例如："有一个馆，展出了这么一段，日本鬼子入侵中国，当鬼子进入村庄，横行扫荡时，请问八路军躲在哪打击敌人，有一个八路军伤员躺在担架上，旁边站着一个人，请问那个人穿着什么颜色的衣服？请问这个展馆在中国军事博物馆的什么地方，请给出它的方位图，这个展馆的名字是什么？"这一问，可真难倒了不少家庭，要将这个问题全部回答准确，意味着他们7个人，或几个人，或一个人不仅要细心观察，而且有很好记忆，因为他们不只是参观抗日战争展馆，在其他馆的参观也摄入大量信息，脑子里往往搅成一锅粥。孩子们能回答一二个问题，但无法全回答上来，回答出来的孩子备受其他孩子的爱戴。孩子们不愿意输在这个问题上，都请求再给他们一次机会。我同意给机会后，7个人一齐冲向抗日战争馆重新参观、做笔记。通过这种方法，来为孩子们制定训练课程，孩子们的心总是向往一处，让他们7个人融合在一起，抱成一团去完成富有挑战性的活动，他们还会危险吗？

第四，我们所选择、设置的训练既要贴近生活实际，又要能挖掘出深层次的人格种子，让学生在整个事件中既投入，又能获得全新的、深层次的感受，要让他们越做越爱做，参与性越来越强，他们自然而然就能处在一种非常安全的状态之中。圆明园的训练课程，我们要求每个家庭只要走进圆明园就成了皇帝一家人，家庭中的妈妈是皇后、家庭中的爸爸就是皇帝，孩子就是皇儿或皇女，圆明园就是他们的家。让他们在这种角色扮演中踏遍圆明园的每一个角落。不要说孩子们参与性极高，就是做助手的大学生们也进入了皇家生活的角色。孩子们走到哪，就借用哪里所呈现的景观开始他们的演戏生活，他们能不安全吗？

儿童、青少年的教育，特别是户外教育，要真正做到安全，就是安全的责任下放到每一个孩子身上，而不是靠增加老师、增加成人来看护，实质是将所有人的安全责任落实在这么几个人的头上，真可谓责任重大，责任重于泰山。这种方法是极为不科学，也是极为不人道的。每个人都有安全的需要，追求安全是一种本能需要，那为什么来自本能的需要靠别人来满足呢？每个人自身的安全要由别人来负责呢？既然安全是每个人的本能需要，就应该让他明白自己的需要是由自己来满足提供的，就应该教会他如何满足自己的这种需要。那怎么做才能让每个人明白安全的需要是由自身来提供、满足的，自己怎么来提供、满足这种需要，这才是问题的症结所在。

　　受西方管理学的启发，我采用了模式管理，在这种模式中每个孩子的安全都会牵涉到其他人，每个人都会担心他人的安全，都会提醒他人注意安全，也就是说，每个人都有两道安全防线，第一道是自己寻求安全，第二道是他人提醒、帮助自己寻求安全。最能满足这种要求的模式莫过于家庭，家庭是靠亲情维系的，亲情最核心的指向是家庭成员的健康存在，家庭成员的安危。在人类社会各种大大小小的组织中，人们最能获得安全感的地方是家庭，最牵挂自己安危的人是家人，最让自己牵挂的人还是家人。家是每个人身和心停泊的港湾，在这里人能获得最大的安全。正是基于家庭有这种特性，我们训练营最小的训练单位就为家庭。我们把7个孩子编成一个家庭，分别充当爸爸、妈妈、奶奶、爷爷、外婆、外公和孩子。这种模式是每个孩子都很熟悉的，孩子们熟悉每个角色在家中的关系，让每一个孩子来扮演、充当家庭中的任何一个角色，不需要任何培训，这些孩子都能够真实地扮演，而且扮演得非常到位。

　　7个同学编在一个家庭，每天每人扮演一个角色，7天轮完一次，也就是说7天结束，每人都充当过家庭里的每一个角色。从昆明出发到回到昆明有15天，刚好，每个孩子可以轮流两次扮演每一个角色。孩子们每天早晨到餐厅吃早餐，7个人坐在一起时，就开始按顺序交换胸牌，这就是他们每天交换家庭角色的仪式。除去睡觉、洗澡以外的所有活动都是按家庭来完成的。孩子们进入了家庭角色以后，各尽其责，目的是让一家人和睦相处，团团圆圆去完成每一项活动。

　　孩子们进入家庭角色后，每个人都沉浸在家庭的气氛当中。每个人都会为这个家着想，都会为其他家庭成员着想了，这种着想首先表现在我不能让家人更多的为我担心，做什么事我都要跟他们在一起，我要管好我自己，我不能拉我们家的后腿，不能眼睁睁地看着因为我的过错，让其他家庭超过我们，比我们家过得好，我要为我的家人争光。若干个家庭同步在一起活动，一起竞争的氛围，迫使每个孩子抛弃平日的我行我素、任性、胡作非为、为所欲为。正是在这种家庭扮演活动中，每一个孩子都会心甘情愿地接受他家人的提醒和帮助。正是这种家庭的存在，客观上让每一个孩子懂得自己处处要遵守纪律，否则整个家庭就要遭殃。懂得遵守纪律的人是安全的，正如遵守交通规则的人是安全的。懂得遵守纪律的人是知晓某一领域或更多领域里该做什么，不该做什么，做什么是正确的，做什么是不正确的。这是每个人远离危险、风险，寻求安全的正确之路。在这种家庭角色扮演中，每个孩子不仅懂得遵守纪律，会遵守纪律，他还明白需要不断提醒他的家人也遵守纪律。客观的家庭模式，真实到位的扮演，让每一个孩子为自己的安全负责，也为其他成员的安全负责。

仅做到上述安全防范还不行，因为这些安全措施主要是防范各种外来风险和危险的，人类所要面临的风险、危险不仅来自外在的物质世界，还会来自人的内部世界，来自人的心灵世界，这才是人最大的危险。如果孩子的安全教育，仅做到教会孩子去遵守社会领域内的各项纪律，可以说，这孩子还是不安全。真正的安全来自对外界纪律的遵守，对人类心灵纪律的遵守。因此，在我们的训练营中，我们让孩子们懂得心灵世界里也有纪律需要遵守，我们要教会孩子们去遵守心灵的纪律。

晚上，我专门给孩子们上心灵安全课。我从人类情感世界的安危、态度中的安危、兴趣中的安危、对安全需要的安危、归属的安危、尊重的安危、价值观的安危、性格的安危一直讲到心灵的安危。让孩子们全面了解人的风险和危险是从哪里来的，并知道在我们这个团队中，每个人想要有安全，都必须懂得遵守纪律，遵守外在各个领域里规定的纪律，遵守人类心灵中规定的纪律。

在这个世界上天灾人祸是人类生存的巨大风险与危险，但随着人类科学技术的发展，人们抵御自然危害的能力越来越强。可是，在人类每一天的生活中，人们大量面对着的危险和风险不是天灾人祸，而是人们的情感波动。情感是一把双刃剑，人类的幸福靠它制造，人类的灾难也靠它制造，就像汽车一样，给人们带来快乐、享受，同样给人们带来灾难。大凡遵规守纪的人都能主动避让危险、远离危险，除非他遇上了不守规矩的人，被动面临危险与风险。遵规守纪的人要想真正安全，必须在所有人都遵守纪律的前提下。人们的情感有积极的一类，同时也有消极的一类，积极的情感是自己和他人获得安全的维和部队，消极的情感是自己和他人遭遇风险与危险的乱党。我们每个人想得到一份安全，远离一份危险，就应该遵守情感的纪律，自己不用消极情感对待他人，也就不会伤害他人的情感，同时，自己不会伤害自己。我们每个人尽可能不要产生消极情感，更不能用消极情感对待他人和自己，我们要追求积极情感的产生，用积极的情感去对待每一个人。我们必须遵守情感的纪律：我们每个人只有权利为他人送去一份快乐，没有权利为他人送去一份危险、一份痛苦；凡是能给别人带去快乐的事你就可以去做，凡是给别人带去危险和痛苦的事绝对不去做。

孩子们知道了这些情感的纪律后，就要学着去执行。我们每日的午餐、晚餐都有冰西瓜。从外面酷热的天气里跑进开着冷气的餐厅，再看到刚从冰箱里端出来切好的西瓜，西瓜那水灵灵的模样，那诱人的蜜甜，是孩子都会想要多吃一点。只可惜，我们用的不是自助餐，冰西瓜定量供应，不是想吃多少就有多少。一个孩子要多吃了，肯定有一个孩子就少吃了，甚至吃不到。应该吃多少西瓜，是一道心灵纪律的测试题。对于懂得情感纪律的孩子，他不会因为自己想吃、喜欢吃，去无端地占据别人的利益，他知道只要他多吃一块，有一个人就要少吃一块，他自己会因多吃了一块获得快乐，但另一个人会因吃不到他该吃的那一份，而受伤害，会产生委屈感，会对这个团队产生不信任感，甚至因此离开团队。懂得情感纪律的孩子，可以控制住自己的手只拿他该得的那一份，然后，高高兴兴地到餐桌上吃他的饭。

我们每个人用什么样的态度去对待他人，这当中就存在着大量的安全与危险。态度是我们每个人对待任何事、任何物、任何人所做出的情感反应。如果我们传达给他人的态度能够明显显示出对他人的尊重、真诚、信任、友好、理解、鼓励等，那么我们不会给他人带来危险，也不会给自己带来危险；相反，如果我们对别人的态度明显传达出对他人的不尊重、无视他人存在甚至充满敌意，那么我们不仅会刺激别人做出对抗性反应，制造出潜伏的危险或当下的危险，而且会使自己卷进制造危险的行列。我们的孩子分分秒秒紧密相处，时时处在对身边的人、事、物做出情感反应的情境之中，如果他们之间没有正确的态度，那真不知道会有多少危险出现在我们训练营。

从孩子们每天的洗澡活动，特别是在更衣室脱、穿衣服场景，看得出孩子们正在学着遵守人类态度的纪律。更衣室非常小，20个孩子在里面换衣服已显得很拥挤，何况他们都得在一分钟之内完成衣服的脱与穿，且两人共用一个装衣柜，一个要往柜子里放，另外一个要从柜子里拿出来，这一拿一放，两人为抢时间，动作很快，加之空间很小，难免发生碰撞。除两人之间的碰撞外，每个孩子都很可能与两旁的孩子发生碰撞。这些碰撞都会引起每个孩子对他人产生态度反应的。别人碰着了自己，无论身体还是心里都会不舒服，孩子是应该把这种不舒服传递出去，还是要转化这种不舒服呢？这对于每个孩子都是一种选择，一种态度反应的选择。不懂得人类态度是需要规范的，也需要有纪律约束的孩子，只会选择以他充满敌意的态度反应向碰撞他的孩子传递自己身体和心灵感受到的不舒服。而接受过态度安全教育的孩子懂得转化和消除这种不舒服，他会以理解、宽容的态度给予对方一个微笑，或给予对方一句：没关系。前者的结果是小则争吵一番，大则动手打架，从此双方怀恨在心，都会寻找机会报复对方，这样，仇恨越埋越深，危险越来越大。后者以一个微笑、一句"没关系"给予对方，双方生恨的机会都没有，孩子能不安全吗？

我们的训练肩负着培养孩子远离危险、寻求安全的教育，在充满危险或潜在危险的环境中对孩子进行安全教育、安全训练。我们的训练平台是磨难教育、吃苦教育，这使得我们要设置许多的磨难，不仅利用、组合物质资源来形成磨难，更多的是通过活动设置，造成更多的心灵磨难，以此来训练孩子们的态度安全。在各种态度危险情境中，训练孩子学会遵守态度的纪律，追求做出人类态度正确的反应 —— 给他人一种积极的态度，给他人一种不会引发危险的态度，也给自己一种安全的态度。

我让孩子们明白人的兴趣也是要守纪律的，不是什么兴趣都可以去培养的。兴趣分为积极、健康、向上、高雅的和消极、污秽、堕落、低级的两大类。前一类兴趣可以推动生命的发展，可以让生命处于安全之中，而后一类兴趣则会毁灭生命，并将人类带向毁灭。人们一定要遵守追求积极、健康、向上、高雅兴趣的纪律，遵守远离消极、污秽、堕落、低级兴趣的纪律，人的生命才有安全。在我们训练活动中需要孩子去做的每一项训练，可能不是孩子感兴趣的，但是这些兴趣的培养与追求都是遵守人类兴趣纪律制定的，它们都是积极、健康、向上、高雅的。而孩子们感兴趣的东西不一定都遵守了人类兴趣的纪律，经过训练就是要让孩子们懂得兴趣的培养与追求是有纪律要遵守的，让他们学会远离消极、污秽、堕落、低级的兴趣。只有将孩子们领入积极、健康、向上、高雅的兴趣当中，我们的团队才有安全，每个孩子才有安全。

很多孩子其他兴趣难以培养，但对玩游戏、玩网络游戏是很容易培养起兴趣的。训练营中有一部分孩子都带着游戏机到北京，他们无论在哪都要掏出来玩，不仅自己玩，还引得其他孩子也在围观。这种兴趣是十分害人的。我抓住这种兴趣现象在课堂上深入剖析它对人的生命影响，对人的生命安全，对他人的生命安全的危害。玩游戏机首先会毁坏你的身体器官，尤其会毁掉你的眼睛，这是对生命的毁坏。其次，玩游戏机可以让你不想学习，对任何其他事不感兴趣，这样会毁了你的学业，毁了你的前程。再者，玩游戏机可以让你觉得现实生活处处不尽人意，处处不能让你满意，只有游戏里的虚拟世界会让你觉得要什么有什么，让你时时处于幸福、快乐之中，这种沉溺可以毁了你做人的权利，可以将你变成一只恶魔，伤害你所有的亲人。这种兴趣这么毁灭生命，你还要它干什么呢？所以，我们要求全体孩子遵守人类兴趣的纪律，远离诸如玩游戏这种毁灭生命的兴趣。

我们的训练目的是要培养孩子们对磨难生活充满兴趣，对自己学会独立生活感兴趣，对人际交往充满兴趣，对细心研究全新的东西感兴趣，对团队生活、团队协作感兴趣，对塑造自己的健全人格感兴趣，对旅游感兴趣，对北大、清华学子的学习生活感兴趣，对中国历史文化感兴趣，对科学充满热爱，对学习感兴趣，对书籍感兴趣，对军事科学感兴趣，对如何成才感兴趣……我们将孩子领入这些兴趣领域，让他们全心体验培养这些兴趣对自己的成长起促进作用，给予自己生命安全。

我让孩子们明白人是群居的动物，离开他人，生命是很难维持的，一个人的世界真是不可想象的。随着时代的发展，社会的进步，一辈子只与一群人生活在一起的情况会越来越少，人更多的是在不同的时间、不同的空间遇到不同的人，但不论在哪一个人群，生命要健康就必须在任何一个人群中找到自己的位置，也就是自己要得到这个人群的认可、重视，自己在这个人群之中必须有自己的一席之地，这就是生命的归属。生命得不到归属，人就没有安全感。现在所有的孩子从昆明来到北京，离开了他们原来有归属感的群体，进入到一个新的群体中，如果他不能在这个新的群体中找到归属感，那这个人的危险就会到来。为了有效防止归属感出问题，我告诉孩子们的家庭相处也是有纪律要遵守，遵守纪律的家庭是安全的，不会有人出问题。家庭相处的纪律是：在这个家庭中，所有的人都是平等的，所有人在这个家中同等重要，每个人都要得到其他成员的重视、尊重，7个人要相互关心，扮演什么角色，就去做那个角色要做正确的事，每一个人在家中都有发表意见的权利，每个人的意见都要受到重视，家庭决定不是由哪一个说了算，而是要通过家庭会议来表决的。只有每一个孩子都遵守这个纪律，那么每个人都有归属感，那整个家庭才有安全可言。所以，训练中的绝大部分活动都是要由家庭7个人一起完成的，缺了家庭成员的训练都算是不合格的，全体家庭成员参与成为衡量训练效果的首要标准。

孩子们还必须懂得人的价值观的建构也是有纪律要遵守的。凡是充满错误的、愚昧的、偏见的观点和思想都会让每个人受到危险的威胁。人类建构价值观要遵守的纪律：一定要获取正确的，对自己生命发展有推动作用的，对自己身边的人、事、物的发展有促进作用的思想观点，一定要去除错误的、愚昧的、偏见的观点和思想。第一天的晚餐，有很多孩子把饭倒掉，另去买方便面吃。原因就在于这些孩子的价值观是错误的、愚昧的、充满偏见的。错误在于他们不懂得任何一个人不可能随时随地都获得好的东西；愚昧之处在于他们看不到为什么父母亲人会处处让着他，都尽一切所能为他提供好的东西，更看不到这是在害他；偏见之处在于他们认为他家里的人要尽力给他好的东西，所以想当然地认为所有的人都要对他好，都要将好东西给他，谁不给他们谁就是存心伤害他们，他们就要恨谁。这种价值观对个人、对亲人、对生活、对社会、对人类都是具有危害性的。

孩子明白了价值观的不同会影响自己生命的安危，明白了我们的训练课程为什么要建立在磨难教育、吃苦教育之上，明白了磨难、苦难对生命，特别是对于成长中的生命是一笔财富。他们一改原有的错误的价值观：父母跟他们过不去，要送他们受这份罪、吃这份苦，他们不是受难、吃苦的人，受难、吃苦是穷人才会有的，凭什么他们要来受难、吃苦。他们开始积极配合，积极投入艰辛的训练。

实施了上述安全防范措施与安全教育后，我们训练营将孩子们放在危险之中，放在风险之中，来训练他们对危险与风险的认识，矫正他们对危险、风险的错误认识，训练他们远离危险，寻求安全。尽管我们所面临的危险和风险是其他夏令营所不能相比的，甚至是很多夏令营无法想象的，但我们的两批孩子没有一个受过任何意外伤害，全都安全返回昆明，实现了所有孩子的身心安全。

穿越北京大街的冒险

上部
肉身体验
之十一

父母一提起孩子写作文就深感头痛，孩子一提笔写作文就准备开始数字数，老师一提起学生的作文写作就叹气，这一切到底是怎么了。这一切的问题症结在于，我们的孩子对太多的生活视而不见、听而不闻、摸而不感，症结的背后是什么呢，是我们的父母、我们的学校、我们的社会因害怕现实生活中的风险而将孩子与生活之间做了过滤，这一过滤已让孩子失去需要他目睹、凝视、专注的生活，失去需要他倾听的生活，推动需要他肃然起敬的生活。孩子必须真实地面对他所需要的生活成为训练的课程，从天安门广场到北京王府井大街再到协和医院门诊大楼是孩子需要到达的几个指定点，至于各点之间怎么到达，行走什么样的路线，穿越多少条大街，要询问多少次路，全是每个家庭七个孩子的事，靠不了别人，只有靠自己，这一切就成为了孩子要过的真实的训练生活。经历过风险教育的孩子们，对于抗拒这一训练过程中的风险就有了足够的准备。

尝试很少有人做过的事意味着去冒险。大凡成功之士都具有冒险精神，没有冒险精神的存在，人类是不可能得到持续发展的。敢于冒险的人，敢于第一个吃螃蟹的人赢得的机会要比别人好得多，多得多。当代中国家庭多为独生子女，只有一个孩子的存在，物以稀为贵，父母不愿意或根本想不到培养孩子的冒险精神。

冒险最重要的品质在于能否冲出已知领域，去面对未知领域，这自然会让我们面临很多危险，同时，也给我们学会闯过困难关口，利用困难特性，避让困难，克服困难的机会。一旦安全闯过这些困难堡垒，也就等于我们完全赢得了在新领域的更多机会。具有冒险精神的人，习惯于涉足更多的未知领域，勇于探索更多的未知领域，善于避让更多的危险与风险。人类需要更多富于冒险精神的人来推动它的发展，中国需要更多具有冒险精神的人来推动它的发展。培养青少年的冒险精神实在是关乎着中华民族继续开拓前进的千秋大业。

训练营培养孩子的冒险精神，是要将孩子领入对他们来说充满未知因素的生活场景，在诸多危险之中要学会安全生存、学会安全生活、学会安全地从事生命需要的活动。这个过程实质上是不断挖掘孩子们生理和心灵的潜力，是不断提升孩子们生命九大板块中人格种子的质量。可以说，没有变化的生活，要为孩子置换种子质量是不现实的，没有危险系数不断增大的系列生活，孩子生命中的人格种子质量不可能得到持续提升。

青少年正值身心成长时期，成长中的身心对人格种子的接纳是无限的，也即我们能拿出多少种子，身心就有多少空间来容纳，但这无限的空间需要有人来不断开发、挖掘。身心能为所装载的种子提供无数次的质量提升平台，但这个无限的平台需要有人来不断开掘。生命的潜能是无限的，生命发展至今人类无法看到它的极限在哪里。培养孩子的冒险精神无疑是挖掘孩子生命发展潜能的，它让孩子在危险不断增大的活动中，不断获得更多的全新的人格种子，不断置换、提升种子的质量。每排除一次险情，孩子就多得到几颗种子，就有几颗种子质量得到置换、提升，每避让一次危险，孩子就多有几颗种子，就有几颗种子质量得到置换、提升。

正是基于这样的人格教育原理，我们把孩子不断放置于危险境地，来培养孩子的冒险精神，在冒险精神培养活动中播撒更多的人格种子。

让孩子们去冒险，并不是盲目地把孩子抛入危险境地，那不是培养孩子冒险精神的做法。要让孩子冒险就得同步进行相关课程的教育。也即要将对特定冒险活动中存在的危险让孩子们全面认识到，要让孩子们了解危险存在的根源，找着了根源，就要对症下药，让孩子掌握避让危险、利用危险、战胜危险、化险为夷的方法，最重要的是让孩子意识到冒险精神培养的重要性。

其实我们的训练处处充满冒险。所有课程训练都是按家庭单位来完成的，没有任何老师的参与，一切皆是独立完成。7个人毕竟都是孩子，训练规定他们什么时间，什么地点完成什么样的活动。这当中最显示冒险的地方在于：他们所去的任何一个训练课堂，课堂中的任何一个地方，都是孩子们十分陌生的，陌生中存在多少潜在的危险，最大的危险是找不到正确的行走方向，迷失方向。为了让孩子们一定要在这种危险的包围中准时到达指定地点，途中一定要完成训练活动，我们让孩子一定要采用多种方法来排除这种危险。他们一定要选择当地人去问路，他们会7个人分别向他人询问到达目标的方位，到达的距离，到达的行走路线，然后，将7个人获得的答案进行综合，就可以确保获得信息是正确的。他们会利用路标、地图去寻找最佳行走路线。他们会与他人交流、沟通，赢得他人的好感，他人义务给他们带路。

在王府井大街训练那天下午，按课程要求他们在王府井游玩、参观、调查、了解的时间为两小时，两小时后孩子们要按家庭准时赶到协和医院正大门前集中。也就是说，孩子们第一次在北京大街上训练，他们要穿越几条街，然后来到协和医院。这对所有孩子来说，确实是一次很大的冒险活动。他们当中有很多孩子没有办法一个人去逛街，也不敢去，家长也不放心，因为会丢失，会迷路。而现在要在非常陌生的、偌大的北京城里完成这一活动，恐怕是他们很多家长不敢想的事。这一训练当中，孩子们要闯过的危险关是：

第一，协和医院有好几道大门，北京人习惯用东南西北来命名大门，而我给他们的集合地是按昆明人的习惯称呼的，协和医院不同的门处在不同的街，他们怎么闯过这种危险，找到我指定的那个集合地；

第二，从王府井大街到协和医院要穿越几条街，每条街都要过马路，北京城里的车速比昆明城的车速要快一些，如果孩子们不遵守交通规则，危险是很大的；

第三，这里的训练，孩子们很可能难以保持家庭七个成员在一起，王府井大街是一条商业街，孩子们在这里要好好地感受商业气息，每个孩子都会找到他感兴趣的东西，7个孩子感兴趣的东西不可能完全相同，很容易导致分散活动，因为他们毕竟是孩子，出现这种情况，那走散的孩子面临的前两项危险将比整个家庭在一起的孩子大得多。但无论怎么说，孩子们得冒这个险。

我和助手们提前到达协和医院正大门（门诊大楼前）等候孩子们的到达。可以说，所有训练中，只有这一次我们几乎提前近一个小时到达集合地，其余任何一次都没有这么早。我还是担心，有的孩子可能很难找到这里。我一想起很多到北京上大学的外地学生，读书很长时间都没有转遍北京很多重要的商业街区，因为时常发生找不着回去的路，需要打电话向其他同学求救，更觉得担心加重。怕孩子们转来转去，找来找去，又没有很强的方位感，越找越糊涂，越找越迷路。整个团队没有任何一个人知道我的手机号，我也不知道任何一个孩子的手机号（何况带手机的孩子极少），这是训练需要。但不管怎样，我还是坚信每一个孩子都能找到这，只是是否准时而已。

离集合时间还有几分钟，一个家庭一个家庭的孩子纷纷来到了。他们确实遇到了差点不能准时赶到的风险。他们问了很多人，那些人都是游客不知道协和医院往那走，他们只好跑到银行、老店铺去问路，但那些人也不清楚协和医院正大门在哪里，只能告诉他们到达协和医院的路线。等他们来到协和医院问医生、护士，才知道协和医院有好几道门，他们都不知道孩子们所讲的正大门是哪一道门。有的医生、护士为孩子们猜想可能指的是门诊大楼前这一道门，按这个猜测赶来的孩子们一次就找对了，可没有得到猜测的孩子们，就只有一道门一道门去找了。我看到到达的孩子靠的是运气，靠的是最辛苦的方式，那些没有到达的孩子只能凭借援助。这次训练所有的孩子都没有凭经验和常识来判断哪一道是正大门，他们的冒险训练总的来说显得很笨拙。看来，这次冒险训练还真是有难度的。

晚上上课时，我和孩子专门讨论冒险与日常生活经验积累问题。通过到达协和医院的案例，我告诉孩子们，一个人想去冒险，想去闯入更多的未知领域，是需要有更多的知识和生活经验积累的。知道的越多，体验过的生活越丰富，一个人避让危险、利用危险、战胜危险、化险为夷的筹码越多，能力就越强。所以，那些能闯荡世界的人，那些能花最少的钱游遍全世界的人是富于冒险的人，他们是知识丰富、生活体验丰富、生活阅历丰厚、生活经验富足的人。他们是最早领略一切的人。希望孩子们从今以后，要热爱学习，获取更多的知识理论，要体验各式各样的生活，注意积累生活经验，这样，才能不断培养自己的冒险精神。

开掘生活能力，
让生命享受快乐

上部
肉身体验
之十二

生命的快乐来自于身与心的快乐，身的快乐来自于自己把身所需要的吃、穿、住、行、用安顿好，安顿好这一切是需要能力的，这种能力就是生活能力。安顿好自己的身，是人类带给我们的一个优秀人格品质。我们的父母是否在孩子一路成长中，准备好教会孩子安顿好自己的身了吗，完成了教会孩子安顿好自己的身了吗？从"孩子是父母供奉的神灵"、"小皇帝"、"小祖宗"等提法中，我们可以想见，孩子怎么会知道自己将自己的身安顿好是一个优秀人格品质，又怎么知道这一品质是自身获取身的快乐的源泉。更多的父母并没有播撒这一品质给孩子，北京的训练最基本的任务就是让孩子具有安顿好自己的身这一优秀人格品质，孩子离开了父母，失去了为他安顿好身的"保姆"，这一安顿工作正好由孩子自己学会接替，只要是孩子的身需要安顿好的地方，就是训练孩子生活能力的课堂，真可谓孩子睁着眼睛的时候都在接受着生活能力的训练。

火车上的生活新经验

面的孩子等不及了，告诉他这样做，他才去遵照执行，顺利通过。我们的团队占了5个多车厢，上车后，孩子们就要开始摆放行李物品，但很多孩子按他们已有的经验，将行李物品往下铺一放，就站在铺前，不知所措，有些孩子用他们已有的经验，四处观察了一下，看到通道上空的行李架，也看到下铺床底下空着，他们会将行李物品放置于行李架上，或将行李物品放置于下床铺底。更有经验、显示出思维能力的孩子会调整物品的摆放位置，尽量让行李物品不要伸出行李架，以免上下床铺的人受影响，或尽量让行李物品不要伸出床沿外，以免影响上下床铺的人出进。这些最基本的生活经验，最基本的观察能力，在这些孩子身上差异极大，他们适应这短暂的车厢行李物品摆放生活结果却有如此大的差距，我真想问他们："孩子，你们让我看到的这些环境适应过程和结果，让我看到你们所拥有的生存经验和智能少得可怜，以后的每一分钟都会有各种新的环境等待你去适应，你拿什么来指导自己去适应呢？"

看到这种情形，与我料想中的差不多，为了能让每个孩子适应火车上的团队生活，我们及时开展团队培训，开展团队火车生活经验学习。适应任何新环境是需要学习的，借助原有经验、智能接受新经验，并指导行为产生变化学会适应。孩子们从生活中、从学习中真正获得的可以指导他们的经验是很少的，智能也没有能够很好地迁移到环境适应之中。面对这种情况，我们只有给学生补课，让他们从最基本的学习开始，"妈妈"老师执行的教育起步于让孩子们对火车车厢进行详细观察，他们观察的范围是从车厢的一端到另一端，让他们上下左右观察，观察什么方位有什么设施，各种设施是用来干什么的，哪些是旅客可以使用的，哪些是旅客不可以使用的，哪些是可以安全使用的，哪些危险性大。观察之中，发现不懂的问题向乘务员请教，她们才是最专业的老师。通过观察后，孩子们了解了每节车厢的结构和设施功能，老师要让他们总结出在火车上团队生活应该做什么，不应该什么。经过了这个学习过程，孩子们掌握了新的经验来适应这新环境。经历了这样的培训课程，孩子们似乎感觉到学习真是为了自己，几分钟前还不懂的东西，通过观察、了解的学习过程，现在懂了，并按照事物的特点去做事，不仅会做，能做，而且能安全地做好。

火车上，孩子们一直处于学习过程之中。"妈妈"老师教孩子们掌握魔术折衣法，这道课程简直让孩子们着迷。当老师展示着这种折叠衣服的方法时，孩子们都看呆了，真是变魔术，怎么那衣服在老师的手里翻弄一下就像商场中出售的衣服一样，折叠得平整、美观，个个心血来潮，希望自己马上掌握这个手艺。老师坐在下铺，每个方块7个家庭的"妈妈"们把老师围得水泄不通，生怕自己学不着手艺，老师先讲解这种折叠方法的原理，孩子搞懂后，老师就一步一步地演示，并让孩子们个个亲自动手实践，当孩子们掌握这种方法后，就要让他们展开手艺大赛，这时孩子的兴致达到了最高点，比赛结束后，这些"妈妈"们要回到自己的家中要教会家庭每个成员这种折叠法，要按照老师教他们的方法去培训家庭成员。最后要求全体成员将所有带来的衣服全部拿出来，按这种方法折叠好，重新摆放在包中。

紧接着就开始利用火车上的现有条件，教会孩子们如何整理床铺，如何折叠被子。当孩子们掌握熟练后，就开始进入培训第二阶段，让孩子们充分发挥想象力，利用身边现有的所有条件，开始创造性地整理床铺，创造性的折叠衣服。孩子们穷尽了自己的最大想象力，在车厢下铺开始着他们的创意，当作品完成后，我们老师对所有作品进行打分评比，看哪一个家庭成为这个领域的领头羊。哪一个家庭的优秀作品最多，我们就组织全体同学参观，并讲解这些作品为什么好，好在哪里，它们体现了创作者生命中的什么领悟。接着展开洗漱培训，物品管理培训，人际交往培训，团队组成结构培训，团队文化培训。火车上的40个小时，除去睡觉时间，还真显得不够用。

最令人难以忘怀的是我对所有孩子进行的午休培训。很多孩子告诉我他们从来没有睡午觉的习惯，也就不会睡午觉。我决定在火车上让他们学会睡午觉，中午列车上的广播暂停播音，午休时间到来，我先让各方块带队老师劝说孩子上床睡午觉，结果非常失败，带队老师几乎是采用连劝带哄也没有孩子行动。结果，每个车厢中一片热闹，领队纷纷向我告急求助。我从我所在车厢开始培训，我一声哨响，整个车厢中没有人再说话，我对所有的孩子说："从现在开始，任何人不允许说一句话，你们要听好我说的每一句好，听到什么，你们就执行什么，按着话语的意思去做，话语没有规定你们做的，一定不能去做，话语规定你们一定要做的，就一定要去做。"孩子们反而被我的话语怔住了，一个个好奇地看着我，我大声说话了："凡是人，他的身体都需要休息，午休对于每一个人来说非常重要，如果你是人类的生命，现在就应该爬上床去，准备睡觉，如果你不是人类的生命，你可以不上床，想做什么都可以。"我的话音还未落，只见孩子们都纷纷脱鞋，开始爬上床，没有一个不这样做的。我的教学助手们站在一旁几乎惊呆了，当他们看到这一幕时。我知道没有哪一个孩子不去遵照执行的，当每个人听到这样的话语，而且这话是在团队中所说的。紧接着我又开始说："人类的生命，都很珍视自己的时间，珍惜自己的生命，他们知道什么时间该干什么，绝对不会让时间和行为错位，现在整列火车的旅客都进入了午休时间，只要是人类生命，这时一定会让整个身体放松，把身体摆放在一个最舒服的位置，盖好被子，然后，让身上所有能动的地方都休息不动，包括嘴巴一定是闭上不说话的，眼睛一定是合上不看东西的，耳朵一定是关闭不听声音的，均匀的呼吸，慢慢地人就入睡了。"当我将这一段话讲完，整节车厢60个孩子都做出了我所描绘的动作，车厢中没有任何人制造出来的声音，只有火车奔跑所引发的一切声音。助手们都看着我，都觉得不可思议，难以置信，几分钟前都还乱哄哄的车厢，怎么就在这两三分钟内，所有的孩子都安静地睡在床上了。我用眼神示意他们在车厢中轻轻走动，以提醒少量不安分的孩子，我又赶往下一节车厢，如法炮制，第一节车厢里的结果又出现了，紧接着，第三、第四节的孩子都上床睡觉了，等我返回来时，却听到每节车厢中的呼噜声，真是鼾声阵阵。

　　火车上的售货员推着货车进入我们的车厢时，助手们纷纷提醒不能叫卖，所有孩子都睡着了。售货员反复两次从我们的车厢穿过，所有车厢，除去鼾声，没有任何声音，助手们也闭口不说话，等待着孩子们醒来。结果，孩子们一睡就睡到下午3点钟，有的还觉得没睡够。后来售货员再次来到我们车厢时，感慨地说："我在火车上干这么多年，见过的夏令营够多的，还从没见过这么多的孩子在火车上集体睡午觉的。"他回到餐车时，跟同事们说起这事儿，同事们都觉得新鲜，都觉得很难得，同事们总感觉到我们这个夏令营的确与众不同，他们都在惋惜对我们这个夏令营的了解太晚了，如果早知道他们一定要将孩子送来参加，这对孩子的成长是非常好的。

　　等所有孩子全部起床后，我到每节车厢问孩子们："怎么你们现在个个都会睡午觉了，没睡之前，你们的领队找到我，他们可急死了，说你们不会睡午觉，怎么今天不但会睡了，一睡就是两个多小时，我觉得真是奇怪，你们能不能把当中的秘诀告诉我，我好去传授给其他孩子。"孩子们笑着说："你还问我们呢？都是你教的，都是听了你的那些话，我们照着去做，这不就睡着了嘛。"我故意装作不理解地说："我教你们什么了，我只不过是说了几句话而已，我真有那么厉害啊。"孩子们正经地告诉我："你说的那些话，就是让我们认识到睡午觉是每个人应该做的，既然是每个人都要做的，我们为什么不去做呢。你把人们睡觉的样子描述给我们听，确实也是，人睡觉不就是那样的吗？其实，就是你教了我们学会睡午觉的。"我接着说："噢，原来只要去学习，就什么都可以做到，我今天从你们学睡午觉这件事情上，终于明白了，不会的事就去学习，学习就是为了去做不会的事情，学习果真很重要。"

全体孩子经过了火车上这么一个系统的学习，有了一些团队生活经验，产生了一些火车上的团队生活正确行为，为我们落脚北京的训练活动打下了坚实的基础，孩子们知道了要适应新的生活，新的环境，就一定得有经验，得有智慧，经验和智慧是通过学习获来的。

生命是在不断追求成功中存在的，每一个人都在他的领域中追求着一次次成功。心理学家马斯洛指出，人有五个层次的需要，分别是第一层次生理需要，第二层次安全需要，第三层次归属和爱的需要，第四层次尊重的需要，第五层次自我实现的需要。人的一生就是不断追求更高层次的需要。满足了更高层次的需要，就获得了巨大成功。

■ 人的需要层次

生命的存在首先要有生理的需要，这是所有生命存在的前提，在这个需要层次上众生平等，其追求具有较强的动物性特征。再往上的追求，情感因素、精神需求的成分不断增多，个体生命就有了很大的差别。进入第二层次安全需要，除了人身安全保障之外，安全感的标准则各有不同，有的人身无分文，吃饱喝足即可，有的人则必须有车有房、有钱赚才感到安全；进入第三层归属和爱的需要，更加富有精神因素，心胸博大的人归属在国家，归属在世界，更爱人类，自我封闭的人只爱自己，难得归宿；满足了第四层次尊重的需要，具有较强的社会意味，更是人格力量强大的结果；马斯洛认为，真正满足第五层次自我实现的需要的人寥若晨星，自我实现是人生的最高境界。根据马斯洛的"需要层次论"，人与人之间的差别就在于进入到的需要层次不同，在不同需要层次追求着的需要数量不同，需要价值量不同，需要方向不同，实现着的需要不同。从现实生活来看，成功人士所拥有的需要层次远远高于普通人，在每个层次追求的需要数量、需要价值量远远高于普通人，需要方向比普通人更为阳光、健康、积极、向上。

作为制造了生命、孕育了生命、养育了生命的父母，实现了自己繁衍后代需要的同时，也在追求实现着塑造一个比自己伟大生命的需要。这条需要中蕴含着生理、安全、归属、爱、尊重和自我实现等五个层次的需要。如何才能塑造一个比父母自己还要伟大的生命，最重要的教育工作莫过于培养孩子对更高一层次需要的追求，培养孩子追求实现更多、更有价值、更为积极、向上、健康的需要，也就是培养孩子对成功的需要。只可惜，当很多发达国家的父母都在正确地培养着孩子追求成功之时，我们的父母还在执行着更多的错误培养行为。我们的父母总是停留在人的第一层次生理需要上，用尽心血照顾着孩子对吃、穿、住、行、用，不断激发着孩子对吃、穿、住、行、用各个领域内的难以遏止的欲望，弄得一个个孩子成为物质享乐精英，难怪乎中国孩子一个比着一个吃，一个赛着一个穿。孩子们对物质享乐需要追求的深度、广度让发达国家的父母瞠目结舌、触目惊心，觉得不可理喻。

一个在生理需要层次上贪婪的人很难升华到更高需要层次的。学校老师要想通过教育来提升孩子的需要层次，激励孩子去追求更高层次需要，但他们处于弱势，是不具竞争力的。家庭还在源源不断地为孩子提供着追求物质享乐的动力与平台，家庭从物质上、从情感上、从思想上做足了准备，在塑造着一个物质欲望疯涨的孩子，而学校却要与家庭背道而驰，激发学生从物质需要层面上升到精神需要，这是多难的事，更是一种不公平竞争。

趋易避难，追求感官享受，是人性的弱点。家庭满足孩子生理的需要，孩子身上的感官瞬间就可以感受到：吃到美餐时，顿时产生快乐，穿上漂亮衣服，立即得意洋洋，玩着时尚玩具，笑容满面，坐在高档轿车上，喜悦从心头冒出。物质需要的满足是人生存的第一层次需要，这种需要得到了满足，快乐产生。可是对于孩子来说，这种快乐是不劳而获的，因此止于肤浅的感官享受。而人作为唯一具备劳动能力的动物，通过劳作满足的物质需要及由此产生的快乐，其意义更为丰富，这种快乐中包含着对自己的欣赏，以及自己居然可以通过劳作丰衣足食的自豪，以及自己劳累后享受舒适的成就感。劳作的人满足物质需要后，首先产生的是证明自己有价值的快乐，其次才是使用物质产品时带来的感官快乐。孩子满足物质需要非常容易，他的感官快乐也就非常容易产生，一个劳作的人获得物质需要远比孩子难得多，他获得的双重快乐也远比孩子难得多，也深刻得多。

趋易避难这个人性的弱点在独生子女身上展现得淋漓尽致，呈现出空前发展的态势。学校老师要将沉溺于感官享受的孩子唤醒、摇醒、震醒有多难。学习是一种艰苦的劳作，老师面对着不劳而获就快乐着的孩子们，要将他们领入这些必须付出时间、付出体力、付出精力、付出脑力才能获得知识，才能获得双重快乐的人生境界，真是不堪重负啊。这一点，恐怕是每一位家长都应该明白的，都应该感恩的。

> 对于一个只知道感官快乐的存在，不知道还有更多、更高层次快乐的人来说，他无法从知识的获得中享受劳作，他凭什么要去学习，凭什么要放弃他唾手可得的快乐呢。娇生惯养的孩子们不厌学才是怪事。

面对着中国独生子女的需要现状，我们不得不深思，一个只会追求物质需要的民族能昌盛吗？一个只停留在较低层次需要的社会能强大吗？为了中华民族的繁荣昌盛，我们每个家庭应该反醒自己的过失与错误，要行动起来，力挽狂澜，重新走回教育孩子的正确轨道。

在我们的训练课程中，特别注重提升孩子的需要层次，培养孩子不断追求人类的更高需要，追求更高层次需要的实现，追求成功。我们总是不断提醒孩子们注意，他们所做出的点点努力，他们所取得的点点滴滴的成绩，他们身上所取得的一丝丝变化。让他们不要错过体验自己成功的机会，通过不断的小小的成功体验，让孩子自己生发追求更多需要的动力。

■ 回到生命成长的正确轨道

当孩子们第一天刚到达北京西客站时，他们对驱之不掉的炎热充满抱怨，他们对没有空调的客车怨声载道，他们对怎么在北京待十天而痛苦发愁。在前往中关村电子商城的路上，他们的情绪并没有得到好转。等他们结束了中关村电子商城的训练，坐到车上时，他们的表情全然是高兴、快乐、美滋滋的，已经不知道炎热了，已经不需要空调了。看着他们情绪高涨，我对他们说："哟，中关村电子城是不是一个魔幻城，怎么昆明来的孩子从里面出来后，就全变成北京孩子了，不怕热了，也不抱怨车上没有空调了，你们能不能告诉我中关村电子城里的秘密，我对它非常感兴趣。"孩子们摸头不着脑地看着我，脸上一片茫然。突然有个聪明的孩子大声说道："老师，你是在夸奖我们吧！中关村哪是什么魔幻城，只不过是里面十分吸引我们，我们在里面高兴极了，早就将酷暑给忘了，也早就忘了什么空调之类的事情。我们现在还回味着中关村电子商城里新奇产品给我们的快乐。"听完他的话，孩子们都大声说："老师，我们也是这样的。"我紧接着总结道："看来，这热与不热是靠心情来调节着的，心里高兴，心里想着高兴的事，外面再热也感觉不到，心里要是不高兴，外面再凉也感觉不到。你们可真厉害，这么深刻的思想都被你们给发现了。看来，再比今天热的气候，你们都会用这种方法挺过去的，我要祝贺你们，我也要向你们学学这一招。不论遇到多大的困难，只要心里想着高兴的事，就可以去面对困难，想办法解决困难了。"孩子们听完后，那高兴劲可没法提。他们为自己前后对天气闷热的反应而高兴，他们高兴自己能适应这气候了，他们发现解决困难是很快乐的。

我们每晚的课程一上就是三小时，三小时连着上，中途没有休息，就这么长的时间都还不够用，孩子们也觉得时间过得太快。这些孩子平日的课程时间为40至45分钟，就在这不算太长的时间里，孩子难以做到专注，可就是北京每晚三小时的课程，没有人分心、讲话，孩子们感觉听得不够。这种课程是他们最感兴趣的，因为课程内容都在讲他们，都在分享他们每天所取得的一次次成功，课程是体验成功的最好时节，难怪孩子们非常喜欢。

第一天晚上的课程，我恭贺孩子们所取得的几个第一次，让他们学会感谢自己、欣赏自己、激励自己。他们第一次远离父母接受条件艰苦的生活，他们第一次以家庭的方式在中关村海龙大厦接受训练，他们第一次7个人紧密相联地逛陌生的商城，他们第一次学着去货比三家挑选产品，他们第一次学会为自己选购物美价廉的商品，他们第一次在规定时间内，紧张而有序地转遍海龙大厦，并在规定时间内找到了集合地，他们第一次学会用快乐忘却抱怨，他们第一次为自己铺床，他们第一次接受快速洗澡，他们第一次学会自己的事自己承担。这些都是孩子们人生中所经历的第一次，我将他们的这么多第一次列举出来，而且告诉他们不仅是第一次面对这些，而且是第一次面对这一切时，成功地实现了这些第一次。如果他们不参加这个训练营，也许这些第一次不会发生在现在，将来也可能不会发生。我祝贺他们的这些第一次发生在他们的少年时节，这些第一次发生得越早，对于一个人未来发展的支撑力就越大。孩子们听到这些后，确实能看到自己所取得的点滴进步，确实发现自己比昨天多了一点东西，他们知道这就是自己在训练当中所取得的小小成功。我教孩子们学会为自己取得了的点点成绩而高兴，学会欣赏自己所取得的变化，学会欣赏自己是一个还能取得各种进步的孩子，学会激励自己可以再好一点，激励自己可以再设定更多、更多的目标，激励自己去实现这些目标。

我告诉孩子们，训练营每天都会面对很多第一次，也会指导他们如何完成一个个第一次，他们每天都会有很多个第一次的收获，他们到北京来就是要每天收获一筐一筐的第一次成功。孩子们备受鼓舞，士气高涨，发自内心地想去追求更多的第一次成功。有了这种发自内心的对更多需要的追求，孩子们知道原来只会追求物质享受，不愿意吃苦是非常错误的。他们觉得只有在磨难中，在苦难中，才能碰到很多第一次，要实现这些第一次，人的需要有很多种，而不只是需要吃好的、穿好的、用好的。通过这种让孩子体验他们的小小成功，让他们在体验中感受到自己的价值，自己的力量，为自己而快乐，这种快乐足以支撑着孩子去追求更多、更大的成功，成为一个有追求的人。

现在回头一看，我们整个训练营所取得的巨大成功是由孩子们每一分每一秒所取得的小小成功堆砌而成的。如果孩子们没有对更多更多目标的追求与战胜，那我们这个团队在北京的每一秒钟的生活都是寸步难行的。孩子们在训练日记中写下了发生在他们身上的无数个第一次。很多孩子都觉得这次训练是他们真正的成长。

在我们这个训练营中，孩子们经历了很多的吃苦体验，到训练的中期，孩子们反倒不觉得自己再吃苦了，事实上，我们的训练难度是越来越大，领域是越来越广，我们争取做到了让孩子睁着眼睛，醒着的每一秒钟都在吃苦，孩子们的生活训练体现了吃苦的坚持性。训练中期一过，我们的训练课程推进很容易，因为孩子从第一道磨难开始就不断接受优质人格种子，在连续不断的磨难生活中这些种子生了根、发了芽，这一切都是帮助孩子战胜磨难、苦难的筹码，筹码越多，他们的能力越强，磨难、苦难对于他们来说不再成其为磨难与苦难，相反，磨难与苦难在他们眼里成为一种新奇，这种新奇不断引发孩子们的好奇心。所以，孩子们越战越勇，就连为我们开车的司机们也为其所折服。

当我们从天坛公园返回住地的途中，正值交通高峰期，所有的孩子都睡着了。堵车时，司机与我聊了起来。他们并不是我们全部训练的目睹者，他们无非是早上将我们接出去，晚上将我们送回来。但是整个团队到达北京时的状态，离开北京时的状态，团队出行时怎么上、下车的情形，车上讲课的情形他们是最了解的，仅凭着他们与我们的这一小段接触，他们感慨万分。那天的出行时间是夜里3点半，因为我们住在离北京五环只有100米距离的地方，团队很大，要想很好地看到升旗仪式，我们只有比别的团队去得早。头一天，司机组的负责人就让我确定第二天的出行时间，我告诉他们夜里3点半准时出行。所有司机都替我担心，担心孩子们能不能起得来，担心那么多孩子能不能准时出发。他们很体谅地告诉我：他们会准时在大门口等，让我也别着急，我们什么时候能够出发，他们就等到什么时候。可我们整个团队足足提前了五分钟到大门口等车，当他们到达时，我们早已整装待发，很是让他们吃惊。而头天我们的孩子几乎是天坛公园关门时才离开的。他们觉得这群孩子好像是钢筋铁骨，与他们第一次见着时相比，简直像换了人似的。刚到北京来，才坐上车时，他们领教了来自春城昆明孩子们的娇贵，孩子们对高温气候的极度抱怨。可现在，他们觉得这些孩子比在北京土生土长的还能适应这气候，因为他们的孩子根本不会在酷暑天气里整天地在户外活动，他们的孩子无法做到这些孩子所做的一切，就是成人也难以做到。司机告诉我，他原先就是开旅游大巴的，这么多年来接过的旅行团、夏令营已够多的，可真还没见过像我们这样，做什么都选择困难的、难度大的，而别人都是尽可能选择好的、舒适的。他从未见过孩子们上下车的不礼貌行为，没有见过孩子们的身上那种独生子女的自私习性，孩子们下车时都会将垃圾带走，他们不用为车上卫生操心。他们是孩子一天一个样的见证人。与我聊天的司机30多岁，孩子10岁，他向我袒露心扉，这种训练非常好，中国的孩子确实需要这种锻炼和磨炼，但他舍不得让孩子吃这种苦。听到他的心里话，我在想，我们这些孩子的家长如果目睹了孩子们的训练，会激动地冲出来，将自己的孩子抢走吗，理由是他们舍不得孩子吃这种苦，他们受不了孩子吃这种苦。中国更多的家长也会像这样做吗？

> 孩子们到北京不是继续他们的享福，而是接受一场痛苦的洗礼，他们将要洗净全身享乐主义思想，克服趋易避难的人性弱点。他们一到北京就被抛入磨难生活，然而在磨难生活中每挺过一秒钟，他们就远离物质享乐一步，远离人性弱点一步。

如果没有这种让孩子在成功体验中培养孩子追求成功的配套课程，我们要想完成将大把的优质人格种子播撒进孩子们的心田，是非常困难的。因为我们为孩子准备的更多种子是人要实现更高层次需要用的，孩子们如果没有更高层次需要的追求，这些种子显得十分多余。我们的训练课程有一个核心指标是矫正家庭过度满足甚至激发孩子的生理需要的错误，让孩子回到生命成长的正确轨道，让孩子在获得第一层次的生理需要后，较快进入对安全、对归属和爱的追求，对自我实现等更高需要层次的追求。

现在很多家庭在培养孩子的需要上有很大过失，以致孩子在生理成长过程中出现很多畸形发展。例如，很多七八岁的孩子出现严重的咀嚼障碍，吃饭时咀嚼食物频率很高，但就是无法吞咽食物，因为食物没有被嚼碎，孩子虽做出咀嚼动作，可牙齿却没有将食物嚼碎。这是错误的养育方式造成的，这些父母只是将孩子当宠物去宠养，用宠爱的感情去养育。既然没有用对待人类生命的感情去养育，那父母又怎么会去遵循养育生命的原则呢？人体器官是用进废退，它的存在就是提供给生命有机体正常使用的，如果器官得不到正常使用，它的功能就要退化。婴儿的生命成长要求在他的牙齿长出之际，牙齿要能得到很好的咀嚼训练，并能得到很好的使用，要用食物去训练牙齿，这样才能实现他的咀嚼功能。这是生命存在的要求，可父母并没有将他视作人类生命来养育，也就对此要求置之不理，用宠爱的情感来废除牙齿的咀嚼训练，因为宠爱之情是容不下牙齿咀嚼颗粒食物的，于是，婴儿得到了百般的疼爱，凡是进嘴的各种食物都是糊状的，不需要婴儿费力去咀嚼，只要食物一到嘴，咕咚一下，就咽下去了，这就是父母对小婴儿的宠爱。长此以往，孩子长到七八岁时，父母还弄不明白孩子吃饭为什么那么慢，为孩子吃饭慢得出奇而懊恼，为孩子吃饭磨时间而生气。他们怎么知道：孩子多么可怜，在自己还不懂得保护自己的时候，因为自己的父母而失去了咀嚼功能。

父母培养孩子对物质享受的需要，滋长孩子不劳而获的物质追求，让孩子从来不知道这是错误的需要，让孩子很容易受伤害，只要谁阻拦他轻易获得物质需要，只要谁满足不了他所需要物质的标准，他就认定谁在伤害他。这种需要培养，没有让孩子真正明白，肚子饿了，需要吃东西，但这东西不会从天上掉下来，只有靠自己去获取。当生命还小到、弱到不足以自己去获得食物的时候，他的食物由成人给予，但生命在不断成长，成长到可以做什么时，就一定要去做什么，靠所做的东西来换取食物，这就是生命奔生的本来意义。美国很多巨富，当他们很小的时候，就要帮助家中劳动，打理生意，这是孩子应该做的，也是孩子必须做的，这样做的时候，孩子才会真正明白生命每一秒钟要存活，自己的生命就必须每一秒钟都要奔向生的活动。

面对家庭种下的孩子身上的低需要苦果，并帮助孩子摘下这个苦果，我们的训练课程就必须将人类生命存在的需要真相告诉孩子们，去除他们需要认识中的错误，让孩子们看到人类生命存在需要的广袤天地，看到人类生存需要世界里的璀璨明珠。不但要让他们了解全部真相，而且远离了父母，他们的生命要存活下去，还面临着必须去体验生命存在的更高层次的需要，体验生命如果没有更高层次的需要是难以存活下去的。事实上，满足低层次生理需要，也因为方式不同而产生效果迥异的体验，而有了这种对人类生存多层次需要的理论认知和亲身体验，孩子们能走出父母为他们建构的需要误区。

■ 洗衣喝水的正常生活

远离父母，北京天又这么热，别说训练，只要是静静地坐着，身上的衣服都会湿透，孩子们洗澡时，换下的衣服，可以拧出汗水。穿着干净衣服成为一种切身的生理需要。训练营规定，孩子们只能带三套换洗衣服，目的在于每个孩子都必须天天换洗衣服。不换洗衣服，第二天身上就要发出臭味，别说队友忍受不了，就是自己也不能忍受这种臭味。如果第三天再不换衣服，可能孩子自己就要被熏倒，没有哪个孩子敢靠近他。他走到哪，都会遭到人们的白眼、唾弃与厌恶，这是一个正常孩子都不能接受的事（我们整个训练营中就只出现过这样一个孩子），也就是说，穿着干净衣服，不仅涉及孩子的身体舒适与否，还危及他的安全感、归宿感。孩子们没有了父母的代劳，必须自己换洗衣服，而自己洗衣服这一劳作的本身，哪怕简单至极，正是矫正他们对需要的错误认知的最佳时刻，让他们体验到，满足自己能够存活下去的需要不是由别人来实现的，而必须是由自己来实现，自己生存的需要必须是由自己来实现，别人的替代是暂时的，每个人必须学会实现自己的生存需要，生命成长的过程就是掌握实现更多需要的方法、技能。这样，不论生命处在什么环境下，都能够存活下去。在这种没有任何外力可以借助的情况下，孩子们只有自己去洗衣服。能不能洗干净不重要，重要的是认识到自己的需要得由自己去实现。孩子们迈出了这一步，在老师指导下，孩子们都能洗自己的衣服。他们第一次学会了空中洗衣，因为没有盆，孩子们只有将衣服拿在手中搓洗。洗净后，他们得第一次去学着晾晒衣服，而我们没有提供衣架、夹子 —— 这是训练要求，且晾晒衣服的铁丝非常高，目的就是要让他们自己去想办法解决，让他们意识到就晾晒衣服这样的小事，他们要解决起来还面临着很多需要，何况现实的生活，要让他们真切体验到生活的艰辛，如果他们什么都不会，就会难以生存下去。并且按训练要求，我们不提醒孩子收衣服，要让孩子意识到如果自己没有收衣服，就会没有可换的衣服，从而培养他们主动、自觉的习惯。通过这种训练，孩子们知道了一件衣服从脱下来到再次穿上，自己要面临着洗衣服、晾晒衣服、收回衣服、折叠衣服的需要，这些需要每一步都要靠自己去做，才能实现。通过换洗衣服一事，孩子们知道了自己实现自己的需要，知道别人替代自己实现需要的害处。

训练之初，没有带军用水壶的孩子买水喝，一些带军用水壶、不喜欢喝凉茶的孩子也买水喝。对此我没有阻止，因为我知道，他们兜里的那点钱是支撑不了两天的。加之，天气炎热，一瓶水两口就没有了，喝进去的一瓶水很快又被蒸发出来，他们一天需要很多水，需要能解渴的水。当这些孩子发现自己的钱少得可怜，难以支撑下去，当看到其他背凉茶的孩子没有花多少钱，每天出去解渴只靠那一壶凉茶时，这些孩子们才真正意识到自己需要像其他同学一样去做了，这样既能节省钱，又能解渴。生活教会了他们产生这样的需要，从此，有壶的一定用壶背凉茶，没有壶的就将饮料瓶拿出装水，有时一天要背五六瓶出去。孩子们知道了节约的需要，知道了有效解渴的需要，并且知道自己在实现着这些需要。

　　从生活教育开始，我们让孩子亲身体验到一个人每天要能正常生活，正常拥有一切工作，自己有很多需要，得完成很多需要，自己的需要自己实现谁也帮不了你。起床后，每个孩子需要将床铺整理好，这是人类对整洁、有序的需要；每个孩子需要去洗漱梳理头发，这是生命对卫生、洁净、美观的需要；每个孩子需要排队洗漱、上卫生间，这是生命对有序、尊重的需要；吃早餐时，不能凭自己的喜好，想吃多少就吃多少，每个孩子都必须吃饱，这是生命对能量的需要；饭后，打扫房间卫生，是人对生存环境有序、整洁、洁净的需要；晚上，睡觉不开空调，是生命存活肌肤适应环境的需要；睡觉时，不能讲话是生命体对足够睡眠的需要。饥饿训练，让每个孩子知道，当没有进食条件时，人需要忍耐，需要学会等待。在外吃午餐时，让孩子知道生活不总是那么尽如人意，事事如自己的意，遇到什么就需要利用可以利用的一切去适应什么。五分钟洗澡，让孩子知道要想让生命存活得更好，人就需要有效率，人有追求最大效益的需要，五分钟能做好的事，为什么非要花几十分钟，不仅浪费时间，浪费水资源，浪费电能，而且降低了人的做事效率。

　　通过这种方式的生活教育，孩子们开始走出父母替代自己实现生活需要的生活，自己独立完成自己的生活需要，而且在此基础上，训练中的各种配套课程也在拓展孩子们的需要，让孩子们追求更多、更高层次的需要。

上部

肉身体验

之十三

　　孩子们都认为自己拥有零花钱是理所当然的事，使用零花钱也是应理该当的事，因此，他们花钱时心安理得，钱在他们心目中只是可以购买商品，购买服务的东西。很少有孩子思考过自己到底该不该从父母那得到他要花的钱，得到的钱又该怎么去花。钱对于孩子来说，较少引发他们去思考两个方面的问题，一是如何获取钱，二是获取的钱如何使用，这就导致孩子不会感受到父母给予他的零花钱背后的情感意义，更无法感悟到最大价值地去花这充满情意的钱。孩子总觉得父母给他的钱太少，总觉得父母欠着他们很多很多钱，这样的孩子怎能会感谢父母的养育之恩，怎么会因父母在养育之外，还给自己一点零花钱而感动得涕流满面呢？北京训练，孩子必然面临着需要花钱的时候，父母也肯定会给孩子零花钱，这就是最好地完成孩子财商训练的课堂，是让孩子建构花父母的钱的意识，感激父母，最大价值花钱这是优秀人格品质的最佳教育环境。

　　财商是指个人理财能力的高低，财商在一个人的一生中是一项非常重要的能力指标。钱币是我们生活的最基础的保障，但不同的人，在钱币的获取、使用和管理上有着较大的差异，致使人们的物质生活水平出现很大差异。一个人要能够高效地获取、使用和管理好自己的钱币，是需要经过一个学习、训练的过程。这就是我们常说的财商教育。

　　独生子女花钱是每个家庭都很关注的问题，社会环境已驱使孩子们有花钱的需要，要想让孩子回避花钱已是不可能的事。所以，对孩子进行财商教育是非常重要的事。孩子的财商教育不外乎从钱币的获取，钱币的管理和钱币的使用三方面来完成。

　　对孩子进行钱币的获取教育显得尤为重要。因为孩子获取钱币与更多成年人获取钱币有着很大之不同。由于孩子社会角色的特殊性，他们不参与社会劳动，也就没有获取钱币的正常渠道。孩子的零花钱主要来自父母亲人所给予，这种钱币伸手获得和通过劳动所得在意义上是有很大区别的。孩子需要钱币时只要向父母亲人伸手，就可获得，这种获得过程没有让孩子感受到挣钱的实质。一个人必须付出体力、精力和时间通过正当渠道去劳作，而后才可能获取相应的钱币。而孩子在获得钱币的过程中，没有体验到付出体力、精力与时间在一定的空间劳作的体验，无法感受到钱币是要让自己劳累以后才可获取。所以钱币在孩子眼里，只看得到它带来的结果，而看不到它得来的过程，孩子花起钱来就不像成年人那样，要将获取钱币的过程与它带来的结果进行衡量比较，才知道这钱值不值得花出去，去获取那个结果。

　　一个成年人花钱，只有消费带来结果的价值与他所付出的价值相一致时，他才肯将钱币花出去，换取那个结果。孩子没有付出的过程，也就没有消费时将获取钱币的过程与消费时带来的结果衡量的过程。没有这个过程，孩子花钱币的标准就与成年人不一致，孩子是凭自己的需要，自己的喜好来花钱的，如果不加以矫正，将来步入社会，一个人独立消费时，从小就培养出来的消费习惯将会左右着他的消费。

　　现在，家庭供养一个大学生不容易。很多家庭父母节衣缩食，才可能供养孩子读书。这当中，每个大学生的每一分钱都按成年人一般花钱标准去做吗？很多大学生的消费并没有按这个标准去做，仍然沿用自己以往形成的用钱标准，这种标准的消费是增加父母亲经济负担的一个原因。很多参加工作的年轻人，一个月收入不薄，可每月的生活开销是入不敷出，他的消费标准更多是自己的喜好，而不是按付出与结果价值一致的标准。

　　所以，对孩子的财商教育一定要让孩子知晓正确的消费标准，是按自己的付出价值与花钱结果价值相比较，一致时就可以去消费。可是孩子没有付出的过程，也就不知道付出的价值，这正是当代家庭财商教育问题之所在。我们来看一个例子，一个非常贫困的家庭，一年整个家庭的收入不到1000元，且这些收入将用于整个家庭一年的开支，如果这家的孩子伸手向父母要50元钱，可能吗？即使父母非常想满足孩子的愿望，可家中也掏不出钱来给孩子，孩子知道家中没钱，也不会再去伸手要。可我们很多家庭却不是这样的，孩子伸手要钱，不对孩子做更多的钱用于何处的盘问，就将钱给予孩子，也不对孩子一个月究竟要了多少钱做一个计算，其结果孩子零花钱占用家庭收入比例越来越大，这是一种不合理的现象。有的家庭收入不算高，父母在孩子的零花钱上在所不惜，因为爱让父母这样去做，结果是穷人家养鹦哥。如果孩子伸手要钱，家长能够对其钱币用途进行考察，帮助孩子来衡量他的消费结果与父母的付出和家庭所用开支做一价值判断比较，这就是对孩子最初的财商教育了。可是，有多少家庭在做这项教育工作呢？

孩子有权利了解成年人工作中，究竟有些什么样的体力、精力和时间的付出，付出的各种情形，各种比例。孩子有权利去体验各种劳作，让他（她）感受到每一分钱的得来是靠自己每一分心血所获取的。

2004年的训练营，我们出行靠的都是公交车，我让孩子们对各线路的公交车售票员和驾驶员都进行收入调查，这是因为在非常炎热的天气里，公交车也很拥挤，车靠站时，售票员都要下到站台上来报线路，通常是后门下车，前门上车，车开动时，要在车上走动卖票，他们很少坐到座位上去，而且多是无空调的车，车上又闷又热。驾驶员再高度紧张驾驶的同时，不仅要经受车内的闷热，还要承受发动机的高温。冬天，北京的室内一般都有暖气，可这些没有空调的驾驶员和售票员，同样要在严寒之中工作。我深切地感受到北京的售票员和驾驶员的那一番辛劳，我总想，他们这样的工作环境，收入一定很高，可当我们的孩子与许多驾驶员、售票员交谈、了解后，才知道他们的收入并不高。通过这次乘车过程中对驾驶员、售票员的收入调查，孩子们真切地感受到挣钱的不容易。那些叔叔、阿姨告诉孩子们，如果自己觉得不乐意干这一份工作，后边还有很多人等着这一份工作呢。我发现，自打那一次调查后，孩子们对挣钱有了一个感性的认识，花钱时，都开始留意值不值的问题了。

为了有效地对孩子们进行财商教育，在这次训练中，我采用在花钱中完成财商教育的方式。我要求家长在报到单上如实填写孩子身上带有零用钱的数字。我专门为每个队伍配备了一个"银行"老师，"银行"老师就是孩子们的银行，工作就是管理好孩子的每一分零用钱。离开昆明后，我要求所有孩子将零用钱全部存到"银行"老师那里，如果孩子所交数目与父母所填写数字不同，那么，我们就对这个孩子的信用做一评估，当他支取钱币，"银行"老师在发放钱币数量时，会考虑他的信用问题。孩子们知道，"银行"老师是帮助他管理好、使用好自己的钱币的，都纷纷将自己的全部零花钱交给了老师。"银行"老师有一套完整的表格资料，就像到银行存钱时，要填写相关表格材料。老师的资料表上详细登记着每一个孩子存钱的时间、存钱的金额，以及双方的签字。

孩子们在培训中得知，他们不可以随便乱花零用钱，他们也没有权利随便乱花，以前怎么乱花不重要，重要的是在这次北京训练中不能乱花一分钱。因为这些钱不是他们自己挣来的，即使是他们挣来的也不能随便乱花。这些钱不是不可以花，而是要花得很有价值。我为孩子们讲了价格与价值的关系，让他们清楚什么叫乱花钱，什么叫会花钱。我让孩子们回顾一下他们到超市去买东西的情形。大超市内最吸引眼球的是各种商品促销的广告牌。细心的顾客都会发现，同是一种商品，在一天不同的时段，在一周不同的时间，在一个月内不同的时间，在一年内不同的时间，它们的价格都各不相同。同是鸡蛋，早上9点以前的价格是一天当中最低的，下午4点至7点之间价格是最高的，最低与最高之间的差异有时1公斤鸡蛋可达到1元。如果早上去买3公斤鸡蛋就可以省下3元钱，下午去买鸡蛋就要多花3元钱，如果早上的价格是5元/公斤，下午的价格是6元/公斤，那运到超市中的鸡蛋到底值多少钱呢？也就是说，鸡蛋要卖多少钱才能让养鸡场和商场收回他们的投资，获得他们投资的回报。鸡蛋所要卖的这个价钱就是鸡蛋的价值，也就是一公斤鸡蛋真正值那么多钱，可能一公斤鸡蛋的价值是5.5元/公斤，早上的价格让商家少赚0.5元/公斤，下午的价格让商家多赚0.5元/公斤，如果商家早上卖出的鸡蛋和下午卖得一样多，那么商家并没有少赚也没有多赚，他们是按正常价值卖出去的。

那为什么商场中一天会有不同的价格呢？这是因为有很多商场存在，商场要存活下去就必须有很多的顾客。早上很多人都要上班，能够到商场的人本来就不多，如果商场不将一些人们最常用的商品价格降下来，吸引更多的顾客去买各种商品，那么，早上将很少有人会去光顾商场。即使顾客少，商场依然要营业，支出就会产生，为了降低费用，超市就只有想尽办法，让更多的人在早上去光顾商场。他们把鸡蛋价格降得这么低，就是吸引更多的顾客到他们这里来。而下午，去商场购物的人很多，这时，商家没必要通过降低鸡蛋价格来吸引顾客，因为商场中人多了，买鸡蛋的人也会相应增多，自然就没人在乎那价格了，所以，商家就把鸡蛋价格提起来了。

其实，价格一会儿高、一会儿低这样的买卖活动实在是太多了。在菜市场，如果有一个人的小白菜被两个人看重了，开始挑选，而旁边卖小白菜的商贩没人光顾，这时，又有好几个人都要买小白菜，当他们看到有两个人在选菜时，他们一定会去光顾这两个人挑的那一家，他们会觉得人多那一家的小白菜肯定很好，于是就蜂拥而上。这下，卖菜的那个人就会根据情况把价格抬起来，第一拨人他卖1元/公斤，第二拨人他就卖1.3元/公斤，第三拨人他就卖1.5元/公斤。难道这一家人的小白菜就真的比其他家的小白菜要好得多吗？其实不然，他的小白菜和其他家一样，只不过这个小商贩可能因为人和气，或嘴巴很会讲话，或很会吆喝等，总之，不是因为他的小白菜比别人好，而是因为他比别人有着某种人们喜爱的特点。他的小白菜卖到最后时，他以0.7元/公斤就卖出去了。同样的菜，却以不同的价格卖给了不同的人。这当中有人买的是最划算的，有人买的是最贵的。买得最划算的人并不是因为运气，而是他会挑时候去买，说明这个人会理财，他与别人获得同样的商品，他却比别人少花很多钱。

我给孩子们举了这些例子，想让孩子们知道花钱里面是有很大学问的，如果获得同样的商品，自己比别人少花钱，自己就节约了自己的劳动付出，或自己就为父母节约了劳动付出；如果获得同样的商品，自己比别人多花钱，自己就多付出了劳动，自己劳动的价值就降低了，最重要的这多花出去的钱与这件商品没有任何直接关系，这是被商家，或商贩多赚取的。别人为什么能赚取你的这份钱，是因为你不懂得理财，不懂得花钱，乱花钱所造成的。所以，学会理财是非常重要的，可以让自己的劳动付出获得相应的劳动收获，而不会让自己的劳动付出价值太低。

孩子们知道，"银行"老师不仅仅是为他们看管着钱币，更重要的是为他们把好每一道花钱的关口，让他们的每一分钱花得有价值。每天，各方队"银行"老师会有一个固定时间让孩子们来支取钱币。孩子们要支取钱币时，必须填写自己的支款单，要在上面列明支款用途、支款金额，填写完交至老师处，老师要根据当日训练课堂、训练任务、训练要求、以往用钱情况以及孩子账户上的存款余额，对孩子的支款单金额进行调整审批，经审批同意后，才会放款给孩子。

在孩子们使用钱币的过程中，"银行"老师要进行指导和监督。有的孩子没有等待的品质，一走到商品柜前看到喜爱的各种小商品时，就迫不及待地下手购买。过后，看见队友也买了相同的商品，一问价格，自己的竟比别人贵得多，有时多达两倍，他们简直是又气又急又恨。遇到这样的案例，晚上，我都会拿到课堂上来分析，分析为什么我们的孩子会上当，为什么小商贩会如此狠心。除了我的分析之外，我还让孩子们将他们观察到的各种买卖经验都提交出来，例如各种小商贩是怎么利用顾客的人性弱点来赚钱的等等。孩子们积极踊跃地将他们所知道的一切全都讲出来，这是孩子们交流消费经验的最佳时节。

北京天气的闷热，我们训练活动的户外性，训练活动的强度大，致使孩子们对水的需要量远远大于一般夏令营的孩子。背军用水壶的孩子用于水的花费不是很大，但那些不带军用水壶的孩子，他们用于水的消费是最大的，有一个孩子竟然花去近1000元。不带水壶或带了水壶不用的孩子，都以为他们有钱，有钱就可以买水喝，他们没有理财的意识，也不会在住地买相对便宜的水背着走，他们也不愿意去背水。我没有制止他们的行为，因为我知道，他们没有多少钱，他们的钱是经不住花的，不需要我来教育他们，喝水的生活会将他们教育好的。他们在训练课堂里买水，最便宜的水都是5块一瓶，何况一瓶水根本不解渴，一瓶水咕咚两下就没了。两天下来，他们发现自己账户上没有多少钱了，计算一下，那钱支撑不了几天。他们只有学着背水壶的同学，因水壶中凉茶不够喝，还用买来的水的瓶子来装凉茶，用书包背着这些凉茶。也只有这时，他们才会来灌凉茶，也才能对比出凉茶确实比一般的水好喝多了，而且很解渴。

可以说，训练中后期，已经没有孩子会去买水了，都是自己灌凉茶带着走。这是在北京花钱中进行财商教育的结果。很多没有将钱更多用于买水的孩子，留下了钱，购买了一些纪念品，带回昆明，送给他们的亲朋好友，这是他们会花钱、花钱花得有意义的地方。很多孩子用于购买食品充饥的钱是为数不多的。孩子们接受了财商教育之后，懂得了如果不好好吃饭，却用零食填饱肚子，那就是重复浪费钱财的表现。每日三餐的餐费已交给餐厅，餐厅按标准做出的饭菜营养搭配是非常均衡的，如果能够有效地将三餐饭吃好，做到不偏食、不挑食、不浪费，那么餐费就花得很值，如果三餐不吃好，到训练中肚子饿了，又要花钱去买吃的，这就是双重浪费。

我让孩子们想一想，我为什么要让餐厅给我们做午餐并送到训练课堂。孩子们动脑筋在想，但没有想透、想全。我告诉孩子们我是一个追求最佳效益的人。花同样的钱，如果在北京大街上的餐厅去吃，可能每一个孩子都吃不饱，营养也不好，不能保持我们训练所需要的能量供给，而且，我们那么多人突然到餐厅去吃饭，不知道我们要花多长时间；如果在外面餐厅订餐，我们会遇到同样的问题，餐厅是以营利为主的，他们订饭菜的价格标准都很高，这就带来一是饭菜量不够，二是营养不够，三是卫生问题；而北京大学餐厅是高校的食堂，他们是学校的配套设施，不以营利为主，他们主要面对的是学生，他们的饭菜的价格标准远不会像餐厅那样高，他们在营养搭配上要强于外面的餐馆，且高校餐厅对卫生问题是高度重视的。他们给我们做午餐，并保证饭菜在1小时内送达我们的训练课堂，既让我们的孩子在1小时之内能吃到新鲜的饭菜，也不浪费我们的训练时间，这样我们就有更多的时间来了解训练课堂。花同样的钱，选择的是各种指标做得最好的北大餐厅，我们的钱也是花得很值的。

从昆明去北京的火车上，我们占据了5节卧铺车厢，一开始，餐车长了解到有夏令营的大团在这一列火车上，很是高兴，可到了第二天早上，他们的售货员推着各种食品来卖，穿越了我们所在的车厢，居然没有一个孩子去购买食品，因为孩子们的钱全在"银行"老师处，当他们要支钱时，"银行"老师全部拒绝，并对孩子们讲清楚了道理。孩子们了解到火车上的食品，按常规是非常贵的，而且火车上的那些食品并不是孩子们所急需的、非吃不可的。火车上已为我们提供两个正餐，早餐他们无法提供，但我们准备了方便面，而且火车上24小时都有开水供应，孩子们自己也都带了一些零食，根本没有花一分钱的必要。最后，孩子们都欣然接受了老师的讲解，并放弃了支钱的念头。结果，这一列火车的餐车长，跟我聊天时说，作为一名母亲，她为此而高兴，孩子得到了很好的教育，可作为一名餐车长，她非常恼火，因为每年的夏令营是他们赚钱的最好时机，火车上的货是全部卖空，这次她得知有一个夏令营的大团乘坐她们的列车，她特地备足了货品，可没想到，连一瓶水都没卖出去，如果不是我们占了5节车厢，她们的货已早就卖了很多。从北京返回昆明的火车上，孩子们兜中的钱都已买了各种纪念品，即使想买东西也没了钱，更何况她们也不会去买。

花钱是一门艺术，北京训练中的财商教育只是一个开始，我让孩子们回去像他们的父母学习，父母才是他们最好的理财老师。我鼓励孩子们参与家庭的经济活动，理财还不仅仅是怎么花好钱、管理好钱，更重要的是怎么样让自己手中的钱去产生更多的钱，这是理财中最为重要的一课，日常生活中人们将它称之为投资，也即个人投资、家庭投资。我希望孩子们都能够了解更多的投资方式，以便让自己手中的零用钱不仅可以花得很好，而且可以让它去获利，这也是一种花钱的方式。

在行走中感受幸福

都说行走是一种锻炼身体的好办法，行走是最益于健康的活动，可对于我们的孩子来说，行走不是这么的光鲜灿烂，而是一件苦差事，是一件极易引发他们痛苦、生恨、愤怒的事情，是一项折磨他们的活动。我所选定的北京训练课堂一个比一个大，而且绝大部分的训练课堂中没有可以乘坐的车，唯一可用的就是自己的双脚，要想全面研究了解这些训练课堂，要想按质、按量、按时完成这些训练课堂中的训练任务，孩子们就得走完这些地方，走路已成为训练的最起码、最常规的活动，而且使用频率极高，最致命之处是在高温闷热气候之中行走。行走在北京的这些训练课堂不是件易事，快乐的事，恰好是需要意志力、承受力、抗挫力参与协作完成的，正因为这样的行走可以练就孩子的行走能力、意志力、承受力、抗挫力，那这样的活动正是值得孩子们去感受其中的幸福，正是值得孩子去感激它对自己的恩情。这一切全进入了训练课程之中。

当代人类生活，人们都非常重视自己的情感质量。人们都说情感质量的高低取决于情商的高低。在情商中，最为人们重视的莫过于与幸福这种情感有关的内容——一个人是否知道幸福的存在，一个人是怎么看待幸福的，一个人是否具备对幸福的感受能力，一个人对幸福的感受能力有多强，一个人对幸福层次的追求有多高，一个人感受幸福的时刻有多少，一个人感受幸福的频率有多高，一个人感受幸福的速度有多快，一个人感受幸福的深度有多深，一个人对幸福的感受有多广，幸福背后是什么，怎么去追求幸福等等。

幸福作为人类生命当中一项重要的情感，它的状况如何直接关系到生命的存在与发展质量。幸福是一种重要的人类情感，人类的发展史也就是人类情感的发展史，其中也是幸福的发展史。幸福从诞生于人类情感世界那一天起，就在人类生存活动中得到不断发展，每一代人的生命活动都有助于幸福质与量的发展，但发展至今的幸福情感（它的全部质与量）并不能自由地播撒到每个人的情感世界之中，每个人要想获取人类发展至今的幸福情感必须经历情感教育，必须接受幸福教育。人格教育是关注人性的教育，情感教育、幸福教育是人格教育中非常重要的一部分。因此，人格教育训练营在课程设置中要考虑幸福教育的内容。

幸福是一种让人感到心情舒畅的境遇，当人们觉得无忧无虑，感受到生活是称心如意时就在体验幸福。生命存在的最佳状态就是沉浸幸福之中。

在现实生活中，一些人拥有令其他人羡慕的生活，在旁人看来这些人十分幸福，可是这些人却痛苦不堪，感受不到幸福的存在。很多拥有幸福生活的人，却感受不到幸福的存在，而他们看到很多生活得远不如自己的人却沉浸在幸福之中时，觉得不可思议，无法理解。如果以是否幸福为标准来分类，可以发现，很多人一直走在追求幸福、享受幸福的道路上，他们不断地拓展自己所追求幸福的领域，不断提升自己所拥有幸福的质量，他们能在各种生活中感受到幸福的存在，他们拥有的幸福时刻超出一般人。而另一类人一直在苦苦追求幸福，可就是找不到幸福，感受不到幸福。每个人都有感受幸福的能力和愿望，可为什么不是每个人都能拥有它呢，为什么每个人所拥有幸福的质与量不尽相同呢？

分析研究那些能够高频率感受到幸福的人士，我们发现这些人都有一个共性：对自身修养的要求很高，对自身期望值很高，而对他人的要求程度和期望值却很低，他们苛求自己而宽容他人的程度远远超出一般人。而很难感受幸福的人却恰恰相反，他们对自己的要求和期望很低，却对他人的要求和期望很高。从中我们不难发现，幸福与个人的价值观直接相连，有什么体系的价值观就有什么样的幸福状态。价值体系中最核心之处在于如何认识自己、如何看待自己、如何认识他人、如何看待他人。幸福感强的人们，严于律己，善解人意，他们只对自己是否给予他人理解与宽容做出要求，只重视自己是否在理解、宽容他人的基础上为别人带去快乐，于是在交往行为中立即得令人快慰的回报，行为主体感觉到心情舒畅、惬意、轻松、称心如意，即刻产生幸福感。幸福感也激励他们不断提升自己的人格素养和能力。他们走到哪，都因身上有着人类更多美好的品格而备受尊敬和爱戴，这就加深了幸福感，更使幸福成为他们生活中的一种常态。相反，总是对他人要求太高，对他人不能达到自己期望值就给予抱怨、指责、呵斥，不会给予他人宽容、理解与谅解，这样的人幸福与他无缘，只有痛苦喜欢光顾这样的人。他的价值观违背了人际交往的规律。违背规律就要遭受规律的惩罚，自己所遭受的痛苦就是一种惩罚，顺应规律就可以享受利用规律带来成功，就可以得到奖赏，自己所感受到的幸福就是这种奖赏。

当代人们出现的种种情感问题和心理问题，在幸福与否这个关键点上表现充分，不能正确认识和看待幸福，导致了要经受着许多不必要痛苦的煎熬。因为缺失了幸福教育，被当代父母亲人视为幸福的生活，孩子们却感受不到幸福，相反，孩子们感受到的是无味，是厌烦，这当中到底是怎么回事，是哪出了问题，这些都是需要我们去思考，去研究的问题。

正确的价值观是对事物真实面目的反映，是由对事物的规律、实质的正确认知。正确的价值观指导下的正确行为总能让人感受到生活的幸福和人生的意义。最基本的是能够让人们正确认识到生命对食物营养的需求，正确认识到生命需要均衡营养，而均衡营养又来自各种食物，最终就是生命对于食物不能偏食、挑食，那么拥有这套正确价值观的人就会执行均衡膳食，执行不偏食、不挑食的进餐行为，在他们看来，能吃到各种食物，能为身体摄取均衡的营养就是一件幸福的事。在他们看来，能有吃的就不错了，能吃到各种食物就是幸福，若能吃到美味佳肴简直就是最大的幸福。

记得有一次，我在云南贫困偏远小镇的一家小餐馆中就餐，来了一对农村母子，母亲约有30多岁，但艰辛的生活已挤干了她肌肤的水分，皱纹布满了她的面庞，她牵着一个10岁左右的小男孩坐在我的对桌。母亲要了一份宫爆肉片、一碗苦菜汤放在桌上，又给男孩子盛了一碗米饭，让他先吃，母亲没有动筷，只是坐在一旁看着孩子。看得出母亲不是不想吃，是舍不得吃，因为她看到孩子吃得真香，看着孩子吃到他今生从未吃过的、那么好吃的饭菜，她舍不得去分享那不算多的食物，她想让孩子吃个够，享受个够。不大一会儿，那孩子将全部饭、菜吃个精光，脸上绽放着幸福的光彩，就在他还未游出幸福海洋之时，突然发现母亲还没吃，可饭菜全没了，孩子面露羞愧之色。但那孩子吃饭的舒畅劲儿、幸福劲儿足以让城里的母亲们所羡慕，因为她们总期望着这种情形和场面出现在自己孩子身上，可这都成为了她们难以企及的奢望，这是她们追求的梦想。

每当我提及幸福感时，这一幕总会出现在眼前，它触动着我的心弦，它让我心酸，也让我有点激愤。我相信，那一餐饭会让这孩子记一辈子，那是孩子生平第一次感受到食物给他带来的巨大幸福，远不止于口腹之乐，这次幸福降临在他10岁孩童的心灵之中，足以成为他未来人生中失意时抵挡困难的动力，也是他未来人生得意之时最值得追忆的美好情怀。我替这孩子感谢他母亲。虽然她花去了好多日子才积攒起来的一点钱，可是却做了一件伟大的事，她让这孩子在他的童年吃到了最美好的食物，让孩子享受到了这美好食物带来的巨大幸福感，让孩子体验到了人生的幸福时刻，她给孩子未来人生中留下了一笔非常宝贵的心灵财富 —— 幸福感。这笔心灵财富是小男孩未来追求更多、更大幸福的原动力。

一盘宫爆肉片、一碗苦菜汤、一碗米饭对于独生子女来说，是再寻常不过的饭菜了，也许很多孩子早已吃腻了。可对于一个贫困山区的孩子来说，竟然激发了他巨大的幸福感，这当中蕴含着什么值得我们思考的东西呢？不难看出，这个贫困山区孩子的生活让他经常体验到没有食物就要挨饿，饥饿是难以忍耐的，他知道食物对人活着很重要。孩子非常感性地认识到食物的重要性，孩子能够认识到没有更多的食物可以吃，吃不饱就是他每天要面对的生活。有吃的，能把肚子填饱已成了孩子的一个理想，实现这个理想，他会无比高兴，无比快乐。可他怎么也没想到，母亲居然会破天荒地将他带到小镇餐馆，让他吃到想都不曾想到，想都不敢想到的美餐，这巨大的幸福感怎能不袭上心头呢？可城里的孩子，从诞生之时，就被包裹在身边的幸福隔断了正确认识食物与生命关系的路。他们有母乳可吃，还有各式高档奶粉可吃；有清水可喝，还有各种果汁可喝。随着一天天长大，这些孩子的饮食领域不断扩大，父母亲人提供的饭菜味道越来越鲜美，孩子的味觉越来越灵敏，越来越追求美味。实质上，父母只提供给孩子吃食物成长的过程，非但没有让孩子踏上正确认识食物与生命关系的体验之路，反而让孩子偏离了，走上了追求美味食物的路，让孩子错误认识到味道越好的食物对自己越好，越是吃到味道好的食物，自己就越高兴。孩子们从没有挨饿的经历，没有面对缺乏食物对生命威胁的困境，没有体验过经常吃不饱的滋味，也就无从体验食物对生命的价值。学校给予的食物对生命重要性的知识，远远不能成为孩子价值观中的主流成分。所以，孩子们一边口中念着"谁知盘中餐，粒粒皆辛苦"，一边随意抛弃食物，随意浪费。他们无视知识的存在，体会不到粮食对生命的重要，体会不到人们为了获得活命的粮食而付出艰辛劳作之不易。因此，没有体验的知识学习，不可能将获取的知识放置于价值观的核心层。

可见，独生子女的家庭养育方式，只提供生活结果给孩子，人为阻止孩子界入生活的开始与全过程，结果导致孩子不能全面了解生活和体验生活，导致孩子失去建构正确价值观的重要环节——生活情境体验。学习是人们将所学知识遗忘得差不多后留下来的东西，体验的参与会让人们所学的更多知识留存下来，储存到价值观中，不断形成正确的价值观体系。孩子们失去体验的学习对建构正确的价值观是非常不利的。难怪，很多教师认为对于孩子的教育是"二大于五"，意指学校五天的教育抵不上孩子两天的家庭生活体验，孩子两天的家庭生活体验将学校教师给予的东西冲击得差不多。也就是说，学校教师教授给孩子的知识、理论都是对客观世界的正确认知，也是对人类社会的正确认知，但是孩子周末两天没有劳作过程的生活，只有享受结果的生活，致使孩子从生活体验中感受到的与学校老师所给予的背道而驰，或者感受不到老师所给予的知识、理论中所指向的生活。这样的生活现状，不能让我们的孩子建构起科学、正确、合理的价值观，因而导致孩子难以感受到幸福的存在。孩子价值观体系偏离正确有多远，孩子感受幸福的难度就有多大。

所以，孩子的幸福教育应该起步于价值观矫正工作。可以说，我们所有的训练课程设置都围绕着还生活的本来面目给孩子这根主线展开的。价值观偏离的一个主要原因是失去体验的学习。因此，价值观矫正工作也必须搁置在孩子全过程体验生活之中。在全景式生活之中，孩子们错误的价值观会与生活的本来面貌所要求的正确价值观发生冲突，在冲突之中孩子们感受到的是痛苦，而感受不到幸福，因此抓住孩子痛苦生发之时，让孩子在痛苦的体验之中接受指导，让孩子看清自己痛苦的根源，让孩子自己产生痛苦的必然，让孩子深刻体验到痛苦不是别人给予的，而是自己思想中一些错误认识给予的，是自己保留这些错误认识带来的。让孩子在体验中获取认知，正确的价值观会让自己感受到心情舒畅，会让自己轻松快乐，会让自己觉得生活是称心如意的，心情是称心如意的，会让自己满意，会让自己满意他人。

"磨难是人生最为宝贵的财富"这句话是正确看待磨难的价值观。有这种正确价值观的人，会感激磨难的到来，会在战胜磨难的过程中体验到幸福，体验到自己在苦难之中自我拯救的舒畅心情，体验到自己避让困难，利用困难，战胜困难，能够为自己建构起称心如意的生活，为自己获得称心如意的心情。而对磨难具有偏离正确认识价值观的人，对磨难充满恐惧，害怕磨难、苦难的到来，一旦磨难、苦难到来，他们就要想办法逃离磨难、苦难，在磨难面前一味退缩，不断原谅自己，不断为自己的退缩找尽借口，身上没有可以对抗磨难的力量，在磨难面前他们的生命是极其脆弱的，不堪一击的，在磨难之中他们生发的是无尽的痛苦，无尽的抱怨，无尽的憎恨，磨难不会为他们带来幸福的踪影。

独生子女的成长方式、生活体验模式很难让孩子们拥有对磨难正确看待的价值观，要不，我带到北京的孩子们发现他们身陷磨难时，怎么对从牙逢中挤出"魔鬼训练营"、"魔鬼老师"这些字眼呢？一开始，很多孩子对我充满对抗，满怀憎恨，心怀敌意。我知道他们这种情感表现是非常正常的，但不是正确的。我深知训练结束时，孩子们一定会感激北京的磨难生活，一定会感激我，一定会感激他们的父母，一定会感激他们自己，因为我要让孩子们身陷磨难，在磨难教育过程中，体验磨难到底是什么，感受磨难到底可以给予他们什么，来矫正他们看待磨难的错误，建构他们看待磨难的正确价值观，让他们在磨难之中感受到幸福，培养他们的幸福感。

开始，孩子们认为他们应该像所有夏令营一样乘坐空调大巴，住进星级宾馆，吃昆明口味的饭菜，享受更好的待遇，而不是像难民一样，被投置在磨难之中。他们认为自己没有权利来接受这一切，认为自己没有责任来承担这一切。如果钱不够，他们的家长可以多交一些钱。我带去的助手是经过一段时间的专业培训挑选出来的，他们首要具备的品质是吃苦耐劳，我为他们注射过"强心剂"，当他们看到孩子们对抗性如此强，训练工作开始得非常艰难，真担心训练工作能否按期进行。他们的顾虑不是多余的，因为我们带去的不是几个孩子，或是几十个孩子，而是几百个孩子，对抗的不是几个孩子，几十个孩子，而是大多数孩子。最致命的是，与我和助手们对抗的不仅是这几百个孩子，而且是成千上万的夏令营的孩子们。不论我们到达哪一个训练课堂，我们都要遭遇对抗，或者说是我和助手们在对抗所有的夏令营。我像吃了豹子胆一样，胆大妄为，与全天下的所有家庭教育对抗。家庭千方百计、想方设法、挖空心思地溺爱着孩子，而我却要以开展完成磨难教育、吃苦教育的方式来对抗家庭的溺爱，执意要将浸泡在扭曲之爱中的孩子们捞出来。正如我的丈夫在我最难的时候，总是以告诫我这样的话来支撑我："你是跟全天下的家庭教育在对抗，你将要吃尽苦头，但你做的是一项伟大的事业，再难你也要撑下去，撑到最黑的时候，黎明即将到来。"

说实在话，看到孩子们对抗性如此之强，我没有害怕，没有担心，没有恐惧，有的只是一种无尽的责任，有的只是一种深沉的、抹之不去的忧虑，有的只是一种钻心的疼痛。我们的孩子不能再这样下去了，真是到了像鲁迅先生说的那样，救救我们的孩子的时候了。看到孩子们如此对抗，我觉得责任更加重大，更觉得训练营成功训练的重大价值与意义。

每晚的课程是整个训练课程的精华所在，孩子们价值观体系中很多错误之处正是在这里得以及时矫正，孩子们价值观体系中更多正确的价值观也是在这里建构的。白天训练中孩子们产生痛苦之处，往往就是孩子们价值观错误显露之处，晚上课堂就是矫正这些错误之处，矫正错误之时就是建构正确之时，同时一个错误价值观的矫正会带动几个或更多正确价值观的建构。也即白天是让我们的训练去检测孩子们生命九大板块人格种子量的多少、质的高低的过程，是驱使低质量种子让位腾出土地空间的时节；晚上是大把播撒高质量人格种子、置换低质量种子、提升孩子们人格种子质量的时节。

为了矫正孩子们看待磨难的错误观点，我把北京大学法学院一位大三的优秀学生请到课堂进行深度的心灵采访。采访中专门谈及磨难与北大学生的关系。这位熟谙北大学子风范、思想深邃的大学生，对此话题深思熟虑、侃侃而谈。他从北大学生主要来自于两种类型的家庭谈起。从他的介绍中，孩子们知道北大的学生主要来自教师家庭与贫困家庭。这个现象背后是有一定规律存在的。教师是懂得教育的人，是教育的专业人士，他们不会盲目地去溺爱自己的孩子，他们按教育的规律来教育孩子。也就是说，教师家庭的孩子在成长的过程中较其他家庭的孩子少走弯路。教师的孩子一般说来，不会看不到磨难，不会接触不到磨难，因为教师基本上能够正确看待磨难，所以，教师家庭的孩子可以全过程接触生活，可以碰到更多的磨难，碰到磨难时，教师可以引导孩子勇敢、乐观地面对磨难，可以正确地去战胜磨难。正因此孩子过早拥有身陷磨难的机会，才可能锻炼出很多优秀品质，才可能高度自觉地去完成自己的学业，在完成学业的过程中，有着超越常人的坚强意志力，积极的忍让、忍耐性，刻苦认真等优秀品质的帮助，致使他们的学业完成得比别人优越得多，以最优越的成绩考入北京大学。

贫困家庭的孩子面临磨难是必然的，要想逃避磨难是不可能的，因为他们的生活就是由磨难组成的。这些孩子读书不是第一位的，学会生存，学会劳作，完成劳作养活生命才是第一位的。很多北大学子，家庭非常贫困，他们很小的时候必须去劳作才能存活，他们能够读书是靠央求父母，保证一定好好去劳作，劳作完成后只求能够去读书。这些学子磨难的童年、青少年生活磨砺出他们很多优秀的品质，正是这些品质的存在，他们才会发奋读书，读书条件比别人差，意味着他们就有多少优秀的品质在帮助他们。是磨难的童年、少年生活给了他们无尽的宝藏，而这宝藏都是优秀的品质。可以说，贫困家庭的孩子是磨难将他们送进北京大学的。

这位同学说，北大的学生基本上都历经过磨难，他们知道磨难意味着什么。北京大学是全国的孩子都十分向往的知识殿堂，但真正能走进北京大学的学生身上都有着一些共同的优秀品质。可以说，这些品质主要是从磨难中磨砺出来的。不经过磨难的学生，恐怕是难以在学业上压倒众人的，也就不可能取得最优越的成绩走进北京大学。通过这位北大学生的介绍分析，孩子们被事实所折服了。自己意识到自己的错误，他们为自己开初的对抗、憎恨、敌意感到深深的惭愧，为他们的那一番自我保护性话语感到自责，为他们所说的"魔鬼训练营"、"魔鬼老师"感到无地自容。孩子们对磨难生活心存感恩，能够深深感到父母送他们参加训练的用心良苦，他们能够深深地爱戴着我，爱戴着他们的带队老师。

从此，孩子们感受到自己是中国最幸福的孩子，因为在中国首都北京完成着艰辛的训练，接受着中国第一批孩子的磨难教育、吃苦教育，是中国第一批接受磨难训练的孩子。他们为加入到这个训练营而备感幸福，他们为接受高强度的磨难训练而备感骄傲。很多孩子在自己的日记中写道：我感谢你，磨难生活，你给予我的太多太多，我只能用我所取得的所有进步来感激你，来让你为我骄傲。

孩子们价值体系当中很多不正确的东西得到矫正后，正确的价值观指导下产生正确的训练行为，孩子们从这些训练行为中体验到更多幸福。孩子们正确认识到人的两条腿是用来行走的，行走是一项很好的体能锻炼活动，行走是人体的一项重要运动，行走对于人们的生活和工作是非常重要的，行走对于人的身心健康也是非常重要的，行走能磨难人坚强的意志品质，积极的忍让、忍耐精神等，孩子们也知道人的行走潜能是可以不断挖掘的。孩子们从这些正确的认知中，获得正确的价值判断，既然行走对于自己的身心有诸多益处，行走本身就是人的一项运动机能，那为什么不去好好运用它，发展它呢？孩子们原先认为：少走路可以承受，更多时候应该坐车，有车为什么不去坐呢？多走路是受罪，多走路让自己受累，对自己不好。我们用正确的认知驱除他们的错误认知后，孩子们对行走进行了重新认知，带来了一次全新的价值判断，价值判断方向发生了质的变化，孩子们原来认为行走对自己来说，是不好的，是负向价值，而后来认为行走对自己是非常有益的，是正向价值。孩子们原来认知和价值判断是不符合人类行走的真实本意的，曲解了行走，以致于带来对行走的厌恶、反感，所以孩子们不能从行走中体验到什么益处，更无法体验到心情舒畅，称心如意，而现在孩子们正确认识到行走，知道行走对人的好处，为获取这些好处，他们愿意去行走，愿意去挖掘自己行走的潜力。正确的认识带来正确的价值判断，正向的价值判断引发了孩子们对行走的好感、热爱，好感、热爱这类积极的情感为孩子们付诸行动提供了原动力，原动力推动着孩子愿意去行走，想去行走。行走价值观的矫正过程是一个让孩子不愿走路，不喜欢走路到愿意去走路，喜欢走路，热爱走路的一个转变过程，是一个被迫无奈、是他人要我走路，到我要走路、我热爱走路的变化过程。孩子们经历了一个由负向价值 —— 产生讨厌、反感消极情感，产生消极动力阻止孩子去走路，到一个正向价值 —— 引发喜欢、热爱积极情感，产生积极动力推动孩子去走路的一个动力转变过程。孩子们在这种积极动力的推动下，他们要去行走，谁也挡不住，谁也拉不住。

每天的训练，大量行走对于他们来说不是一件苦差事，而是一件不断感受幸福，制造幸福的美好事情。孩子们觉得骄傲的是他们居然能够在北京酷暑的时节，在烈日、地面烘烤、闷热的陪伴下，激动地走在让全国人民最向往的北京城里，走遍北大校园，走遍在清华园，走遍天安门广场，走在十里长街，走遍紫禁城，走遍颐和园，走遍圆明园，走遍天坛，走遍王府井大街到协和医院周围的大街小巷，走到八达岭长城允许走到的尽头，走遍了十三陵长陵。他们的足迹印满了中关村海龙大厦、中国科技馆、北京自然博物馆、中国军事博物馆、海淀图书城。他们在行走中感受到的幸福时刻真多：他们不论走到哪，由于精神面貌和气质的与众不同，最能引起很多带着孩子到北京旅游的父母们的注意；他们走路英姿飒爽、神采奕奕，背负在身的水壶与沉重的书包所勾勒出的身体外形实在是与周围孩子手拿一瓶矿泉水的外貌不相协调，吸引住多少父母的眼球；他们不知疲惫地一边行走，一边完成训练活动，不知道引发了多少父母投来赞赏与羡慕的目光，送来称赞的语言；从他们身上所流露出来的一切，不知被多少父母收集来做榜样，教育他们那不愿意多走一步的孩子。

最让我们全体孩子幸福、骄傲的时刻是在八达岭长城。那天，天气十分晴朗，烈日当顶，长城上能够蔽阴的地方几乎没有，不仅天热，人比天更热，只见人头攒动，一片黑色流动在长城上。八达岭长城十分壮观，但壮观给游客带来的是拾级而上的艰难，有的地方坡度陡峭、坡道险峻。看到这一切，才真正感悟出"不到长城非好汉"这一句话的深刻含义。可怜天下父母心，多少父母带着孩子来爬长城，到了长城脚下，没登几级台阶，孩子们早已累得不能动荡，整个身体软作一摊泥，任凭父母怎么教育，怎么叫唤，怎么哄劝，都不见孩子们有个动静。做父母的心中真是又气又恨又急又心痛。我们的孩子按家庭活动，7个孩子必须随时走在一块儿，因为长城人实在太多，也存在很大的危险，他们身上背着的水比平日还多，书包中还背着干粮。孩子们一家一家的从这些瘫坐在地的同龄人身边擦过，孩子们目睹着这些孩子的情形，目睹着父母对孩子的哀求，瘫软的孩子们也凝视着我们的孩子，他们的父母也在凝视着我们的孩子，这相互之间的眼光交流发生在瞬间，可给双方留下的东西是永久的，是深刻的。

孩子们一路登高，勇往直前，一个个灵巧地穿越在人群之中。孩子们来到最为陡峭的地方，相互帮着、拉着、扯着、拽着，让周围游客十分吃惊。游客吃惊的是这些孩子怎么没大人带领，全是孩子帮孩子，孩子管孩子，只听见孩子们叫着什么"爸爸"、"妈妈"、"奶奶"、"爷爷"、"外公"、"外婆"、"宝宝"之类的称呼，可就是看不见这些大人出现，却听到应答的都是这些孩子。这些游客被弄糊涂了，他们怎么也搞不明白孩子的队伍怎么会连续不断，他们还从未见过这样长的没有大人带领的娃娃队伍。好多游客好奇地去看孩子们的胸牌，不看还不神秘，越看越觉得这个庞大的孩子队伍充满了神秘感，完全被一种神秘色彩所笼罩，因为孩子们的胸牌本身就不是让外人看的，这是我们训练营的番号牌，犹如部队的番号一样，外人怎么能看懂呢？但孩子们的胸牌上的图标组合着实充满神秘感，我们整个训练营没有两张相同的胸牌。让游客最难以思量的是，这些孩子怎么跟一个训练有素的军团一样，那么有爱心，那么会相互帮助、相互照顾，充盈在他们之间的是一种关爱、团结、协作的精神。孩子们一路向上爬，一路被游客所关注，一路被游客所称赞，一路成为游客前进的动力。

在这种训练情境中，不用说孩子，就是成人也都会信心百倍、精神振奋，因为自己能成为别人赞赏的对象，自己能成为别人模仿的对象，自己能成为别人前进的动力，这说明自己身上拥有着别人很想要的东西，何况是我们的孩子呢？在课程设置中我将长城训练安排于第四天，前面三天的体能训练课程是为长城做准备的，通过前面三天的成功训练，我坚信孩子们在长城的训练一定是成功的。看着孩子们攀登得越来越高，感受到的幸福越来越多，幸福的程度越来越高，我在祝福孩子们，祝他们在人生的成长过程中，应该多拥有这样的幸福时光、幸福体验。我祝愿我的孩子们是制造幸福的强手，祝愿他们能够为人类开掘出更多领域的幸福，尽管这些幸福就在我们的眼前晃动着，它们看得见我们，可我们看不到它们，它们在等待人类去发现，去挖掘，去获取。人类生命的发展方向是能够堆砌幸福的金字塔，建立幸福的天堂，人类需要更多的开采幸福的勇士，我祈求着自己能够成为培养这些勇士的老师，能够有更多的勇士为我所培养，我渴望人类有更多的幸福可以享受，因为生命就是去奔生，在奔生的征途中享受幸福，这才是生命的过程。

孩子们一直走到挂有"游客止步"标牌的地方才调头回折，而且几乎是奔跑向下冲去。看着他们向下冲跑，我心里极其紧张，他们面临的风险太大了，如果跌跤，那不是轻伤。说也奇怪，这些孩子心中像有根指挥棒一样，下坡时的轻重缓急掌握得很有节奏，也许是生理对安全需要的一种本能反应，也许是我们的安全教育起效了，只见孩子们个个安全地冲下去，接着又爬向另一端的长城去了。孩子们一路上，一路下，他们行走的能力，攀爬的能力在周围所有游客上气不接下气，走走停停，艰难爬行的参照对比中得到了显现，这不是一般的显现，是没有人能比得上他们的显现，是他们高出所有游客很长一截的显现。这当中还不单单是行走能力、攀爬能力的较量，更多的还是承受力、意志力、乐观忍耐、吃苦精神、坚持性、冒险精神、追求成功体验、好胜心、豁达乐观等心灵品质的较量。孩子们看到了自己接受训练、跟着老师训练给自己带来的变化。长城训练充分展示了他们的艰辛训练的成果，他们看着这些成果，心中不禁萌发舒畅、轻松、愉快、称心如意的幸福感。

孩子们平均每天不会少于10公里的行走，致使孩子们脚底起了很多血泡。孩子们并没有因起了血泡而懊恼，相反，他们知道这是自己过去缺乏走路锻炼所致。洗澡出来，他们相互比赛数血泡，看谁的多，并以多而引为自豪。看着孩子们数血泡的快乐样子，我觉得他们数血泡都是一种幸福。这样的场面让他们的父母看了，我真摸不准父母是选择幸福感呢，还是选择心痛。

很多孩子自豪地说道：他们在北京所走的路，所受的累是他们的妈妈所不能承受的。很多孩子感慨道：在昆明上街，没走多远就走不动了，真没想到自己现在真了不起，居然可以走那么多路，而且还要背着书包和水壶，走在这酷暑难耐之中。所有的孩子从行走中体验到了行走对人身心的益处，表示回到昆明后，不再坐车上学，一定要走路去上学，凡是能走路就一定要走路。事实上他们不仅是这样说的，而且也是这样做的。回到昆明后，很多家长与我分享孩子的成长，孩子变了，只要到哪，他都要走路，喜欢走路。

我让孩子们从知道幸福是怎么产生的，怎么得来的之后，一定要确保自己以后将正确的东西放置到自己的价值观中，只要确保价值观能够行走在正确的道路上，我们就会产生积极的情感去支撑我们做好每一件事，事情做好了，生活和心情都能够称心如意了，幸福就来临了。我鼓励孩子们追求将自己塑造成一个幸福制造大师，在为自己制造幸福的同时，也就是在为人类制造更多的幸福，成为传送幸福给人类的使者。

上 部

肉身体验

之十五

爱是一种人人都有的能量，它可以化解一切，它可以摧枯拉朽，它可以融合一切。爱这种能量从心灵中迸发出来，它可以涌向物，涌向事，涌向生命，涌向生命与物、事的关联之中，涌向生命与生命的关联之中。人人心灵深处都有一台产爱的永动机，只不过它不会自动打开开关去产爱，它需要一把金钥匙去开启，这把金钥匙就是爱的教育。我们孩子所处的生存环境，启动了孩子的永动机，不过是让它反转，只会吸纳爱，不会产生爱。吸纳爱让孩子成为了一个贪得无厌的人，对爱的需求是永无止境的，以至于走向自私与冷漠。看着孩子偏离正道的远去，北京人格训练活动不会袖手旁观，它立志要将孩子们拉回正道，用爱来解决一切成为训练的课程内容，启动每个孩子的永动机，阻止孩子永动机的反转，让爱从孩子的心间迸射出来，飞向训练营中的每个人，让爱穿梭在训练中的每颗心灵之间，让爱穿梭在训练中的每件事、每个物之中，让爱穿梭在训练课堂的每个角落之中。

爱是人类生命不可欠缺的情感,爱是人类生命存活、成长、发展的能量，爱是创造一切的力量。哪里有爱，哪里就有阳光，就有温暖，就有清新，就有温馨，就有欢快，就有笑容，就有幸福。没有爱的地方，幽暗阴森、天寒地冻、污泥浊水、冷漠难耐、愁容满面、痛苦不堪。人类生命是不断奔生的，人类悠久的历史早就写明，哪里适合生命存活，哪里就会有生命。适合人类生命存活不只是指自然环境要有足够的阳光、清新的空气等适合生命存在的条件，也不只是指要有足够的物质能量来供养生命，更指向一种情感能量，那就是爱。

爱心这颗金色种子

科学家研究报告表明，人类群居生活中，是否有爱的存在，决定了人们身体的免疫力完全不同。按科学养生之道生活的人们，尽管让自己有充足的睡眠，摄取均衡的营养，有足够的体育锻炼，有足够的闲暇活动，但人们之间没有爱的存在，他们的身体免疫力不高，远远低于另外一个群体，仅是那一个群体的四分之一。另一个群体尽管没有充足的睡眠，没有均衡的营养，没足够的体育锻炼，也没有足够的休闲时间，但人们之间存在爱，充满爱，他们却具有较强的身体免疫力。他们身体的免疫力远远高于注重养生，但缺少爱的人们。

衡量一个小婴儿健康成长的指标根本不是单一的营养标准，更重要的是他得到爱的多少，特别是得到父母之爱的多少。因为人类生命是分为肉体生命与精神生命的，物质营养、物质能量只是供养肉体生命的，而精神生命的滋养能量不是物质，而是爱。所以，沐浴在爱的海洋中的小婴儿，眼中放出的光是温暖的，是柔和的，是慈祥的，这些在没有爱，或较少得到爱的婴儿眼中我们很难寻找到。一个从小得到爱的孩子，会感受爱的孩子，是一个能制造爱的孩子，是一个给予爱的孩子。

爱能让生命存活，爱能让生命得到好的发展。有爱和无爱，人的生命成长和发展质量、方向各不相同。爱是由生命制造出来的，生命是制造爱的永动机，只要有生命的存在，爱就可以源源不断地来自生命。但不是所有的生命都能够制造爱，只有感受过爱，得到爱，懂得爱的生命才可能去制造爱，才可能去给予爱。爱对于生命如此重要，就像空气对生命的重要，教会每个生命去感受爱，得到爱，懂得爱，就教会了生命去制造爱，去给予爱。人类社会无时不需要爱，无处不需要爱，人类社会对爱的需要是无止境的，人类社会需要更多的能够制造爱的生命，才能不断满足人类对爱的需要。对我们的孩子施以爱的教育，给孩子们一颗爱心，是人类社会的责任，是伟大的责任。

很多家长看到自己的孩子能够将好吃的食品与父母分享，看到孩子会给父母留一点好吃的东西，就高兴得喜出望外，不亦乐乎，认为自己的孩子很有爱心。其实孩子只做到了最起码的爱。爱是人对他人或事物具有深厚感情，是给予他人健康成长所需要的帮助和好处，有爱才能让事物完好存在。如果一个人能正确认识到人类社会是由更多的人和事物所组成的，每个人和事物在这个社会里都享有较好存在的空间，较好存在过程与结果的权利，人们之间友善关系和人们与事物之间的和谐关系就是人类社会的存在样式，每个人、每件事物对于人类社会的存在就有了价值，有价值的东西是人类社会应该保护、尊重的，所以每个人或事物应该得到这个社会的关怀、爱护、帮助与好处，这个社会能产生、实施关怀、爱护、帮助与好处的自然是人，所以每个人应该给予他人或事物关怀、爱护、帮助与好处。有了这一正确认识的人就具有对他人或事物给予关怀、爱护、帮助与好处的价值观，有了这个价值观，一个人就会产生给予他人或事物关怀、爱护、帮助与好处的情感，也就会产生相应的爱的言行举止，这个人就是一个制造爱的大师。自己给予他人或事物关怀、爱护、帮助与好处是无条件的，也即，不是因为别人给予我关怀、爱护、帮助与好处，别人有恩于我，我被感动了才投以回报，爱是从我的心灵深处生发出来的。上述提及孩子将好吃的分给父母，留给父母，是因为父母养育了他，有恩于自己，所以才会用好吃的回馈父母，以表达自己对父母的关怀和爱，这是最起码的爱心表现。如果我们的孩子能够对社会中的他人或事物投以关怀、爱护、帮助与好处，他（她）对给予生命的父母的爱就是所有爱当中最至高无上的，就不再是那最起码的爱了。

有些家庭在养育观念和养育方式上是与爱心的培养背道而驰的。事实上爱心培养需为孩子播下一颗种子，那就是社会中的一切人和事物都值得每一个人去关怀、爱护、帮助与给予好处，我们每个人都应该去爱他人或事物。而这些家庭的养育观念却与此价值观相去甚远，父辈、祖父辈6个大人面对着他们唯一的血缘后代，6个成人的爱全部给予了一个幼小的生命，6个亲人将他们尽可能有的爱都倾注在孩子身上。从爱的流淌方向来看，爱只会且只能从成人流向婴儿，而不会倒过来，因为小婴儿作为人类的物种，心灵世界还没有成长和发展起来，成人还没有教会他去爱他人和事物，所以，当他很小的时候是不可能将爱流给他的父母亲人的。孩子在父母亲人的爱中成长，心灵也在爱当中成长，可父母亲在用爱的能量让孩子心灵成长过程中，由于给予爱的惯性，就只会源源不断地将爱供给孩子，从未思考过将一个道理告诉孩子，这就是每个人值得你去关怀、爱护与帮助，每个人都渴望得到他人的关怀、爱护与帮助。也就是说，父母亲人只懂得一味地给予孩子爱，却从未让孩子知道爱是什么，如何感受爱，从未让孩子知道每个人都有关怀、爱护与帮助他人和事物的责任，也就不可能教会孩子如何去爱他人。在孩子心灵成长过程中，家庭缺失了给予孩子爱心的教育。真实的情形是，孩子从很小的时候就包裹在爱之中，但他从不知道自己处在爱河之中，也不知道怎么去感受爱的存在，更不可能去给予他人爱，他只感受到他的生活原来就是这样的，不是这样的还会是什么样的呢，因为他从来没有体验过缺少爱或没有爱的生活。沐浴在爱河中成长起来的孩子，从小就知道他的生活应该是这样的，只不过他不知道这是爱的生活，不知道是他的父母亲人用爱为他构筑起来的生活。他不知道是因为父母亲人没有告知过他，没有教育过他。

对于孩子的爱，父母亲人只做了一半，那就是源源不断地将孩子成长所需要的关怀、爱护与帮助供给他，另一半却没有去做，即没有给予孩子爱的教育，没有让孩子懂得什么是爱，没有教会孩子去感受爱，没有教会孩子去爱他人和事物，且最致命的是由于父母亲人没有完成孩子的爱的教育，却只有源源不断的爱流向孩子，这样的结果是让孩子无从知道自己所拥有的就是爱，也培养不出对爱的感受能力，反而为孩子建构出一个价值观 —— 他生下来就应该过这种生活，别人给予他爱是应理该当的事，是天经地义的事。这种价值观与每个人都应该去爱他人和事物是截然相反的，前者是自己拥有享受别人给予爱的权利，却没有给予别人爱的义务，后者是自己有爱他人和事物的责任，自己也享有接受他人爱的权利。

现在许多独生子女的自私、冷漠来自于只享有大量的爱，却缺失家庭给予爱的教育。影响一个世纪的教育家、作家海伦·凯勒是接受过她的老师沙利文小姐给予的爱的教育后，才驱除与人类相隔的两层黑暗，懂得爱是什么，懂得怎样去感受爱，怎样去爱他人，去爱整个人类。教育家、作家是两个对人类充满爱的高尚职业，没有对人类的爱是不可能成为教育家与作家的，海伦·凯勒正是凭借着她对人类的伟大之爱而成为一名伟大的教育家与作家的。海伦·凯勒17个月时，由于一场疾病灾难夺去了她的双眼、双耳和语言能力，成为一个盲、聋、哑集于一身的小女孩。她在一个没有人类的声音、画面和语言的世界中活着，这是她与人类社会的第一层黑暗隔膜，没有了声、画和语言，她无从与人类的心灵进行沟通、交流，这是她与人类社会的第二层黑暗隔膜。在这种双层隔膜之中，人类的爱无法流进她的心灵，她自然也就不知道什么是爱，如何感受爱的存在，如何给予他人爱，她是一个与爱无缘的野蛮人。野蛮到妈妈将妹妹放在她的布娃娃睡觉的摇篮中，她可以愤怒地将摇篮掀翻，让妹妹从摇篮中飞出来，幸亏是妈妈及时赶到并接住妹妹，她的野蛮才没有造成最大的伤害。面对这样一个不知道爱为何物，更不知道去感受爱的存在的孩子，沙利文小姐用爱去完成海伦·凯勒的爱的教育。

沙利文小姐把海伦·凯勒带到大自然中去，让她触摸带露水的花草，让她感受冬天里的太阳，让她去触摸干涸开裂的土地，让她触摸夏日中被烈日晒得干瘪的花草。沙利文小姐让海伦·凯勒去感受爱的存在，但海伦·凯勒很难感受爱到底是什么，沙利文小姐就告诉她："爱有点儿像太阳没出来以前天空中的云彩。你摸不到云彩，但你能感觉到雨水。你也知道，在经过一天酷热日晒之后，要是花和大地能得到雨水会是多么高兴呀！爱也是摸不着的，但你却感到她带来的甜蜜。没有爱，你就不快活，也不想玩了。"沙利文用情境体验方法完成了海伦·凯勒的爱的教育。

我办这个训练营就是要给孩子们一颗爱心，要对孩子们完成爱的教育，将爱心这颗金色的种子投到孩子们的心灵之中。爱的教育，首先要让孩子知道爱是什么。我给孩子们描述了这样的场面：一辆轿车正行驶在公路上，当它超越另一辆轿车之时，被超越的驾驶员突然看到超越过去的那辆车的副驾驶门没有锁好，轿车只要稍向右轻轻一转，那车门就会被甩开，副驾上坐着的人就会被甩出来，后果不堪设想。于是，被超越的驾驶员踩一脚油门，赶上那辆车，大声告诉驾驶员，右门没锁好，话音未落，他的车已行驶过去了。那辆车赶快右靠停住，检查右门，果真非常危险。这时，车上的人都非常感激那个陌生的驾驶员，他的一句话，挽救了一个生命。这当中有没有爱的存在呢？孩子们都知道，那个踩一脚油门，赶上去告诉他人的驾驶员拥有一颗爱心，他对陌生的生命充满着关怀、爱护的情感才会那样去做，他不能容忍自己看到有生命处于危险之中，关爱生命是他的责任。那辆右前门没锁好的车里的人，如果没有他人对自己的这种关爱、爱护与帮助，可能连生命都保不住，那时，他们确实需要有人关爱、爱护与帮助。我告诉孩子们生活中处处是爱，只要你知道什么是爱，只要你会感受爱。

我们乘车出行时，由于天气闷热，大家都将车窗打开，北京车道宽路恰好适合车辆安全通过，车与车之间的距离是很近的，有的孩子想让自己凉快一些，就将手、头伸出窗外，这时，驾驶员从后视镜中看到，及时告诉老师，通知孩子将头、手缩回来，不能再伸出窗外，这不是爱是什么呢？驾驶员关怀、爱护孩子的生命，才会产生这样的帮助行为。孩子们离开训练课堂时，有的孩子将东西遗忘在某个地方，另外的孩子看到了，拾起来，交给老师，老师又将东西还给了失主，这不是爱是什么？一个孩子病了，晚上不能到教室上课，带队老师陪同他在宿舍，陪他聊天，这当中没有爱吗？第一、二天早餐时，有的孩子还不能适应早餐的食品，没有好好吃，老师随身带了很多面包和鸡蛋，在训练课堂，孩子饥饿之时，老师给他面包和鸡蛋，这里没有爱吗？

当孩子们懂得爱就是别人给予自己关怀、爱护、帮助与好处，爱就是自己给予他人关怀、爱护、帮助与好处，他们发现我们这个团队处处是爱，是一个用爱打造出来的团队。

■ 榜样的力量

在孩子的教育中，榜样的力量是无穷的。榜样有好坏之分，但不论好坏，这榜样对孩子的影响都非常之大，特别是同龄人的榜样，对孩子的影响力就更大了。

世界上没有两个相同的人，也不会有两个相同的家庭。不同的家庭培育出来的孩子差异是很大的。尽管现在是独生子女时代，可也有一些懂得孩子的成长规律的家庭，他们不会一味地对孩子娇生惯养，按照人类孩子成长的规律去养育孩子。这样的家庭虽然不是很多，但这种家庭养育出来的孩子不仅身体得到很好的发展，而且心灵也能够得到很好的发展，这些孩子走到哪都应该成为周边孩子的榜样。如果我们能够将这些孩子挖掘出来，或将孩子们身与心上的优质种子挖掘出来，让他们成为更多孩子的榜样，借助同龄人的榜样作用，来帮助更多的孩子健康成长，那么我们的教育训练就会获取事半功倍的成效。

当家长为孩子报名参加我们的训练营时，我看到家长在孩子人格状况登记表上如实填写着孩子们的人格水平状况，当看到，有家长填写自己的孩子不挑食、不偏食，什么都吃时，我心中暗自高兴，只要有这样的孩子存在，哪怕只有一个就足够了，所有的孩子都可以走出挑食、偏食习惯了。看到有的家长填写孩子能吃苦，我就不再担心这个团队如何去面对磨难了。我仔细翻阅了全部登记表，发现还是有一部分孩子身上有一些较好的人格品质。有了这些孩子做榜样，我们这个训练营就可以跟随前进了。

这些具有优秀人格品质的孩子实际上就是我们团队的领头羊。每个孩子就凭着他拥有的那一颗优质人格种子的质量远远高于其他孩子，他就可以成为我们播撒这颗种子，让它生根、发芽训练活动中的领头羊。在昆明火车站报到时，我们看到有少量孩子非常热情，能够帮着带队老师工作；出发时，他们不断地去帮助周边同学拿他们的行李，搬方便面；到火车上时，他们还在一个劲地帮助队友搬东西，摆放物品；分床铺时，他们既不去争，也不去抢，只在一边静静等候，不论他们拿到什么床铺，他们都欣然接受，毫无怨言。这少量的孩子很快就在训练营中崭露头角。我通知带队老师们，开始专门栽培这些孩子，他们将是全体孩子训练的榜样，提前发展他们，让他们成为其他同学追赶的领头羊。

火车上，我们将很多外交联络工作交给他们去做，将很多组织工作、管理工作交给他们去做，他们一边做，我们一边教，我们有意识地培养他们的组织能力、管理能力和领导能力。这些孩子比其他孩子人格水平起点要高一些，在火车上近40个小时的训练，他们基本上被训练成这个团队的领头羊了。火车刚停靠在北京站台，孩子们一下火车，热浪就迎面扑来，孩子们个个叫苦连天，情绪一下就低落下来，可这些孩子跟没反应似的，该干什么就去做什么。出站口时，一路帮助其他孩子提行李。到大客车上时，他们对有没有空调并不关心，没有抱怨地坐在车上，只顾观察北京西客站周围的建筑物。有了他们的存在，孩子们就有了榜样，孩子们就能尾随他们前进。

当孩子们抱怨这，抱怨那的时候，我让孩子们注意这些孩子的面部表情，注意他们的言行举止，让每个孩子去思考，大家同在一个时间、一个地点，做着同样的事情，为什么有的孩子满脸不高兴，为什么有的孩子却情绪饱满；有的孩子在不断地骂娘，有的孩子在默默思考，在仔细观察周围的一切。我开始将我们团队的榜样凸显出来，让孩子们看到，和他们一块来的孩子，与他们同龄，他们不能做到的，这些孩子能做到。实际上只要有人能做到，而且做得很轻松、很愉快，那和他同龄的孩子都能做得到。这个人就是他们的示范，就是他们的榜样。孩子们很想知道自己与榜样之间到底有什么差异。我告诉孩子们这种差异不在于身高和体重，而在于"心灵柱"上的窗子有多少，"心灵柱"里的光亮度有多强，心灵能感悟到的东西有多少。

孩子们的"心灵柱"上一旦有了榜样的力量这扇窗子，他们就愿意跟随着榜样去做，去追赶榜样。这样，我们的训练活动就能够开展起来，在这种你帮我学的氛围中，训练课程一项项展开。在训练中，就有这样一个榜样。她是一位有爱心、待人友善的孩子，她曾代表云南省参加过全国"希望怀"英语大赛，并获得名次。在北京大学、清华大学、故宫、长城、圆明园、颐和园、十三陵长陵训练课堂采访中，处处有她的身影，她总是第一个冲锋陷阵去接近采访目标，第一个去采访。她是孩子们的好榜样，有了她的存在，很多孩子模仿着她的样子，也开始跨出了采访的第一步。这女孩不仅采访中国人，见外国人也同样英勇善战，用她那流利的英语采访着来自不同国家的留学生与游客。正是她那一口流利的英语，给多少孩子带来了学习英语的力量，让多少孩子亲眼目睹了英语的重要性。看着她落落大方的身姿，那熟练的采访套路，引发了很多孩子的争相模仿，我深感同龄榜样的力量之大。

在我们的团队中有一个17岁的男孩，我们整个团队数他的意志力最为坚强。在颐和园，别人只能在规定训练时间之内，走遍整个公园一遍，可他却走了两遍，多少同学跟他去走，都败了下来，孩子们对他是佩服得五体投地，他也受到了孩子们的爱戴。他的存在让孩子们一直在向他学习，当孩子们遇到最大困难想退缩时，他们会想起这个同学的意志力，也就咬咬牙挺过去了。这个男孩激励了我们整个团队不断磨练意志力。

有一个18岁的男孩，对人充满爱心，对人的包容性也很大。有3个家庭中有3个7岁左右的孩子，家庭成员对这些小孩子宽容度不够，耐心也不够，小孩子都不太愿意跟他们一块儿活动。但是这些孩子总得要有家可归，于是，在晚上的课堂上，我提出谁家愿意接纳这3个小孩子，他们家将是我们训练营中最大的家庭。只有这个男孩站起来，表示他们家愿意要这3个小孩子。从此，他们家变成了一个大家庭，孩子们都把他们家称为"超生游击队之家"。3个小孩子到他们家后，生活得非常愉快，训练中与家人配合得很好，训练成绩非常优秀。这个男孩是孩子们的榜样，孩子们都亲切地叫他"超生队爸爸"。凡是孩子们爱心不足，宽容不够之时，他们都会想起"超生队爸爸"，都会向他学习。

团队中的榜样数不胜数，有榜样方块，榜样家庭，榜样爸爸，榜样妈妈。每天晚上课程都会留出专门时间，发现总结当天新出现的榜样。孩子们很真诚地推荐他人或自荐。榜样都要上台演讲自己的训练经历，自己是如何成为榜样的。孩子们期待每天都有新榜样的出现，他们更希望这个榜样就是他们自己。可以说，我们训练营中所有的孩子确实可以成为他们同龄人的榜样，而且是遥遥领先的榜样。我带他们到北京训练，最重要的意义在于；将他们都培养成更多孩子的榜样，让这一颗颗的星星之火去燎原，让他们带领更多的孩子进入人格教育之中，更好地发展自己的身与心。

■ 爱让他们去做这一切

　　我在给孩子们一颗爱心之前，就将这颗爱心播种在大学生助手心灵之中。在培训他们的过程中，我特别讲到我为什么只选用没有任何经验的大学生做教学助手，而不选富有工作经验的专业老师来做助手的根本原因，那就是爱。作为一名大学老师的我，深深地爱着大学生，每当看到大学生害怕就业一个劲儿地去考研，每当听到他们告诉我，他们没有工作经验，也没有更多的工作能力，他们到社会中找工作，用人单位宁愿录用保姆，也不愿意录用大学生，宁愿给保姆高工资，也不愿给他们高工资，他们在社会上找不到自己的位置，他们最擅长的是读书考试，所以在考研中兴许能发挥自己的长处，可以找到自己的用武之地，我的心几乎碎了。是啊，一方面大学生确实没有太多的工作机会、工作经历、工作体验和工作经验，他们自身由于缺乏更多的实践锻炼，导致走入社会时格格不入，身上所表现出来的言行举止更多的不是社会想要的，社会想要的他们较少有。用人单位是使用个人身上所储存的人力资源，大学生身上储存的知识、理论资源还没有经过转化，转化成为人力资源，用人单位肯定是不会予以更多考虑，用人单位使用的是人身上储备成熟的人力资源，这是铁定的事实，谁也更改不了。可另一方面，国家、家庭花了很多财力，才将一个学生培养毕业，大学生每一堂课上要接受大学教师给予的丰厚的知识、理论，每个大学生是历经多少老师的锻造捶打才出炉的，每个大学生都是浸泡在大学文化氛围中出炉的，仅只因为他们体内的知识、理论、文化资源缺少了一个转化为人力资源的过程，他们就要残酷地遭到社会的嫌弃。面对此矛盾，我们该怎么办呢？我从事人格教育研究工作，早已将这矛盾问题装在自己的心中，我想尝试着从人格教育角度做一些大学生职业生涯教育的探索，于是我考虑到这次教学助手选用大学生，把这个机会给予大学生，让他们和中小学生一块儿完成人格教育，让他们去体验社会需要什么样的言行举止，需要什么样的人力资源。凭着这种对大学生的爱，我宁愿冒着最大的风险，将所有风险扛在自己肩上，也要选用没有任何教学经验的大学生，最终变成只有我一个教师，带着近几百名大中小学生到北京完成艰苦训练。我告诉大学生们这次训练是非常艰苦的，如果没有爱心，没有对孩子们的爱，没有对家长的爱，没有对教育事业的爱，没有对社会的爱，没有对人类的爱，我不可能去从事这种风险巨大的工作，我没有勇气去开辟中国独生子女的磨难教育与吃苦教育。就是因为有爱，我将所有风险交给自己，带着大学生去从事这么艰苦的训练工作。我告诉大学生们，我选择他们是将自己的退路想好了，如果出现孩子重大安全问题，我将用自己的身家性命去做代价，我已想好了自己进监狱的准备。

大学生们被我的爱感动了，他们一直不停地问："我怎么就如此看得上他们，社会上的企业老总、人力总监都不看重他们，我为什么会如此看重他们，器重他们呢？"我的回答是："爱，爱让我去做这一切，我爱着人类生命，我爱着每个生命，特别是孩子，我不能再眼看着心灵成长上出问题的孩子一代比一代多，他们的心灵问题一代比一代严重，当他们走进大学时，比现在的大学生还拥有更为严重的心灵问题，我不能容忍自己放弃可以做的一切努力，去帮助孩子的心灵得到健康成长。"

我要求所有被我录用的大学生心中一定要有一颗爱心，要拥有一颗他们的父母是怎么样爱他们的那颗爱心，拥有爱心的人才可能帮助整个团队渡过一道道难关，一道道风险。大学生是去做教学助手的，他们更多的会跟每一个孩子密切接触，他们一定要给予每一个孩子足够的关怀、爱护与帮助。在我们的团队中没有大声呵斥，没有辱骂，没在拳打脚踢，没有发火泄愤，没有讥讽挖苦，只有无尽的关怀与爱护，只有无尽的耐心和等待，只有激励和赞赏。因此，在昆明培训过程中，我要求所有大学生在模拟活动过程中，他们一定要操练这些爱心品质。因为我们带去的孩子年龄段主要集中在12至15岁期间，女孩子都来了月经，训练中如何让月经期中的孩子得到应有的照顾和保护，这是所有男女大学生都要学习的一门课程。特别是男大学生，更要全面了解这一方面的知识，才能够做到消除让自己和孩子害羞的心理，去正确处理各种情况。我要求大学生们在训练活动中，一定要给予每一个孩子无微不至的关怀、爱护与帮助，要把自己视作父母，让他们提前体验父母的角色生活；要把自己视作老师，做孩子们的良师益友；要把自己视作身体上和心理上比孩子们成熟的大哥哥、大姐姐，处处对孩子给予谦让。

　　这一群装有了爱心种子的大学生，开始了他们播撒爱的助手生涯。记得在昆明火车站报到时，当很多家长发现跟我到北京的所有带队老师全是大学生，没有一个是有过工作经验的老师时，心里开始发慌了，他们觉得孩子不会有任何安全感，他们那时已没有任何期望了，最高期望就是孩子能够安全地从北京回来。很多家长以不信任的眼光对大学生们进行挑剔，对大学生们说一些风凉话，甚至进行谩骂。我亲眼目睹一位母亲，亲自跟到列车车厢，她可能就在火车站工作，上车就看到了她的熟人，她跟一位乘警交代，请一路上多照管她的儿子，她对这伙大学生没有一点信任感，但她又非常想让孩子参加训练。大学生们告诉我，他们从小长这么大，还从来没有被人这样辱骂过，即使是他们犯下重大错误时，他们的父母也没有这样辱骂过自己。但是有爱心的大学生们对家长的心情十分理解，并按照我要求他们的那样，对家长给予理解、给予宽容。很多孩子看到父母这样对待大学生，也多少受到影响，对大学生们产生了一些偏见，对大学生有一些对抗行为。

　　上了火车，一切安排妥当之后，大学生们开始为孩子们分床铺，有些孩子不断刁难大学生，没有经验的大学生们只能容忍着孩子们一次又一次地为难。大学生告诉我，刁难他们的孩子就像他们的父母责难他们一样，都是不能宽容人、不能善解人意的，面对这样的人，他们不会难过，只能给予理解。他们真切地体会到，有什么样的父母就有什么样的孩子，看到孩子的言行举止，就知道父母是什么样的，看到父母的表现，就一定能知道孩子的表现。在火车上，大学生们凭借着人生最顶峰的青春活力，穷尽他们记忆中感受到的父爱、母爱，把父母亲的角色扮演得淋漓尽致，给予每一个孩子最大的关怀、爱护与帮助。在训练期间两个女大学生为训练和照顾孩子们，累病了，其中一个拉肚子较为厉害，病倒了，所有任务全落到两个男大学生头上，包括照顾她俩。孩子们被带队老师给予的爱感动了，于是开始接受老师，与老师配合，爱便在老师和孩子们的心中来回地穿梭着。

　　第一批孩子最后一个晚上的课程是令我们整个团队最难以忘怀的，是值得我们所有人穷尽一辈子去追忆的美好时光。孩子们吃完晚餐，洗完澡，都按时来到多媒体教室上课，平日，课程到晚上10点或10点半结束，可那天晚上上到11点半，孩子们依然要求继续上课，根本没有想睡觉的意思。那晚的课程内容较多，其中一项最重要的活动就是为10多个孩子过生日。当我把重要课程讲完后，教室中的灯突然熄灭了，只见屏幕上打出"祝你生日快乐"的字幕，教室上空响起了一个大学生主持生日晚会的声音，孩子们很惊讶，怎么自己都没有想到，老师却念出了他们的名字，请他们到讲台上。等孩子们到齐了，灯亮了，《祝你生日快乐》的音乐响起了，在这个极为不寻常的生日晚会上，孩子们流泪了，过生日的在流泪，没过生日的也在流泪。孩子们经历过的生日没有哪一次有这次朴素，没有蛋糕，没有烛光，没有父母亲人，却有着272颗爱心倾泻着无边的爱，在异地他乡，他们被无边的爱簇拥着、包裹着，孩子们被这种特有的爱的氛围感动了，感动的力量来得太猛、太快，孩子们的眼泪怎能抵挡得住呢？孩子们在为母亲十几年前，躺在产床上，受尽疼痛的折磨与煎熬而哭泣，为一个伟大的母亲受难而哭，为一对不再年轻的夫妇所给予的养育之恩而哭泣。我知道这萦绕在教室上空的哭泣声都是因爱引发的，让他们哭吧，为爱而哭，这是人类一种最美的哭。

生日结束后，我把20个大学生全部介绍给孩子们，并让孩子们评选出他们最喜爱的老师。当我把所有大学生来自云南大学什么系、什么专业、几年级学生的相关信息介绍完以后，每个方队的孩子们开始评选他们最喜爱的老师。当孩子们把答案公布给我的时候，我会让他们的代表来到讲台，对为什么要评选这位老师发表演说。从孩子们的演说中，可以清楚地看到，谁给予孩子的爱心是最多的，谁就是孩子们最为喜爱的老师。

走出不自由的大男孩

第二批到达北京训练的孩子，是我亲自到北京西客站迎接的。在他们未踏上火车站月台之前，我与他们从未谋面。当我在站台上看到他们时，我一眼就看到队伍中有三四个个子较大，较为注重穿着打扮的男孩，几个孩子人也长得不错，其中有两个长得很帅气，他们每人都拖着一个较大的拖箱，走在队伍的最后面，从他们的精神面貌一看，我产生了一个直觉，他们将是这批孩子里非常麻烦的，他们会跟这个团队产生强烈的对抗，因为这个团队的精神面貌和训练要求与他们所追求的相去甚远。第一批团队中没有发现这样的学生，我也没有遇到什么麻烦，这几个学生将给予我最大的挑战。

一上车，这几个孩子就风言风语，以讥讽的口吻大声叫道："从来没有见过这样的旅游团队，大热的天，凭什么让我们坐没有空调的车，我们出钱可不是来受罪的，我们出了钱就是要来享受的，可这最起码的空调都没有，真是活见鬼！"也怪，他们说完后，并没有任何一个孩子搭腔。我觉得空气有些紧张，就问这批孩子的领队，从昆明到北京这一路上孩子们的表现情况。他告诉我："这4个孩子正好中考结束，家庭条件都非常好，几乎称得上公子哥。所有孩子的零花钱都交给'银行'老师了，可就是他们4个抵死不交。火车上，他们很会享受，不断派那些小的孩子为他们去买吃的，自由散漫，也不参加训练，很多孩子看不惯他们几个，也不喜欢他们几个。"听了领队的一番话后，我知道刚才是怎么一回事了。

这4个十六七岁的男孩子，自打在西客站坐上车时，就总是不断地找茬。他们不是故意找茬，而是待在这个团队中浑身不舒服、不自在，我很理解他们。他们告诉我：他们根本不知道我们这个团队的性质，是他们的家长给他们报的名，他们还以为是一个夏令营，如果他们早知道是这么个训练团，他们是绝对不会参加的。他们并没有按我们的要求去准备东西，只是按他们的喜好去准备东西，我们要求带的餐具，他们没有一人带来，更谈不上军用水壶。他们4个人铁定了心，要游离于这个团队之外，只跟我们到达训练课堂，不接受任何训练。面对这样的孩子，我知道他们属于哪一种类型的孩子，我不能用正常的训练要求来约束他们，我只能采取先放着他们，观察他们的心理需求而制定他们的训练计划。

第二天，我们很早就到达北京大学，所有孩子积极踊跃参加训练。他们4个组成一个小团队，他们也在北京大学以他们的方式活动。中午的午餐是在北京大学体育系教学楼前完成的。午餐时，所有的孩子都用自己的餐具装饭菜，惟独他们4个没有餐具可用，他们也不能到其他地方去吃。他们第一次因此事找到我，让我告诉他们怎么才能吃饭。我告诉他们每个孩子都要求自带餐具，没有带的，我帮助不了，自行想办法解决。他们看到我对他们并没有做任何让步，没有让他们使用餐厅送餐时留下的几个备用饭盒，只有硬着头皮去找那些吃完饭的孩子借餐具。他们本想着我会被他们的不断找茬吓倒，可能会对他们做出让步的，没想到，餐盒就搁在我身旁，我丝毫没有拿给他们的意思，他们也因此加大与我和团队的对抗。

我们团队中有一个女孩，也是刚刚中考结束就参加了我们的训练团。这女孩是一个非常灵巧的姑娘，人也长得乖巧，逗人喜爱，不高的个头，却让人感觉到她的成熟。这个女孩有一双会说话的眼睛，她的眼神中充满灵气。孩子们告诉我，在火车上她很少说话，总是在沉思，所以很多孩子都喜欢她，特别是男孩子都很喜欢她。这4个男孩也不例外，很喜欢她，她也喜欢这4个男孩。第二批孩子不多，为了方便管理，我让所有孩子都住在第一批女生住的宿舍中，只是一半为男生住，另一半为女生住。这4

个男孩当中的一个，个子最高的，人长得也很帅气，从我看见他的第一眼起，总是沉着个脸，我总感觉到他的心灵不是那么阳光，心中充满某种压抑，他平时不爱言语，总保持着一种沉闷的怨气。他从到北京的第三个晚上起，熄灯后，不回去睡觉，抬一把椅子，就守候在那个女孩的宿舍门口。任凭带队老师怎么劝说，他都不回去，他说太热，睡不着，他坐在那，是因为那有一条通道，很凉爽，这通道刚好对着那个女孩房间的门。

他这样做，无疑是增大对抗性，但他这样做影响是非常坏的。在来北京之前，好心的家长就向我提出一个问题，我能否保证我的团队不发生一些夏令营中发生过的事，那些事当然是指男女孩子性接触。我告诉家长，这是家长最起码的要求，也是训练营中绝对不可能发生的事。面对这个男孩的行为，我该怎么做呢？对于这种对抗的学生，不能跟他硬碰硬，我必须等待，等待他黔驴技穷，等待他坏事做尽，再来教育他。可是，我必须保护所有孩子的正当权益，不能让任何孩子受到伤害，特别是那个女孩子。我给足了这个男孩最大的宽容与等待，他坐在外面，我就和轮流值班的助手坐在我的房间等待，等他去睡了，我们才能去睡。

无论做什么，他们都不把自己视作是这个团队的一员。他们很喜欢到我们所选定的训练课堂，但他们都是以自己方式去活动。不过，开始对我们的训练团队产生负面影响。在火车上为他们买东西的两个小男孩，不时地被他们用各种零食进行引诱，孩子毕竟是孩子，再加之我们的团队有严格的训练要求，这两个孩子时而会游离于他们的家庭，和这4个男孩走在一块儿。在科技馆吃午餐那天，天空十分晴朗，我们是在AB馆之间的空地上吃午饭，唯一能乘凉的是一颗大松树。孩子们自己打完饭菜，都飞快地钻到树阴下，因为外面的太阳实在是可以将人的皮肤立即晒得脱皮。这一天，恰好有两个孩子将餐具留在餐厅里了，忘带来了，这两个孩子找我要餐盒，我告诉他们，这些餐盒不是提供给他们用的，而是给驾驶员盛饭的。这两个孩子告诉我，他们愿意出钱买餐盒，以作自己忘带餐具的代价。我考虑了一下，同意接受他俩的建议，收了的钱，等训练结束后还给孩子。等这两个孩子端着装满饭菜的餐盒走到树阴下吃饭时，他们4个冲过来，向我要餐盒，我告诉他们，这餐盒不是他们用的，他们恼羞成怒地叫嚷着：为什么那两个孩子可以用餐盒，他们为什么不能用？说我故意跟他们过不去。我告诉他们，那两个孩子是出钱买的，他们气势汹汹地叫喊着："出钱，我们还不如到外面去吃。"不一会儿，他们就从外面打饭端进来吃。孩子们问他们花了多少钱，他们回答道："15元一盒。"

我觉得今天是对他们展开全面教育的时候了，因为两天前去故宫训练完出来，我们准备走到北京饭店后门那吃午餐，餐车已在那等待我们了。

走出故宫，我们沿着十里长街向东走，当时大街上人特别多，怕孩子走散了，还特地走一段，停下来清查人数，过最后一个红灯路口之前，我们清理人数时，全部都齐了，可过了红灯口，队伍很快在路边休息，我去接餐车，等我回来后，领队十万火急地告诉我，有一个孩子走散了，不见了。当我查清楚是哪一个孩子走丢时，我告诉带队老师立即出发去吃午餐，领队焦急地问我："那一个孩子怎么办，是不是马上去找？"我的回答是："不用去找，那孩子不是走散了，是有人叫他走开的，有人故意搞恶作剧。"因为丢失的那个孩子就是他们4个当中的一个，只不过那个孩子是跟另外3个在火车上才认识的，跟他们3个的关系不算很紧。领队问我："你是凭什么判断出来的，真的不用去找吗？"我告诉领队，凭着要与人作对的心理需求判断的，另外3个男孩的所有言行举止，在他们的脸上写上了"作对"两个大字。

看到他们在科技馆吃午餐的挑衅，我觉得该是对他们进行教育的时候了。等所有孩子吃完饭，进到A馆中继续训练时，我将他们4个留了下来，开始与他们正式谈话。我问他们：还想继续做什么，他们尽管说，也可以尽管做，我不会讨厌他们，不会反感他们，也不会恨他们，我只会静静地等待他们的行为，等待一个时机给予他们帮助。他们看到我如此诚恳，面对他们所制造的那么多对不起我，对不起团队的事端，居然没有对他们产生怨气、讨厌、反感和憎恨。他们对抗的心理一下子就被消减了许多。我告诉他们，人很多时候是不能选择自己的生活的，人要学会面对一切从未接触过的生活，既然是家长处于一片好心，为他们报的名，让他们来参加这个训练营，这并不是一件坏事，而是一件大好事。好在哪呢，好在他们可以有机会将他们身上很多的不自由充分暴露出来，他们的不自由就是那不好的价值观与习惯。别人能带餐具，他们却被懒惰所控制，别人能睡觉，他们却被没有忍耐力给限制，别人可以参加严格的训练课程，他们却被偏见所统治，无法接受这最好的东西，别人知道与人为善，他们却为破坏性所掌控，别人能吃苦，他们却为享乐所封杀。如果不是参加这次训练营，也许他们都还没有那么好的机会将自身的不自由彻头彻尾地展示出来，也许他们还意识不到自己的不自由，还意识不到不自由的人是最为可怜的人，这次训练是他们走出不自由的一个契机。

孩子们听懂了，他们长这么大还没有谁会这样评价他们，他们那么幸福，到北京有的是钱花，每天都要换他们最酷的衣服，最能展示他们个性的衣服，每天都是光彩照人地走出去，他们走在我们的训练营中，给我们增添几分光彩，他们感受到自己很幸福，怎么今天老师居然说他们是最为可怜的人。不过，凭他们的机灵，他们还是可以理解的。当我提及那天在北京饭店前，他们教唆那个男孩离开队伍时，他们很惭愧地看着我，长得最帅气的那个男孩羞愧地问我："老师，你凭什么知道是我们干的，我们以前在学校所做的那些坏事，都不会被老师发现，只要我们3个一起计谋要做的事，没有谁可以发现，没有谁可以查出来。"我告诉他们："凭经验，凭对你们这种孩子的了解，凭我对你们内心的窥视，凭直觉。"孩子们和我的交谈越来越融洽，他们也越来越真诚，他们告诉我："我们也一直在观察你，看你会拿我们怎么样，我们还从来没有碰到过你这种硬中有软、软中带硬的老师，我们对你充满了兴趣。"我告诉孩子们，无论他们做什么，我都会给予宽容，我对孩子只有无尽的爱，只有爱可以解决一切问题，讨厌、反感、憎恨是不可能解决问题的。我的工作就是等待机会，给予孩子教育，帮助每一个孩子的身与心的健康成长。我希望他们抓紧最好的训练时间，好好发展自己。

在返回昆明的火车上，我没有一刻闲着，除去睡觉之时，我一直忙于对孩子们进行深度的心灵采访。当我把最后一个晚上留给他们的时候，他们真诚地将整个心灵世界打开，让我邀游于他们的心灵之中，任由我采撷着心灵宝藏，任由我洗涤着他们的心灵，涤荡着他们的情感，接受着我给予的心灵呵护，感受着我给予的心灵滋养。火车上的四小时过得飞快，在这4小时中，十六七岁的男孩讲述了他们的心灵故事。

长得最帅气的男孩从小就沐浴在父母的爱河之中，他的心灵犹如面容一般阳光灿烂，他是一个富有爱心的孩子，他爱着另外两个男孩，他给予那个不爱讲话的男孩很多爱，而他也会从那个男孩那得到他渴求的爱。他们3个早有一个打算，他们觉得我是一个能让他们倾诉心灵之声的老师，他们渴望能得到我的帮助，帮助那个最不爱讲话的孩子走出他的心灵痛苦。他们觉得今天晚上可以实现这个夙愿了。那个男孩开始讲述他的心灵之痛。他父母都是事业心很强的人，在他很小的时候，父母就将他送到省外的奶奶家，回昆明与父母在一起的时间少得可怜。他在奶奶那里读完小学后，回到昆明读初中，但他跟父母在一起却觉得差了什么似的，他父母可以满足他的任何物质需求，可他就是找不到一般同学所享受到的那种父母之爱，父母依然忙于事业，各忙各的，他在这种环境中更加感觉到痛苦。多亏，他那位长得帅气的同学得到的父母之爱是足够的，他经常从这个帅哥那里去感受父母之爱。他渴望谈恋爱，跟一个同学谈恋爱，在恋爱之中，他可以忘却痛苦，可是，中考前不久，那女孩提出与他分手，他的痛苦就更深了，因为他很喜欢那个女孩，分手之后，他不知道自己该干什么，自己又回到了消沉的痛苦之中。他处于这种状态，另外两个同学也帮不了他，他不知道自己到底怎么了？只有痛苦，除了痛苦还是痛苦在陪伴着他，他想走出这痛苦，可没有人可以帮助他。他是鼓足了勇气来找我谈的。

听着这男孩的诉说，我理解他的痛苦，我知晓他痛苦的根源，我为他创设了一个倾诉的环境，让他尽情地倾泄心中的压抑，让他尽情表达着心中美好的愿望。我知道，他如果能够不遗余力地倾诉出来，他的压抑就去除了很多，他会轻松很多。看着男孩饱含热泪地倾诉，我在感受着他的痛苦，我在感受着他渴求父母之爱的强烈愿望，我感受着他失去了那一份情感安慰的疼痛、无奈与无助。

> 孩子，你可以无拘无束地叙说，你可以尽情地抱怨，你可以毫无顾忌地流泪，我给你疼爱，因为我是母亲，我给你理解，因为我是老师，我给你心灵呵护与滋养，因为我愿意成为你的情感大师。

我们都知道父母之爱是一个小生命成长的能量，这种能量的不足或缺失，会严重影响孩子的心灵发展。心理学家已经指出，一个孩子3岁以前如果不是父母亲自执行的养育，而是由父母之外的他人执行的，尽管这孩子得到很好的物质营养，得到很好的照料，这个孩子至十三四岁时要爆发严重的情感问题。这个男孩儿所承受着的痛苦正是因此而引起的。在他很小之时，父母忙于工作，无法亲自执行养育工作，将他交由远在省外的奶奶执行养育，小学毕业后才回到父母身边，他最渴求父母之爱的时节错过了，他没有足够的心灵成长的能量，他本应该得到的人类生命正常成长的过程，即生命是由一对夫妇带来的，在他（她）由弱小逐渐走向强大的过程中需要得到父母之爱，得到心灵成长的足够能量，被人为地破坏了，导致他从弱小走向强大的过程中，父母之爱失去太多，任何人是不能替代，也不能给予他补偿的，在这一过程中他的心灵偏离了人类心灵正常发展的轨迹。等他回到父母身边时，带着一种严重的情感问题、情感障碍来渴求父母之爱，即使父母在他身边，能够给予他很多的爱，他已不能用正常心灵来感受这份爱，他用一颗布满创伤的心灵、一颗伤痕累累的心灵、一颗充盈着痛苦心酸的心灵来感受着这错过时节，迟到的爱，犹如一个满是裂痕的瓷碗，当水流淌进去的时候，到底能存留多少水呢，犹如一个装有各种调味品的瓷碗，用来装名厨刚做出的味道鲜美的汤，那汤会不变味吗？更何况他回到父母身边，父母依然很忙，他捧着那颗受重创的心，期待着父母的爱能够流淌进去，痛心的孩子仍将继续心痛下去。

我心疼这孩子，可我给不了他需要的爱，因为我没有给予过他生命。

我理解这孩子，他有多痛苦我都能感受到，我都能体验到。人最容易受伤害的不是躯体，而是心灵，是情感，特别是生命还处于弱小的时候。生命越弱小，受到伤害时，越不容易被自己或他人察觉，伤害越容易躲藏，伤害越容易伴随身体一起变大，变大到这孩子的心灵能够意识到它的存在时，这伤害已对孩子心灵造成严重损伤，孩子的心灵问题、情感问题也就爆发了。这孩子自幼跟随祖母，在省外读书，而周边的孩子都在父母身边，都能得到父母疼爱，可惟独自己反差太大，只有奶奶的疼爱，父母离自己遥不可及，这不是孩子无理的感受，而是来自心灵深处的一种强烈需要，一种对父爱母爱的强烈需要，是一种人类生命内在的本能，这是谁也不能取缔，谁也阻挡不了的需要。当这种需要得不到满足时，孩子被随时享受着父母之爱的同学所包裹，他的伤害就出现了，这种伤害没有人察觉，他自己察觉不了，周边的人也察觉不了，等这个伤害随身体一起在心灵中变大时，大到孩子心灵清晰地感受到它的存在时，孩子的心灵已被它到处布下重创，孩子享受着驱之不去、抹之不掉的无尽痛苦，而他的同龄人却在享受着心灵的茁壮成长的快乐。

我在感受着这个男孩的痛苦，我更在感受着天底下多少孩子正在受到的伤害。他们的父母人为地损坏了他们心灵成长的正确轨迹，父母亲制造了生命，给予了生命，却为了工作，为了事业，抛弃孩子生命的养育工作，将养育的职责交给他人，自己愿意承担一切经济负担。父母还心安理得地认为自己尽到了责任。孩子的爸爸妈妈们，你们知不知道，你们这样做是在制造一个痛苦的生命，孩子还没有走到父母为他（她）建构的爱的小河边，还没有享受到给予他（她）生命的父母之爱，还没有感受到父母之爱的快乐，就被父母亲手推进了痛苦的海洋。我们的孩子不需要父母给予多好的物质生活条件，他们更需要父母多给予一些爱。这世界上没有哪一个生命愿意遨游于痛苦的海洋之中，痛苦液不是人类生命存活的环境，它是让心灵受重创，让生命窒息的环境。人人都梦想永远沉睡在欢乐园中，人人都在追求这种快乐园，可这是留给心灵对快乐和痛苦有辨别力的人，是留给有能力去梦想、去追求的人，我们的孩子在弱小之时还不知道人类生命有快乐和痛苦两个世界，他们怎么能知道呢，因为他们的心灵发展还没有强大到可以辨别这一切的存在。就在他们心灵还处于模糊、混沌状态时，他们就被父母推进了痛苦的海洋，他们还什么都不懂得的时候，他们还什么都不能分辨的时候，他们完全不具备选择能力的时候，就这样与正常生命成长分道扬镳了，注定不可能踏入父爱、母爱建构起的那条爱之小河，他们就这样开始着他们痛苦的生活。他们痛苦的生活终有一天会回报给父母的，只恐怕那一天到来时，痛苦的不只是他（她）一个人，父母如果能避让开以泪洗面的日子，那算是父母备受上帝宠爱，成为了上帝最为恩赐的宠儿。

看着天底下如此之多的父母已经或正在亲手将孩子推进痛苦的海洋，看着多少孩子的心灵将要、正在或已经感受到这种由他人执行养育所造成的伤害，我的心是沉重的，我怜惜这如此之多的孩子，我心疼着他们。每每闭上眼睛，那一双双痛苦求助的孩子们的眼神让我感觉到父母教育的重担越来越沉重。在很多父母教育课堂上，我总是替孩子们在争取着他们心灵得以健康成长的权利。我想告诉那些外出务工的父母，你们怎么难，也要将孩子带在身边亲自执行养育工作，再不要把孩子送回家乡让老人养育，或由他人养育。孩子在心灵成长过程中，不是要耗费大量的金钱，而是要耗费大量的父母爱，我们爱孩子不仅仅是供他吃穿，更重要的是用爱去让他成长。如果，我们每一个家庭为社会制造一个痛苦的人，那这个社会的生存与发展是非常可怕的。我也想告诉那些事业心强的父母，既然为人父母，孩子的养育也是需要你们的事业心的，应该将孩子的养育工作纳入你们的事业之中，培养一个比我们更伟大的孩子，这本来就是父母的一项伟大事业。

向自己的心灵宣誓

有一个男孩子，11岁，在训练营是一个典型的很少会用心灵听话的孩子，训练要求对他来说很难做到，导致他与家人冲突很大，家人尽力在容忍他、帮助他，可家人毕竟都是孩子，孩子们已尽力了，但收效甚微。为了让他的家人能够得到正确训练，训练得更好，我同意他的一切行为不影响他家庭的一切考核。这个孩子很多价值观中充满了偏见和错误，导致其行为及行为习惯很难在团队中与人交往。所有孩子一日三餐都能够很好地去吃，惟独有他，只要没有人盯他，他就可以躲避餐厅吃饭活动，宁愿买方便面吃。我特地派一个较大的孩子负责监督他到餐厅吃饭，但他来吃饭，总要找借口，一会儿说他肚子痛吃不下去，一会儿说他没有食欲，逃避吃饭，实在顶不过去，就只打很少的饭菜，痛苦地吃下去。每天吃饭时，我们都要对他费尽心思，他一个人要耗费几个人的精力。

他不吃饭，自己偷偷买方便面吃，对团队影响不大，所有孩子都能适应餐厅的饭菜，而且都能喜欢吃了，也没有人会去效仿他，可是，对团队造成影响的事情是他身上发出的一股股臭气。这个孩子非常懒惰，每天洗澡对他来说是一件痛苦之事，能逃就逃，能躲就躲，别的孩子是期望一天能洗几次澡，洗澡是孩子们最乐意去做的一件事，洗澡时孩子们跑得最快。洗完澡，没有一个孩子不换洗衣服，可惟独他，即使洗完澡也懒得换衣服，尽管他的旅行箱中，家人已给他备足了衣服。每次洗澡最让我们懊恼的一件事就是要派人到处去找他，好不容易找到了，就将他带到澡堂来洗澡，洗澡完后他还是不换衣服。在北京，繁重的训练任务使得我们随时都在出汗，一天不洗澡，不换洗衣服身上就要发臭，何况这个孩子不能保证每天都洗澡，洗了澡也不换洗衣服，完全可以想见他的整个身体是臭气熏天。他只要从每个人身边走过，人人都会捂住鼻子，屏住气，有的甚至恶心想吐，孩子们都想尽办法远离他，所有人对他的嫌弃、鄙视、讨厌、怨气并没有让他感觉到伤害了大家，刺激自己去改变，反而觉得所有的人看不起他，伤害他，所有的孩子对不起他，他干脆自暴自弃，处处与团队对抗，越演越烈。他越这样做，所有孩子更加讨厌他，这样进入了一种恶性循环状态。

面对这个孩子的情况，我一直在鼓励他去改变自己，可他造成的团队成员极度反感的人际环境，使得他步履维艰。他与整个团队再这样僵持下去，只会让恨出现在他的心中，让恨出现在团队成员心中，为了有效解决这个问题，我考虑用爱来解决，因为爱在这个世界上没有解决不了的事情，爱是融化一切的能量。晚上课堂上，我特地将这个孩子请到讲台上，尽管他站在我身边，一阵阵的臭气扑鼻而来，使得我也会产生厌恶感，但我还是驱除了这种感觉。我拉着这个孩子的手，对所有的孩子说："这个孩子不能再这样下去了，他不是天生就喜欢把自己弄得那么臭的，是他身上的懒惰害的，可他天生也不是一个懒惰的孩子，在他的成长过程中，他周边的人把他培养成这个样子的，他都还不知道懒惰是怎么回事，他就被培养成一个懒惰的人了，懒惰这一恶习就紧紧地缠在他身上，缠得他气都喘不过来，他没有力量来战胜这恶习，这就是恶习难改，这不是他的错，他缺失了勤快品质的培养教育，他是一个值得大家同情、关怀、爱护与帮助的孩子，如果连我们这个团队都不能帮助他，他的错误还要继续延续，懒惰恶习只会将他缠得越来越紧，大家不觉得这个孩子很可怜吗？他现在是最需要更多人给予关怀、爱护与帮助的时候，而我们每个人都负有关怀、爱护、帮助他人的责任，我们每个人也能给予他人关怀、爱护与帮助。如果我们每个人都能给予他一点点关怀、爱护与帮助，这个孩子能够得到力量与懒惰恶习进行抗争，他会成为一个勤快的孩子，他也会成为一个香喷喷的小男孩。"

我们每个孩子都能给他关怀、爱护与帮助，要做到这一点，并不难。大家只要想着他被懒惰弄得这么臭，他现在正陷入沼泽，他身陷泥潭，难以自拔，我们还会看着他，给他一个良方，让他自己用劲想办法爬出来吗？不会的，任何一个人看见有人身陷泥潭，都会去想办法来营救他，绝不会袖手旁观，让那个人自己爬出来。我们每个孩子只要做到：当他经过我们身边的时候，不要再做出捂鼻子、屏住呼吸的动作，不要再向他投去嫌弃、鄙视的眼光，做到这些我们不会失去什么，我们什么也不会失去，闻一点臭气，我们的身体不会受到任何危害，相反，我们获取了宽容，对这个孩子的宽容，我们获取了同情，对这个孩子的同情，我们获取了理解，对这个孩子的理解，最重要的是这个孩子获得了所有孩子的宽容、同情、理解。这就是爱，给予别人宽容、同情、理解，是爱的前提，有了这些，我们就可以去关怀、爱护、帮助他人。如果我们不宽容他给我们带来不愉快，如果我们不同情他所遭受的伤害，如果我们不理解他成为一个懒惰的人的原因，那我们是不可能去关怀和爱护他人的。我们对他有了宽容、同情、理解，就可以给予他关怀、爱护和帮助。洗澡时，我们每个孩子都给他一个提醒，告诉他该去洗澡了，在他身边的男孩可以轻轻地拉着他，让他准备好洗澡用品，拉着他的手，和他一块儿来到洗澡间，和他一块儿洗澡，提醒他换衣服，提醒他要洗衣服，他不会洗，你们就教他洗，他不乐意去洗，你们就想办法让他愿意去洗，如果找不着办法就来找我，我和大家一块儿想办法帮助他。做到这些并不难，做了这些我们不会失去什么，只会获得很多。做到这些，爱心就会驻足我们心中，做到这些，团队中从此不会再有臭味，团队中不会有嫌弃、鄙视，团队中谁也不会有恨，团队中只有爱穿梭于每个人的心灵之间。

说完这一切，我问孩子们愿不愿意去帮助这个孩子，所有孩子情绪高涨地告诉我："非常愿意。"我让孩子们全体起立，右手掌放置于左胸前，摸着这颗滚烫的心，眼睛凝视着这个男孩，全体孩子在向自己的心灵宣誓："我们一定要用爱心去帮助有困难的同学，我们一定要用爱心去爱戴每一个同学。"这宣誓声穿破了云霄，回荡在北京城的上空，回荡在中国大地，回荡在宇宙之间，这是一股伟大的力量，在这世界上没有什么再比爱要伟大了。这小男孩被这股伟大的力量所感动，他哭了，站在讲台上对着全体孩子哭了，这时的哭会让他牢记一辈子，会成为他不断追忆的美好往事。他把自己不正确的东西都随着眼泪一起流出了体外，他要将所有孩子给予的爱都装在心田，他要用这爱来摧毁他这么多年的懒惰恶习。亲临此情此景，我更深刻地体会到爱是世间最伟大的力量，爱可以融化一切，爱可以重塑一切，爱可以将世间最大的仇恨消融得无影无踪，爱可以制造出更多更大更深的爱。看着这么多即将成为爱的小精灵，爱的天使的孩子们，我知道在这世界上复制得最快、最多的是爱心，有了这么多小精灵、小天使，这爱心就传播得更快了。

从那晚以后，这个男孩子变了，一改以往消极对抗的情绪，在孩子们爱心的簇拥下，他自己能够天天洗澡，天天换衣服。他的改变使得每一个孩子看到了爱心的力量，让孩子们坚信爱心是摧枯拉朽的力量，也让孩子们深深体验到自己用爱心救助了一颗心灵，用爱心为这个孩子播撒了好多颗金色的种子。

「起来」，去拥有
升国旗的那份震撼

上部

肉身体验
之十六

每个置身于天安门广场升旗仪式中的人，都会被当时
的情景所震撼，特别是我们的人格训练经历过北京大
学、清华大学、中国科技馆、中关村科技园、中国军
事博物馆、北京自然博物馆、海淀图书城、圆明园、
颐和园、故宫、八达岭长城、十三陵长陵、天安门广
场、王府井大街、协和医院、北大附中、清华附中、
北京101中学、北京老胡同、北京大街小巷、北京城市
景观这些训练课堂，对这些课堂都有过深入的研究，
孩子们所能产生的震撼感就远远超越于普通人，孩子
亲身体验感受到了祖国的伟大，感受到了做炎黄子孙
的骄傲，激发了孩子们立志成才的情感，不知多少伟
大的梦想在那庄严的时刻已在孩子们的心田萌生。升
旗结束后，听着孩子们倾诉衷肠，我深感将训练课堂
搬到天安门广场升旗仪式上来的威力，瞬间让孩子们
立下大志，让孩子们真切感受到学习不再是自己个人
的事，根本就不是为父母而学，而是为了自己的祖国
而学，孩子们已将自己的学习任务升格成一种神圣的
使命。

北京拥有丰富的让国民热爱祖国的教育资源，不论走到哪，都会让我们心潮澎湃，都会让我们备感作为中国人的骄傲。我们每到一个训练课堂就要对它作全面深刻的了解，孩子们都知道他们所要了解的课堂都是代表着中国各个领域中最高发展水平的，全面了解这些课堂就等于了解了中国各个方面的发展。这次训练是让孩子们把祖国各个领域的最高发展水平装在自己的心中，让他们从中去感悟祖国的强大，让他们从中获得激励，为了祖国的更加繁荣昌盛而努力发展自己。

中关村电子商城让孩子了解到中国IT业的发展，与世界对接状况，了解到中国国民使用IT产品的发展现状。置身于IT产品更新换代最快的地方，犹如站在IT业发展的最前端，孩子们感受到祖国在IT业发展的迅速，觉得自己的国家正在赶超世界先进水平。在中国科技馆，孩子们看到了中国科技在各个领域中的发展，孩子们亲手操作着那些最为先进的科技产品，体验着给人们生活带来更大便利的科技产品，孩子们感受到中国人民的聪明智慧，感受到中国科技工作者对祖国的热爱，对人民的热爱，他们崇敬这些杰出的中国科技工作者为中国人民的科学事业做出贡献的精神，他们觉得自己的祖国真伟大，培养出这么多杰出的科技工作者。遨游在这科技新产品的世界中，从有声解说词、书面解说词那里，他们不断看到这些科技产品的展出主要是为了激励青少年热爱科学，追求科学，为祖国的科学事业献身，他们深深感受到祖国对每一个孩子的器重，感受到祖国对他们这些秧苗的培植，孩子们不会辜负祖国母亲对自己的期望，孩子们把祖国对自己的期望牢牢装在心中。作为中国的少年，他们倍感自豪，祖国人民寄予自己如此强大的希望，他们一定会为这伟大的希望而努力发展自己的。

北京自然博物馆，给予我们孩子的收获是很大的，尽管我们是来自博物王国的云南，我们的孩子对植物有很多了解，可置身于北京自然博物馆，我们才觉得自己所了解的太少太少。在三楼的人体科学展馆中，我怎么也没想到，那里用实物标本展示了人的生命的全过程。三楼展馆也是孩子们最为入迷的地方，孩子们从人体生命诞生的标本开始，认真地看着生命不断成长的系列标本，他们知道了自己生命成长的过程。孩子们仔细看着人体各个部位的标本，全面了解人体生命的组成，最后，看到整具尸体标本，了解了生命的结束 —— 死亡。最让我意想不到的是，在三楼展馆中陈列了人类性交的示意彩图，并附有文字说明，在这块展板的旁边是母亲分娩过程模型块，逼真地再现了母亲正常分娩（顺产）的全过程。如果所有的孩子都能置身于这个展馆之中，性教育就可以在自然科学氛围中很好地完成。对于性教育，特别是人们最难以启齿的人类性交行为，虽然这是人类的一种生理行为，一种生存行为，一种情感行为，却为学校、家庭所回避，却为人们羞于提及，谁要是给孩子讲了人类性交行为，就要招惹父母更多的不高兴，甚至是招惹家长的愤怒。可是，北京博物馆中，却以科学的姿态来展示人类性行为，这是何等的进步，何等的气魄。面对着这几块展板，我如释重负，我感觉到有一股巨大的力量注入我的心田，我早就期盼着国家能够以科学的姿态来介绍人类的性行为，让我们的孩子在科学中了解性行为，而不是通过旁门邪道获得，让孩子们正确了解人类性行为的道德要求，让孩子们正确看待人类性行为，为孩子们建构高尚的性行为价值观，和低级、堕落、色情的性行为价值观作坚决斗争。

我和孩子们感谢北京，感谢祖国自然科学工作者，感谢我们的祖国为孩子们所做的这一切。几块小小的展板，却体现着一个国家的科学精神、文明程度，对人类生命成长的重视，对人类生命的关爱。我们全体孩子在这里完成了一堂自然科学的性教育课程。在这里，孩子们直观地感受到自己是父母爱情的见证，知道了父母给予自己生命，孕育自己生命的全过程，自己生命成长的全过程。

在中国军事博物馆，孩子最能深切地感受到中国共产党的伟大，中国人民的伟大，毛主席的伟大。看着军事博物馆中的各种展品，孩子们真不敢相信自己的眼睛，真没想到书中所讲的中国共产党就是凭着眼前的小米和步枪打败国民党反动派，打败日本侵略者，解放全中国的。孩子们无法想象红军艰苦卓绝、艰苦朴素精神，可在所有红军用过的实物面前，孩子们觉得不可思议，红军怎么会如此之伟大，似乎不是肉长的，更像是铁打的。看着大量珍贵的实物、图片、照片、油画，孩子们一次次地发出感慨，中国共产党真的太伟大了，中国人民真了不起，毛主席真是中国的救星。孩子们觉得今天的生活真是来得太不容易了，以往，父母总在说，今天的日子来得真不容易，自己总不当回事，现在，有真切体会了。训练结束后，孩子们总被展出的一个个细节扣住了心弦，总觉得今天的生活来之不易，一定要努力学习，为祖国的强大贡献自己一份力量。

当孩子们走入紫禁城时，无不被皇宫的壮观所震撼，看着现在的整座紫禁城，他们完全能够追想当年大清国的威严、神武。步入圆明园，看着被八国联军烧毁的一座座宫殿图片，看着西洋楼遗址的惨景，孩子们一个个握紧拳头、咬牙切齿，犹如当年的卖国贼就在眼前，真想把他们撕吃了，犹如当年的八国联军正在烧杀抢掠,孩子们要与他们决于死战。走在颐和园中，孩子们憎恨慈禧，为了自己享受，挪用军款，大肆挥霍，导致中国海军衰败，导致国门被攻陷。爬在长城上，孩子们觉得长城真是十分伟大、壮观，孩子们惊叹着祖先的聪明才智，在科技如此不发达的岁月是怎么造就这世界奇迹的。孩子们时时刻刻都在感受着祖先留给我们的文明，感受着祖先给我们留下的宝藏。

看升旗是一件极为辛苦的事情。我们国家升旗、降旗是按日起日落的时间来完成的。7、8月份升旗的时间会在凌晨5点钟左右，这个季节是北京的旅游旺季，看升旗的人非常之多，去晚了，简直看不到整个过程。因此，都得在半夜起床，至少要提前一个小时到达广场，才有可能看到全过程。去北京旅游不容易，去看升旗仪式就更不容易。在我们的训练课程当中不可能省去看升旗仪式这一项活动。我们整个团队在天安门广场上等待了一个多小时，升旗仪式开始了。当国旗班的战士威严地扛着、护卫着五星红旗从天安门走出来，我们被国旗班战士的军姿、军威所震慑，当国旗班战士来到旗杆下，做好一切准备，即将升旗时，广场上的所有音箱顿时响起了雄伟、震撼人心的国歌，看着一个战士庄严地用力一甩，那五星红旗就飘洒在空中，徐徐上升。就在这庄严、神圣的一刹那间，人们哭了，人们觉得自己的祖国真伟大，自己作为一名中国人是值得骄傲，值得庆幸的。人们激动得心都要蹦跳出来了，整个人似乎已没有了肉体，只有那颗热血沸腾的心跟随着祖国一同呼吸，跟着祖国的脉搏一同跳动。每一个人心中激荡着对祖国母亲的深情厚爱，人们激动得热泪盈眶，置身于祖国母亲这么伟大的怀抱中，每个儿女真想深情地对她说："祖国，母亲，我深深地爱着你，是你的伟大给了我骄傲，是你的伟大给了我自信，我要用我鲜活的生命回报你的养育之恩，母亲，我无时无刻不在爱着你！"升旗仪式并不长，可是孩子们却沉浸在享受母亲伟大的情感之中，久久不愿离去，这是他们对伟大祖国表达爱的方式。这短暂的升旗仪式，给孩子留下了永恒的记忆，"伟大的中国"几个浮雕大字在升旗的过程中早已镶嵌在少年的心灵之中，无论他们走到哪里，心中时刻回荡着"伟大的中国"这铿锵有力的声音。

长城、天安门广场、天安门城楼、人民英雄纪念牌、人民大会堂、紫禁城、圆明园、颐和园、天坛、毛主席纪念堂、北京大学、清华大学、中关村、十里长街、中国军事博物馆、中国科技馆、北京自然博物馆、海淀图书城、北京协和医院、王府井大街、十三陵长陵、西客站、中央电视台、北京的大街小巷，北京的建筑群落，孩子们所感受到北京的一切，无不深深地在少年的心中打下烙印。孩子们到北京不仅多方面了解了祖国的发展，而且在母亲的怀抱中快速发展了自己，短短十天的北京训练生活给予了他们无数的宝藏，他们的北京之行从此改写了孩子身心发展的历史，扭转了他们浸泡在扭曲之爱中的发展方向，让他们回归到人类身心正确、健康的发展轨道。

北京，我感谢你，我代表全体孩子感谢你，祖国，我感谢你，我和孩子们一起感谢你。

下部

心灵辅导

下部

心灵辅导

之一

孩子们一般很难明白他们的生命到底是什么，父母亲人较为重视、关爱他们的肉身，较重视提高孩子的物质生活质量，这就更增加了孩子了解生命的难度。人格教育更为重视孩子的精神生命，但孩子精神生命的组成，精神生命的生存、发展特性是较少为孩子、父母了解，这客观上导致人格教育为人知晓、为人接受的难度。北京人格训练，最重要的就是让孩子弄明白人格是什么、人格教育是什么，他们在北京要接受什么样的训练，为什么要接受这些训练。唯有孩子了解了这一切，他们才可能自觉地接受人格教育，积极地走进人格教育。将人格教育抽象的理论转化为孩子喜闻乐见的故事，能形象、生动、直观地让孩子了解自己的人格，自己人格的成长过程、成长特性、成长方向。为此，我为孩子们准备了北京人格训练中重要的一个心灵辅导课程——"心灵柱"的故事。

　　要让孩子们接受人格教育，就得让孩子先了解什么是人格、人格的组成、人格的发展过程、人格的表现形式、人格与生命质量等内容。为了能够让孩子们全面清晰地了解人格及人格教育，我将人格教育理论改写成孩子们乐意接受的故事，用讲故事的形式向孩子传达人格教育的内容。"心灵柱"的故事是每一个孩子了解人格教育、接受人格教育的重要课程。

　　在北京人格训练的心灵辅导课上，我借助于多媒体课件给孩子们讲述"心灵柱"的故事。"心灵柱"人人都有，它就在我们的身体之内，它是一根大柱子，这根柱子由智力、情感、态度、需要、兴趣、价值观、性格、气质八个板块围成，中间是空的。我们每个人的这根柱子是由爸爸妈妈的那两根柱子合在一起形成的。围成爸爸妈妈"心灵柱"的那八大板块上布满了石头、泥巴与沙子，它们形成了石壁、泥墙，就像大山那样，它们搅和在一起成为了坚实的柱体。在这个柱体壁上，好多地方的石头、泥巴与沙子被打掉了，开启了一扇扇明亮的窗子，其余大部分石壁、泥墙上挂着一块块写着字的牌子，每块牌子上写着一个人类积淀下来的优秀人格品质，牌子后面就是等待开启的一扇明亮窗子——牌子上所示的那个优秀品质的地方，也有部分地方看不到石壁、泥墙，因为被一堵一堵的钢筋混凝泥墙所遮挡，这些地方要开启窗子的难度就太大太大了，我们把这种遮挡石壁、泥墙的东西称为凝固剂。爸爸妈妈柱子上的由石头、泥巴与沙子形成的那些石壁、泥墙是等待开窗子的地方，各处石壁、泥墙上挂着的牌子是标明那个位置要开启窗子的名称，只可惜要在爸爸妈妈的这些地方开窗子已经很难了，因为石头太大，泥巴太多，沙子太多，它们死死地拥抱在一起，要打掉它们确实不是一件易事。爸爸妈妈"心灵柱"上开启的窗子就是优秀的人格品质，一扇窗子就是一项优秀人格品质，窗子越大，那么这一人格品质的优质程度就越高，窗子越多，爸爸妈妈的优秀人格品质就越多。其实，爸爸妈妈"心灵柱"上所有石壁、泥墙上都挂满了写着字的牌子，爸爸妈妈有着一样多的牌子，牌子上有着一样的名称，这些牌子与名称全是人类发展至今，积淀下来的全部优秀人格品质——真、善、美。只不过，爸爸妈妈在生命成长过程中得到开窗子的机会多少不一样，得到开窗子的时间早晚不同，导致他们身上能够开出来的窗子多少不一样，大小不一样。爸爸妈妈"心灵柱"上那一堵堵的凝固剂是从人类心灵中抛丢出来的心灵垃圾——假、丑、恶形成的。爸爸妈妈在成长的过程中，从未有人路过一些挂满牌子的地方，也从没有人想过要到那些地方去把牌子摘掉，把石壁凿掉，把泥墙打掉，从没有人去抢占过这些阵地，那么人类的心灵垃圾为了获取它们的生存之地，就要乘虚而入，抢占这些重阵，它们用假丑恶的那些人格特质搅和成坚如钢铁的凝固剂，死死封住那些石壁、泥墙，死死守住那些牌子，誓不让人到这些地方来开墙凿壁。

我们每个孩子的"心灵柱"是由爸爸妈妈给的，是通过爸爸的精子与妈妈的卵子将他们各自的"心灵柱"复制下来，当精子与卵子结合形成受精卵时，他们俩的"心灵柱"就会重新合成，围成爸爸妈妈"心灵柱"的智力、情感、态度、需要、兴趣、价值观、性格、气质就会相应叠合在一起，即智力与智力重叠，以此类推，这种合成过程是非常复杂的，充满了奥妙。经历了这一叠合过程，我们小小的生命就诞生了，我们不仅有了肉体的生命，还有了存放在这个肉体生命中的"心灵柱"。我们小小的"心灵柱"已拥有了开启人类所有优秀人格品质窗子的地形图，已挂满了人类积淀至今的所有优秀人格品质牌子；我们小小的"心灵柱"上已开启了爸爸妈妈原有的一些窗子；我们小小的"心灵柱"上已存留了一些爸爸妈妈原有的一些凝固剂。最值得庆幸的是：我们是人类的生命，我们的生命中孕育了人类一切的优秀人格品质种子 —— 所有的写着字的牌子，我们每个人都有同等的机会把自己发展成人类最优秀的孩子。最值得生命去做的是："心灵柱"上可以全部开启窗子，可以把人类真的、善的、美的窗子全部开起来，开启真善美的窗子就是生命存在的要义，存在的价值。最应该提防的是：我们从爸爸妈妈那获得了一些凝固剂，它们会把守一些地盘，让我们难以开启更多的窗子，在我们的肉体生命之外，飘浮着无数的人类心灵垃圾，它们与那些凝固剂勾结在一起，里应外合，不断抢夺"心灵柱"上的石壁、泥墙，不断建构更多的凝固剂，剥夺了更多窗子开启的机会。我们小小的"心灵柱"自诞生之时起，就承载了一个伟大任务，要借助内在的力量，去奋力拼搏，与凝固剂奋争，夺取每一寸土地，开启一扇扇明亮的窗子，这就是生命的过程，生命价值的实现过程，这就是生命存活、发展的根本意义。

生命的诞生不仅是指一个发育成肉身的受精卵的形成，而且是指一个小小的"心灵柱"的形成。我们的肉身随着时间的推移，营养的获取，营养的充足就会快速成长，我们小小的"心灵柱"随着肉身的成长也在不断成长，只不过它的成长比起肉身来说就要复杂得多，微妙得多，如果说我们的身体是一个复杂的小宇宙，那么我们的"心灵柱"就是一个复杂的大宇宙。"心灵柱"的成长不是靠物质能量、物质营养，而是靠精神能量、精神营养。如果我们得到的物质能量、物质营养是充足的，而精神能量与精神营养缺乏，那我们的肉体之身就会长得健壮，而"心灵柱"就不会像肉身那样得到健康的成长；如果我们在得到充足的物质能量与物质营养的同时，能够获取足够的精神能量与精神营养，那我们的身与心是能够同步健康成长的。只可惜，肉身的成长是显形的，是摸得着，看得见的，而"心灵柱"成长的显形是滞后于肉身的，不是现时就可以摸得着，看得见的，它的成长结果是需要一段时间以后才可以显现出来，最致命的是，它的成长结果不是每一父母都可以清晰、准确地看到的，其成长结果最终会以我们每个人身上所反映出来的行为能力与行为习惯表现出来。一般的父母很难全面、准确捕获孩子的行为能力与行为习惯，更不用说判断行为能力与行为习惯背后所显示的东西，这就给"心灵柱"的成长带来了巨大的危害。首先，父母或孩子周围的人群很难意识到孩子"心灵柱"的存在，很难意识到"心灵柱"的成长，更不用说给予"心灵柱"的成长足够的精神能量与精神营养，何况他们较少知道"心灵柱"的成长到底需要什么样的精神能量与精神营养。其次，父母亲人、孩子周围的人群身上每时每刻流露出来的各种言行举止已成为了"心灵柱"成长的精神能量、精神营养，这些精神能量、精神营养没有经过任何过滤、筛选就以各自的方式进入到孩子的"心灵柱"之中，它们哺育着"心灵柱"之中的各种构成物，有的使石头、泥巴、沙子疯长，石壁、泥墙不断厚重起来，有的使窗子不断开启，有的使凝固剂狂长。再次，父母亲人及孩子周围的人群意识不到他们每天都在为孩子制造着大量的精神能量与精神营养，他们都以自己最大的喜好，最稳固的习惯，为孩子源源不断地输送着能量与营养，这些不全面的能量与营养却只让孩子"心灵柱"的某些地方得到充足的成长，打破了围成"心灵柱"的八个板块同步、和谐与正向的成长规律，那孩子的"心灵柱"就不可能得到健康的成长。

如果我们从父母亲人那得到更多的物质关爱，获取更多的物质能量与物质营养，而父母亲人没有更多的言行举止流向我们，或者没有更多正确的言行举止流向我们，那我们是没有得到足够的精神能量与精神营养的，这会使我们的"心灵柱"较少有营养光顾，较少有人类的优秀人格品质碰撞，标有名称的每一块牌子是需要与它同名的优秀人格品质来摘掉的，是需要显示这种人格品质的言行举止来开墙凿壁的，为它开启一扇明亮的窗子。没有更多的精神营养的到来，致使如此多的牌子无人问津，它们只能在风雨中凄凉地摇曳着，孤独无助，而它们身后的石头、泥巴、沙子快速成长。石头由小变大，泥巴、沙子积少成多，本可以不花大力气就可以打掉、移走的石头、泥巴与沙子，却以一种报复人类的姿态坚挺地屹立在那，使得人类为孩子的"心灵柱"开启窗子的工程蒙上一层困难的面纱。孩子"心灵柱"的成长特性早已告知人类，父母只要尽早给予孩子更多的心灵关注，更多的心灵呵护，更多的心灵之爱，就可以及时光顾孩子的那些写满人类优秀人格品质名称的牌子，就可以用相同的优秀人格品质摘掉牌子，开启这一扇优秀的人格品质的窗子，尽早做这一切极为容易，错过时节，只是让石头、泥巴、沙子疯长，人为地致使开窗工程艰难，造成一个生命存在、成长的巨大损失。

如果我们较少得到父母亲人的心灵关爱、心灵呵护，或不能得到父母亲人正确的心灵关爱、心灵呵护，那么亲人之外的任何一个人，或任何一个人群都拥有大量机会用他们的言行举止来养育我们的"心灵柱"，这是我们任何一个孩子都不可能拒绝的。其实，人类"心灵柱"的成长能量与营养就是爱，爱就是对生命的热爱，对生命的珍惜，对生命的敬重，对生命的敬畏。由于"心灵柱"的组成特性，具有石头、泥巴和沙子，也有写满人类优秀人格品质名称的牌子，还有将人引向罪恶深渊的凝固剂，也就有了满足各自成长的精神能量与精神营养。父母亲人、周围人群每时每刻流露给我们的言行举止都可以分别养育石头、泥巴、沙子；可以摘掉每个牌子，开墙凿壁，打掉泥沙，开启窗子；还可以帮助凝固剂快速增长。父母亲人，周围人群流露给我们的言行举止处处都合乎人类积淀下来的优秀人格品质 —— 真善美的品质，而且流露的方式也处处合乎真善美的话，那么它们就是为"心灵柱"开启窗子的精神能量与精神营养。父母亲人，周围人群较少流露言行举止给我们，或流露给我们的方式不合乎真善美的话，那么我们的"心灵柱"较少得到精神能量与精神营养，没有开启窗子的能量，那些标明优秀人格品质的牌子无人问津、无人光顾，致使牌子后面的石头、泥巴与沙子徒长，增加了以后开窗子的难度。父母亲人、周围人群流露给我们的言行举止很多是不合乎真善美的优秀人格品质，或是流露给我们的言行举止较合乎真善美，但流露的方式远离真善美的话，那么"心灵柱"是得到了凝固剂滋生的精神能量与营养，这样反倒让"心灵柱"失去开启更多窗子的机会。

"心灵柱"在成长的过程中多有一点开窗子的精神能量与精神营养，多开启一扇窗子的话，那么它就拥有了开启更多窗子的可能。"心灵柱"是空心的，如果多有一扇窗子，就会多有一束光亮照射到"心灵柱"之中，"心灵柱"就能多看到一种优秀人格品质，就能多拥有一种优秀人格品质，就多了一样识别父母亲人、周围人群流露出来的言行举止是真善美还是假丑恶，是接纳它们还是拒绝它们的能力。"心灵柱"上的窗子越多，"心灵柱"里面就越光亮，"心灵柱"识别、发现父母亲人、周围人群流露出来的言行举止中的优秀人格品质能力就越强，"心灵柱"获取优秀人格品质的能力就越强，"心灵柱"指挥着自己的肉身去执行的那些言行举止更能体现真善美。真善美的言行举止是人类生存、发展的真正动力和最佳的人文生存环境，这样的"心灵柱"与肉身结合的生命是备受人们喜爱，是为人们所接纳的。

"心灵柱"在成长的过程中多了一点滋生凝固剂的精神能量与精神营养，多滋长了一堵凝固剂的话，那么它就封杀了开启更多窗子的可能。凝固剂多一点，就是"心灵柱"中多了一点人类心灵垃圾，"心灵柱"指使肉身执行假丑恶的行为就会多一些，这样，会致使这条生命做出许多伤害他人的行为，这条生命走到哪不是将幸福快乐带到哪，而是将烦恼、不快、痛苦带到哪，人们不会喜欢这样的人，更不会快乐接纳这样的人。

我告诉孩子们，北京人格训练就是要帮助他们去除尽可能多的凝固剂，帮助他们打掉那些长得足够大的石头，拿掉堆积得足够多的泥沙，摘掉足够多的牌子，为他们开启足够多的窗子，让更多的光亮照射到"心灵柱"之中。因为他们错过了开启很多窗子的时节，石头那么大，泥沙那么多，凝固剂那么多，我只有将他们的人格训练活动设置在吃苦头、受磨难的平台上，才有足够的力量打掉他们，为他们开启那一扇扇明亮的窗子。

　　"心灵柱"故事让孩子们了解了自己"心灵柱"的来历，了解了"心灵柱"的成长可以是开启更多明亮的人类优秀人格品质的窗子；可以是让标明人类优秀人格品质的一块块牌子无人问津、无人光顾，凄凉地挂在那，任由它背后的石头、泥巴、沙子疯狂生长；可以是让来自人类心灵垃圾的假丑恶逍遥自由地进驻"心灵柱"滋养一堵堵凝固剂；还可以是窗子、石壁、泥墙与凝固剂共生共长。"心灵柱"的成长就是个人的精神生命的成长，人类精神生命的成长一直是在追求获取更多的真善美，享有更多的真善美，因此，只有"心灵柱"开启更多明亮的窗子才是人类生存、发展的方向。北京训练的心灵辅导课程上，我告诉孩子们，开启尽可能多的窗子才是"心灵柱"的正确成长方向，孩子的父母、老师与孩子周围人群要尽力去流露真善美的言行举止给孩子，孩子要尽力用已开启的窗子去识别父母亲人、周围人群流露出来的言行举止的真假、善恶、美丑，吸纳开启窗子所需要的精神能量与精神营养，开启尽可能多的窗子。

从"心灵柱"的故事中我们知道，每个孩子的"心灵柱"是和他（她）的肉身一起成长的，不论孩子知不知道，也不论孩子的父母亲人、周围人群知不知道"心灵柱"的成长特性，"心灵柱"每时每刻都在吸纳父母亲人、周围人群所流露出来的言行举止，各种言行举止都在滋养着"心灵柱"上的各种组成物。这一特性明确告诉人类，孩子的"心灵柱"成长是可以控制的，它的成长样式、成长过程、成长结果也是可以选择的，这就取决于让孩子的"心灵柱"接受什么样的人群的言行举止，接纳什么样的言行举止，吸纳什么样的精神能量与精神营养。人类生存的动力是真善美的优秀人格品质，人类生存的人文环境也是由真善美的人格品质所孕育的，这决定了我们要让孩子的"心灵柱"浸泡在真善美的人格品质之中，让孩子的"心灵柱"沐浴在真善美的言行举止之中，唯有如此，孩子的"心灵柱"才可能吸纳到开启窗子的精神能量与精神营养，孩子的"心灵柱"上开启大量的窗子，才可以指挥肉身做出真善美的言行举止。

为孩子建构一个真善美的言行举止环境，让他人真善美的言行举止时刻滋养着孩子的"心灵柱"，时刻敲打着石壁、泥墙，摘掉牌子，开启窗子，我们就在完成着孩子的人格教育。人格教育客观上要求孩子父母亲人、周围人群都向孩子流露充满真善美的言行举止，特别是孩子的父母亲人。这一要求对于孩子身边的人群来说，对于孩子所生活的社会人群来说，不是一件易事，因为人们的"心灵柱"上不是开启了尽可能多的窗子，不是尽可能多的人类优秀人格品质已进入了人们的精神生命之中，人们"心灵柱"上有什么样的窗子，人们就会执行什么样的真善美的言行举止，人们"心灵柱"上所没有的窗子，要人们执行出那样的真善美的言行举止是完全不可能的，相反，人们"心灵柱"上有什么样的凝固剂，他们就会执行出什么样的假丑恶的言行举止。人们流露什么样的言行举止给这个社会，给社会中"心灵柱"正在成长的孩子们，不取决于他们想要流露什么，而取决于他们的"心灵柱"上有什么，所以，为孩子建一个真善美的言行举止的生存环境是十分困难的。在这当中，我们所能做的努力是让与孩子联系最为紧密的父母成为建构真善美言行举止环境的使者，这是可能的，也是可以做到的。父母生育一个孩子的根本价值在于把这个孩子培养得比自己伟大，这一价值的实现可以驱使父母改变自己"心灵柱"的状态，这一价值的实现成为父母改变自己"心灵柱"状态的根本动力。父母借助这种力量完全可以完成自己"心灵柱"开启更多窗子的工程，虽说父母"心灵柱"上石壁、泥墙已厚重无比，但这股力量是无坚不摧的，只要父母真正了解了"心灵柱"的故事，懂得了孩子"心灵柱"成长所需要的真善美的言行举止，他们一定会去寻找真善美，这股力量就会从父母的灵魂深处迸射出来，父母就会借着这股伟大的力量去改变自己的"心灵柱"，就会重新雕塑自己的人格。

我冒着巨大的风险将380名孩子带到北京完成人格训练，根本目的在于让这380名孩子历经一道道的训练，体验一道道的磨难，吃尽一个个的苦头，为他们建构一个充满真善美的人文生存环境，为他们开启"心灵柱"上的一扇扇窗子，让孩子们在这个艰辛的开启窗子的工程中，流下滴滴泪水，流下滴滴汗水，能够唤醒、震醒全天下的父母，不要再无视孩子"心灵柱"的成长，不要再任由自己的"心灵柱"恣意指使那些假丑恶的言行举止流露给孩子，不要再让孩子身边人群的言行举止不经过滤就流向孩子，这一切将与我们培养孩子的伟大愿望背道而驰。380名孩子在北京的艰辛训练，训练全过程他们一直在哭泣，因面临磨难、吃尽苦头，委屈憎恨父母而哭，因自己实现了一个个不可能，感动而哭，因感恩父母给予自己这一切而哭。从孩子一开始进入训练，面临磨难，吃尽苦头，与任何一个到北京的夏令营相比，觉得自己受尽了委屈，凭什么自己要到北京受这种罪，父母真是心太狠，这种情感支撑着他们放声痛哭，哭出了他们心头对父母的恨，对训练营的恨，对训练活动的恨。这种哭泣真实地表明孩子们的"心灵柱"上开启的窗子不多，因为，我将人类很多真善美的人格品质纺织到训练内容与训练方式中去，孩子们的"心灵柱"中要有这些窗子，这些人格品质，他们就会受"心灵柱"的指使去执行这些真善美的言行举止，孩子要能够产生这些言行举止，他们就不会感觉到训练是困难的，训练是在吃苦头。孩子们的哭泣表明他们的"心灵柱"在过去的成长过程中较少得到开启窗子的精神能量与精神营养，孩子们哭泣向全天下的父母表明，他们较少得到人格教育。

当我让孩子们白天完成肉身训练，晚上接受心灵辅导、情感辅导后，也就是营造了真善美的人文环境给他们后，他们的"心灵柱"得到了开启窗子的精神能量与精神营养，为他们开启了一扇扇的窗子，一个个人类优秀的人格品质指挥着他们的肉身，做出了真善美的言行举止，让孩子们觉得可以很轻松地完成一道道训练，可以喜悦地接纳一道道磨难，他们看到自己完成了一件件不可能做到的事，实现了他们人生中的一个个第一次，他们被自己感动而哭，他们感觉到"心灵柱"在快速成长，上面开启的窗子越来越多，孩子们看到自己小小生命的价值。孩子们看到自己的进步，自己的快速成长，自己做出了任何一个北京夏令营的孩子做不到的事，感恩这扇窗子开启了，孩子们学会了感恩，懂得了感恩，他们不再憎恨父母，不再憎恨训练营，不再憎恨训练活动，他们感恩父母，感恩训练营，感恩训练活动，感恩北京。孩子们的哭泣向全天下的父母表明，孩子们正值"心灵柱"快速成长的时节，给予、给足他们开启窗子的精神能量与精神营养，多少扇窗子将会及时开启，这短短十四天的北京训练为孩子开启的窗子远远超过他以往开启的，孩子们"心灵柱"的成长速度远远超过他们肉身的成长。本书所讲述的给予孩子们的优秀人格品质全是这短暂的十四天训练中开启的窗子。

我告诉孩子们，父母是给予自己"心灵柱"成长，开启更多窗子的老师，除去父母之外，老师也是为我们开启"心灵柱"窗子的人，还有一个最为重要的人就是自己。自己可以为自己开启更多的"心灵柱"窗子，我们可以借用已开启的窗子光亮来识别周围人群身上所流露给我们的言行举止，从中识别出哪些是我们的"心灵柱"开启窗子所需的精神能量与精神营养，识别出哪些是滋生"心灵柱"上面的凝固剂的能量与营养，从而接纳、吸纳开启窗子的能量与营养，拒绝、堵死滋生凝固剂的能量与营养。我告诉孩子们，一定要扩大自己的生活领域，体验更多、更为丰富的生活，历经更多的风雨，拥抱更多的磨难，目的是让自己接触更多人群的言行举止，识别更多的精神能量与精神营养，吸纳更多的能量与营养，让人类更多的优秀人格品质光顾自己的"心灵柱"，环视自己"心灵柱"上挂满的那些优秀人格品质的牌子，尽可能不让这些牌子遭遇冷落，不让牌子背后的石壁、泥墙荒芜后，以报复的力量疯长，增大日后开启窗子的难度。

我给孩子们一把金钥匙，用它可以打开一扇门，那道门里储藏着无数的优秀人格品质，这把金钥匙就是学习语文。语文书里的每一篇文章，都凝聚了很多个优秀的人格品质，语文课上老师将一个个凝固在文章中的优秀人格品质解冻、活化，这是我们"心灵柱"成长，开启窗子需要的巨大精神能量与营养，我们要好好抓住这一时刻，让这些巨大的能量与营养流进"心灵柱"，寻找到挂着这些优秀人格品质的牌子，摘掉牌子，凿壁挖墙，开启一扇扇明亮的窗子。当我们的"心灵柱"上有了这些窗子，这些优秀的人格品质后，"心灵柱"中就有了更多的光亮，这些光亮更能帮助我们去识别人们的言行举止，能让我们从现实生活中吸取更多的开启窗子的能量与营养，让我们的"心灵柱"及时开启更多的窗子，减少日后开启窗子的难度。我们的"心灵柱"有了越来越多的窗子，我们的肉身就会接到越来越多的命令去执行真的、善的、美的言行举止。

当父母的言行举止越来越体现出真善美，父母的优秀人格品质越来越多，父母为孩子过滤社会人群的言行举止的能力越来越强，父母给予孩子开启"心灵柱"窗子的精神能量与营养越来越多，孩子从课堂那吸纳的能量与营养越来越多，那么，孩子的"心灵柱"成长速度就越来越快，开启窗子的工程越做越大，越做越容易，孩子超越父母，发展得比父母伟大得多的机会与程度越来越大。孩子的成长就是长身体，让身体茁壮成长，就是长"心灵柱"，让"心灵柱"开启尽可能多的窗子，让人类尽可能多的优秀人格品质移植到孩子的心灵之中。

下 部
心 灵 辅 导
之 三

"心灵柱"上每多一堵凝固剂，意味着孩子开启窗子的地盘就少了很多，孩子言行举止偏离真善美太远，孩子执行假丑恶言行举止机会增多，孩子生存、成长风险加大，甚至毁灭生命的可能性增大。北京训练的心灵辅导课程上，我明确告诉孩子们要封死凝固剂进驻"心灵柱"的所有通道，一定要不断减少凝固剂进驻"心灵柱"的机会。让孩子一定要尽早尽可能多地开启心灵之窗，多一扇窗，就争取了一片开启窗子的土地，就可以不断减少已有凝固剂存在的可能，就可以阻止了更多凝固剂的到来；让孩子一定要远离那些隐蔽性强，狡猾，容易引人上当的人类心灵垃圾，远离充满假丑恶的言行举止，这样才可以封死凝固剂进驻"心灵柱"的所有通道，才真正可以确保"心灵柱"上开启尽可能多的窗子，才可以保证自己的生命得到很好的存活、发展的机会。

每个人的"心灵柱"上都会存有一定的凝固剂，凝固剂就是人类的心灵垃圾，是假丑恶的东西。有些凝固剂是我们从父母那获取的，可更多的凝固剂是我们后天成长过程中，从父母亲人、周围人群的言行举止那获取的。凝固剂有着与窗子一样的生成特性，"心灵柱"上每多一扇窗子，就有助于另外几扇或很多扇窗子的开启，"心灵柱"每多一样凝固剂，就有助于另外几堵或很多堵凝固剂的生长。"心灵柱"每天的成长不外乎是窗子的开启，凝固剂的生长，石壁泥墙的增多，只不过看哪一种成长速度更快，这取决于"心灵柱"所接收的精神能量与精神营养的种类及多少而已。要阻止凝固剂的滋生，我们首先一定要阻止"心灵柱"中原有的凝固剂与外界人们言行举止中的假丑恶相会合，它们一旦会合，原有的凝固剂就会帮助"心灵柱"吸纳这些人类心灵垃圾。要做到阻隔，我们需要完成两件事，一件是尽量快速开启更多的窗子，用来自心灵的力量来摧毁"心灵柱"中一堵一堵的凝固剂，尽量减少"心灵柱"中的凝固剂；另一件是让我们自己远离人类假丑恶的东西，不让这些东西有机会接近我们，触摸到"心灵柱"中的那些凝固剂，要让我们远离假丑恶的东西，我们就必须学会识别生活中人们的哪些言行举止是形成凝固剂的，最重要的就是避让那些容易进入我们"心灵柱"滋生成凝固剂的毁害性强的东西，这些言行举止残害了很多孩子。

第一，享乐主义，这个坏家伙以悦人耳目的方式出现，进入到很多孩子"心灵柱"之中。被它入侵的孩子整天就想着好吃的、好喝的、好玩的、好用的、好听的，他们学习的精力全被享乐主义占用了。只见这些孩子不断地向家长要钱，家长不给就威胁家长，甚至开始偷家中的钱，把钱用来享受。每天去泡酒吧，去娱乐厅，去茶吧聊天、打扑克、打麻将，或进餐馆，过着挥霍享受的生活，学习早被他们忘得无影无踪。年少时节正是接受学习的好时光，却离开了学习，这是他们生命成长中的巨大损失。他们所过的这些生活中有很多黑暗家伙，也就在这个时候进入了他们的心灵，以至于他们"心灵柱"黑暗面越来越大，这些孩子未来有一部分人要走入人类生命最不自由的地方——监狱，有一部分人将成为社会最为底层的人，因为他们没有可以指导、教会他们适应其他层次的社会环境的经验，而只能适应社会最低层次的生活环境，过着苟且偷生的日子，整个生命也只经历了人类生命的最低生活——活着而已。

第二，各种电子游戏、网络游戏。这些家伙对孩子的诱惑是最大的，欺骗性也是最大的，伤害性也是最大的。因为它们把现实生活中人们要通过艰辛劳作才可能获得，或付出一生心血也追求不到的各种美好事物，通过屏幕上的精美画面呈现出来。它们很会利用人类大脑接受信息不分真假的特点，就将自己装扮得很吸引孩子的眼球，将自己身上发出的声音弄得十分动听，孩子的耳朵一听就被它们俘虏了。它们把自己的出现弄得极为简单，只要孩子用手不断轻轻触摸键盘按钮，用鼠标轻轻一点，屏幕上的它们就开始出现。它们出现以后，满足孩子们的所有心愿，只要孩子坚持坐在电脑旁，把时间、体力、精力给他们，它们就不断地把孩子想要的东西给他们，孩子没有想到的美好东西，它们也给孩子。它们这样做，就是要让孩子获得快乐，取悦孩子，孩子就会凭着这一份快乐，就会在这一份快乐的激励、推动下，长时间光顾它们。因为孩子在玩它们时，获得了快乐，孩子的大脑不分这快乐是真，还是假，只知道它为孩子接受到了一份快乐。孩子本该用于学习的时间、体力和精力全被这游戏给抢占了。孩子要靠学习获得的知识和经验来帮助自己实现梦想是需要有一段时间的，而且需要孩子付出巨大的辛劳，可在游戏当中，孩子立即就可以实现他们的各种梦想，想要什么，什么马上到来，不想要什么，什么永远不会到来。游戏就这样不断欺骗着孩子，不断让孩子的大脑接收到虚拟的真实，不断让孩子迷恋于它们，让孩子宁愿放弃学业，放弃美好前程，放弃父母的伟大希望，放弃自己正常的生活，放弃自己的健康也不能放弃它们。游戏让沾上它们的孩子上瘾，孩子们喜欢屏幕里所出现的一切美好世界，只要沉溺于游戏画面之中，孩子们如醉如痴，酣畅淋漓，像被灌了迷魂药一般，一离开游戏画面，回到现实生活中来，孩子们就觉得事事不顺眼，处处不如意、不称心。孩子们习惯于充当游戏当中的重要角色，游戏中的所有角色都要配合于它，听他使唤，可回到现实生活当中他们不可能拥有这样的人际交往场景，所以孩子们不再愿意与生活中的人打交道、沟通和交流，他们讨厌生活中的所有人和事，只想沉浸于游戏世界当中。游戏就这样把一个个孩子给坑了，给害了，给毁了。

第三，不良网络资讯。那些心灵中大量充斥着心灵垃圾的人，"心灵柱"黑暗面多于光亮面的人，将他们心中的心灵垃圾大量复制在网络世界之中，使得网络世界也备受心灵垃圾的污染。上面大量出现黄色淫秽、污浊不堪的新闻、图片、小说和影片，这些东西是人类最邪恶、恶臭的心灵垃圾。人类生命拥有的性行为被那些丑恶的灵魂肆意践踏，大肆破坏，人类性行为的道德标准被随意撕毁，他们无视人类生命尊严的存在，将人类性行为堕落化、腐朽化，大肆渲染人的性欲本能，将人类生命发展长河中所净化出来的性文明统统残杀，要把人类生命退还到比原始时期还要退步的境地，这是反人类生命发展的丑恶行径。如果我们正值青春发育期的少年看到这些黄色淫秽的各种音像制品，文字图片，那么，孩子们身上因性器官的发育，引发的对异性渴望了解，渴望接触这种正常的心理和情感需求就会被引上邪路，遭到完全的修改，孩子们正常的学会了解异性，与异性相接触的美好理想早被抛入九霄云外，人类到这个阶段正常的心理和情感需要就会被那些淫秽画面、淫秽文字强烈刺激，开始变脸，突然变成一种强烈的生理需要，这种生理需要出现在少年身上，彻底让孩子们失去了性生理、性心理和性情感正常发展的各个阶段，而这些阶段对于一个孩子来说是非常重要的，这些发展阶段是孩子们大量接受性领域中人类各种高质量人格种子的时期，孩子们拥有这些高质量种子，才懂得男性是什么样的，女性是什么样的，才会与异性正常友好交往并建立友谊，未来才懂得什么是爱情，才会去追求美好的爱情，未来才会有美满幸福的婚姻和家庭。强烈的生理需要刺激着孩子，他们又失去了一切发展自己性生理、性心理、性情感的美好过程，孩子们在这些淫秽画面、文字的刺激推动下，被退化成比原始人还不如的动物，与动物已没有任何区别，步入了动物的交配生活。沾染了黄色淫秽画面和文字的少年不仅毁灭了自己做人的权利，将自己人类的生命退还到动物，同时他还要残害更多的异性少年，步入性犯罪。

多少少年被黄色淫秽的东西给毁了，就因为他们不知道黄色淫秽是人类的心灵垃圾，一旦沾染，就像掉进了万丈深渊，很难得到人类的拯救，生命就这样还没有得到发展就被毁灭了。我们所有的孩子，懂得了这个黑暗家伙对生命的残害性，毁灭性，我们一定要远离它们，不让它们侵入我们的"心灵柱"，不让它们毁坏我们渴望对异性的了解，渴望与异性正确交往的心理和情感的需要，我们每个人一定要经历人类该有的那些性生理、性心理和性情感的发展阶段，少了这些阶段，生命就得不到很好的发展。孩子们，黄色淫秽这个黑暗的东西头上写着"黑暗"两个字，远远的我们就能看到它们，所以远离他们并不难，只要我们对它们充满憎恶、憎恨，他们将永远也挨不上我们的边儿。

网络上除去黄色淫秽东西之外，还有很多让我们迷恋的东西。网络小说，上网聊天等都是容易让我们自控能力还不是很强的孩子着迷的，一旦着迷，孩子们的时间、体力和精力就会被它们大量占用，我们用于学习的时间、体力和精力将会大大减少，学习就会受到严重影响。所以，对网络小说和上网聊天，我们只能是适当接触，最好是请父母亲人做自己的卫兵，让他们提醒你什么时候该做什么事情，充分安排好自己的时间，分布好自己的体力和精力。

第四，混乱性行为。在我们生活的周围，有很多孩子受到淫秽物品的诱惑，或因看到影视当中的性行为场面，引发了他们的生理欲望，他们受欲望驱使去实践性行为，他们的性行为违背人类生命发展至今所总结积累的所有性文明，所以，我们将他们的性行为称为混乱性行为。第一，人类性文明告诉人们只有进入婚姻的人产生性行为不仅受到社会的同意、保护，而且人们的性行为是与爱情相融合在一起的，这是人类性文明的体现。那些产生性行为的少年，他们没有婚姻，还没有走到婚姻年龄就去产生性行为，他们的性行为是要受到社会强烈谴责、斥责，是得不到社会任何保护的，反而还要承担相应的惩罚结果。第二，进入婚姻的人是经历了人类生命正常的性生理、性心理和性情感的发展阶段的，当他们的性生理、性心理和性情感都发育成熟时，他们就会去追求自己的爱情，他们追求到了爱情，经历了爱情的发展阶段，爱情成熟了，他们才会走入婚姻的，所以进入婚姻的人他们有了成熟的性生理、性心理和性情感，在此基础上产生的性行为，才是人类真正的性行为，人类将它称之为"伟大的性爱"。那些产生性行为的少年，很多孩子性生理都还没有发育成熟，更谈不上性心理和性情感的发育，在性生理、性心理和性情感没有发育成熟的前提下，这些孩子之间是不会存在爱情的，真正的爱情只会产生在两个性生理、性心理、性情感都发育成熟的男女之间，没有爱情的性行为不是人类性文明所指向的性爱，这些孩子的性行为毁损了自己的性生理、性心理和性情感的发展，他们提前将一个自己不知道的苦果吞了下去，这个苦果发出的苦味会毁损他们未来的爱情，毁损他们未来的婚姻家庭幸福。第三，那些产生了性行为的孩子，不思进取，整日沉溺于动物本能的性欲望之中，没有任何心思再去关注自己的学业发展，学业从此荒废。

混乱性行为是非常容易识别的，没有进入爱情，没有进入家庭的性行为都是混乱的，我们得知身边这种混乱性行为，一定要远离他们，一定要对他们嗤之以鼻，坚守好我们身体上的性器官，不容任何人冒犯，这是我们作为人的神圣与尊严。只要我们对这些混乱性行为投以憎恶、憎恨，他们是无法进入到我们的心灵之中的。

第五，残暴、凶残和暴力。这些是毁灭生命的丑恶力量，生命在它们的眼里得不到尊重，得不到爱戴，得不到珍惜，得不到敬畏，生命在它们的眼里还不如一草一木。它们是反人类的，它们以不断凌辱生命为自豪，以不断压制生命为骄傲，以不断残害生命为光彩。生命一旦遇到它们，没有了威严，没有了安全，没有了保障。生命一旦拥有它们，也就开始成为反人类的力量。残暴、凶残和暴力弥漫于我们生活的各个角落。从幼儿园的孩子那，我们就可以看到它们的雏形，它们的模板。孩子受到一点委屈，一点外力的压制，一点小小的伤害，他们的爸爸、妈妈就会斥责他们，怎么那么笨，那么胆小，怎么不用自己的拳头去揍那欺负自己的家伙，这是包裹在孩子身边的残暴力量。孩子犯了错误就施以暴力，父母的巴掌和棍棒教会了孩子用武力解决问题，这是孩子抹之不去的学会凶残的课堂。孩子在学校看到，对别人施以暴力，对他人显示残暴，他就可以让所有人怕他，这是同伴的典范，孩子会效仿这典范。

残暴、凶残和暴力注定是要压制生命、凌辱生命、残害生命的，可这个社会是保护生命、尊重生命、热爱生命、珍惜生命、敬畏生命的，施以残暴、凶残和暴力的人终究要受到法律的制裁，终究要成为阶下囚的，终究要自我毁灭的。遇上残暴、凶残和暴力的生命是有极大危险的。孩子们，我们知道它们是黑暗家伙，也一样要远离他们。自己既可以得到一份安全，一份尊严，又不会被它们所光顾自己的心灵。有了生命的保障，我们才有学业的发展。

第六，毒品吸食。所有的孩子都知道毒品的危害，自己不会去接触，可是，很多吸食毒品的人没有哪一个是自己想去吸食的。很多孩子挨上毒品都是中了别人的圈套，中了别的计谋的。谁会让我们吸毒，我们根本不知道，没有哪一个人头上写"黑暗"两个字。教唆人们吸毒的人是最为隐蔽的，人们很难发现他们的存在。但是，这些人寻找吸毒目标也是有对象的，他们不会见一个人就去引诱，他们的眼光总是盯着那些成天不把心思放在学业上的孩子身上，放在那些游手好闲的人身上。一个学习专心致志的孩子，那些人是不会盯上他的，他们知道把时间、精力放在他的身上是不会有任何结果的，这样的孩子学习好，懂得的东西多，很会鉴别什么是好，什么是不好，因此他们不会去关注这些孩子。他们最喜欢寻找的对象是那些不学无术，心灵中都是一些低下的人格种子，无法辨别真善美与假恶丑的孩子。

所以，孩子们，你们一定要把心思放置在学校学习和社会实践学习之上，自己获取的知识和经验越多，分辨是非好坏的能力就增强，就可以做到自己保护自己，就可以让那些引诱青少年吸毒的坏人远离自己，永远找不到自己的头上来。

第七，沉溺于舒服的生活。我们的家庭自打我们还很弱小的时候，他们就给予了我们较为舒服的生活，那是父母亲人给予我们的爱，但也让我们养成了喜好舒服生活的习惯。我们一路成长中总是要求家庭给予我们更多的舒服生活，但这是我们最不能鉴别的黑暗家伙，它最阴险、最狡猾、最会暗箭伤人，伤害了我们，我们还在不断地感谢它，喜爱它。我们很多孩子不能很好地去学习，就是因为我们的环境过于舒服，没有让我们学习的理由与机会，天长日久，我们会觉得学习是多余的，与自己舒服的生活没有任何关系，感受不到自己要活着得靠学习，因为自己不学习，照样天天有饭吃，有衣穿，有床睡。但是，如果自己长大到必须结束这种享受结果的生活时，就能感受到自己每一秒钟要活着，靠学习的现实，可是，为时已晚，头脑空空，就连指导、教会自己去适应简单的洗衣、做饭环境的知识和经验都没有，他怎么敢出去独立生活呢，那就死皮赖脸地让老爹老妈继续提供那只有结果的生活吧，继续闭着眼睛，睡着大觉，张着大嘴去啃那父母吧，啃得一天是一天，能啃一天就一定要啃一天。

　　我们要尽可能积极主动地提醒父母亲人不要再向我们提供舒服的生活，相反，慢慢减少我们生活的舒服程度，最好能过上勤俭朴素的生活，吃、穿、住、行、用的东西只要能满足我们的需求就可以，想要得到更好的生活，就靠我们所拥有的知识与经验指导、教会我们去适应那个环境。就像北京训练的五分钟洗澡，那些长头发的女孩子想让自己洗得好一点，她们就会动用脑海中的知识和经验，让她们在排队等待之时，就开始干洗自己的头发，等轮自己洗澡时，就不用再花时间去洗那头发了，只管站在水龙头下，自己擦洗着身体，任凭那水自动冲洗着自己的头发，等身上擦得差不多时，自己的头发也就冲干净了。这就是她们利用已有知识和经验指导、教会她们更好地适应环境，更好地洗澡。

　　上面的这些毁灭性的家伙随时守候在我们身旁，守候在"心灵柱"外面，它们是破坏我们身心健康成长的心灵垃圾和劣质人格品质，只要我们尽可能快地消除"心灵柱"上一堵堵的凝固剂，尽可能识别出它们狡猾、狰狞的面孔，尽可能远离它们，尽可能开启更多的窗子，我们就可以将人类该做的事做到、做好、做大、做深、做透，就可以永远不去做人类不该做的那些假恶丑的事情。这样，我们的生命就可以得到健康成长，我们作为人的价值就可以发扬光大。

在过程中好奇与求知

下部
心灵辅导
之四

学习是人类最喜爱的生存活动，但对于现在更多的孩子来说却是一件苦差事，孩子只要不提学习，做什么都可以，一提学习厌烦的情绪布满心头。要想让孩子喜爱学习，就要让孩子天生的好奇心与求知欲得到充分的释放。在北京这些充满人文精神的训练课堂中，到处布满了引发孩子好奇心与求知欲的宝藏，只要训练方式设置更适于孩子运用他的好奇心与求知欲，那么孩子一置身于这些训练课堂之中，他们的好奇心与求知欲将如同开了闸门的洪流一般，狂奔向前。孩子们正是凭借着训练要求，使用着他们的好奇心与求知欲，快速将自己培养成一个个熟知所到达训练课堂的小导游。

　　好奇心是我们每个人的天性，正是由于好奇心的存在，才推动着人类的认识领域不断扩大。好奇心强的人，很容易关注事物，很容易产生求知欲。人的生命历程就是不断求知的过程，生命的九大板块需要在求知的过程中得到发展，人与人之间的根本差异在于生命九大板块得到知识滋养的程度不同。父母养育孩子，最重要的是培养孩子的好奇心，激发孩子的求知欲。老师教育孩子，最重要的也是培养孩子的好奇心，激发孩子的求知欲。孩子有了这一笔财富，可以经营好自己的一生，学习可以与他终身相伴。

■ 没有过程的生活是孩子好奇心丧失的杀手锏

　　然而当代孩子成长中出现一种令人担忧的倾向：丰富多彩的生活在他们的世界里犹如过眼烟云，生活在他们的世界里，一闪而过，无踪无影，很难看到什么东西驻足在他们的世界里，很难看到他们去探究某一领域。所以，我们常听到家长、老师们的抱怨声：现在的孩子怎么对什么都不感兴趣，能引发他们好奇心的东西实在是太少太少了；孩子现在越来越厌学，越来越难教；孩子的生活够丰富的了，为什么作文写得如此平淡无味，为什么越来越多的孩子不会写作文；孩子做家庭作业，完全是一件痛苦的事。面对这一切当代孩子所表现出来的好奇心的弱化，面对孩子们求知欲的直线下滑，不得不引起父母、老师与社会的高度重视，我们不得不去思考，不得不去改变这现状。

　　激发孩子们的好奇心与求知欲是我们训练中的一门重要课程。好奇心是每个孩子的天性，我们所要做的工作无非是释放孩子们被紧紧锁住的好奇心，好奇心一旦被释放，孩子们的求知欲就紧接着产生了。孩子们的好奇心被谁锁住了？被他们所拥有的生活锁住了，被提供给他们生活的父母亲人锁住了。当代独生子女的出现让父母之爱发生了巨大方向改变。家中只有一个孩子，父母的心血只用流向他（她），父母的期望也只全部寄托在他（她）身上，父母花费很多的时间和精力来关注这孩子每一天的成长，社会生活条件提供了足够让父母构建孩子未来的材料。但这一切仅只是让孩子生活在父母划定的生活圈中，一切生活都是父母精心策划、安排的，孩子没有安排自己生活的权利和自由空间。孩子们过的生活，犹如我们搬进五星级宾馆式服务的高级公寓，什么也不用管，什么也不用操心，只用带着自己的换洗衣物就可以进住了。孩子们只用空着手就可以过他们的生活了，从来没有任何一点机会让他们考虑自己生活的事，他们用不着担心任何事情，大到生命安全，小到上床睡觉盖被子，一切早已有了安排。试问天下父母，过着这样生活的人，他还需要对什么事情产生好奇吗？好奇心是针对不了解的事物才可能产生的，孩子的生活世界中，他不需要去面对任何家务活，他不需要界入解决任何家庭生活问题，他碰不到生活中的更多问题。

如果把人们每天的生活分为前段、中段和后段，前段与中段都是生活的过程，后段是过程产生的结果，那么我们所不了解的事物主要出现在前段与中段这个过程中，而孩子的生活既不是前段，也不是中段，只是后段。也就是说，孩子从未进入过生活的过程，而总是在领略享受着结果。任何生活中新奇、不了解的事物总是被父母他人所包揽，孩子所拥有的生活不是全真状态生活的全部，孩子被隔断了与新奇事物、陌生事物的接触，被父母所谓的爱，被父母呕心沥血的爱，被父母可以为孩子付出生命的爱给隔断、阻断了，换句话说，父母用尽心血、耗尽财力为的只是彻底泯灭孩子身上最为敏锐的好奇心。

■ 发现最日常的用品，了解最高端的产业

我们要想重新激发孩子们的好奇心，只有还生活的本来面目给孩子，让孩子经历生活的全过程。在训练活动中，孩子们每天每分每秒的生活都是由他们自己掌握的，全过程都是他们自己经历的。在这种生活中，孩子们的好奇心得以释放。有一次，在餐厅吃完饭后，孩子们去盥洗间洗碗，他们发现水台上放置着两个饮料瓶，上面有盖，盖上有几个小孔，里面装满透明液体。几个孩子都觉得很奇怪，他们又跑到另外一间盥洗室，发现水台上同样放着两个这样的瓶子，他们开始研究这两个瓶子搁置在这里是干什么用的。终于，有一个孩子拿起瓶子，将瓶中的液体挤到手心中，闻一闻，搓一搓，发现瓶子里装的是洗洁精。他欢呼着告诉其他孩子。两瓶不起眼的饮料瓶，里面装满洗洁精，这是餐厅为孩子们准备的，但我们不准备告诉孩子们，目的是看他们洗碗时，冷水去不了油腻，要解决这个问

题时，能否发现这一小小新奇东西的用处。

北京的一切对于我们每一个孩子来说，都是新奇的，在北京的训练中可以做到处处激发孩子们的好奇心，激发他们的求知欲。我们到北京的第一个课堂是中关村电子商业城 —— 海龙大厦。将中关村电子商业城安排成第一个课堂，初衷是想让孩子了解中国的IT业的发展，从这些代表着最新科技的使用产品入手，引发孩子们的好奇心，激发孩子们对这个领域的求知欲。因为IT业是人类生活发展的主体产业，孩子们应该尽早了解这一领域，走进这一领域，追求在这一领域中的发展，以此激发孩子对学习的热爱，激发孩子们的求知欲。因为海龙大厦IT产品应有尽有，全国最新产品都集中在这里，这里是全国IT产品的批发中心，全国著名的IT大商家都云集在这里。孩子们在这里的训练课程为：在规定时间内，与七个家庭成员一起逛遍海龙大厦的所有商铺空间布局；了解这里的全新产品动态；了解这里的货品质量；了解这里的价格水平；了解这里的销售商家情况；了解这里的服务质量；了解这里销售人员的专业素质；了解这里的销货方式；了解这里的发货效率；了解这里的新产品更新速度；了解这里云集的著名大商家；买到你最喜爱的商品并尽可能做到物美价廉；在规定时间，七个人一起到达指定地点集合。除去七个人在一起活动、在规定时间内到达指定地点三个条件限制下，孩子们在完全自由的状态下去完成以上训练课程。这是给予孩子全过程的生活，还生活的本来面目给孩子，让他们在这种自己掌握的生活里，度过他们的训练生活。在这种生活中，能最大限度激发孩子们的好奇心，最大限度激发孩子们的求知欲。训练结束，很多孩子告诉我，这里让他们大开眼界，大长见识，他们对IT产品实在是感兴趣，他们将来一定要从事IT业，有的还决心将来也到中关村开设他自己的公司。

到北大、清华去采访学子精英

选定北京大学、清华大学为训练课堂是因为这两所全国著名的高等学府是最能激发孩子们的好奇心和求知欲的地方。在去北大、清华训练前的头天晚上，孩子们上了关于北大、清华介绍的课程，孩子们对这两所高校有所了解，让孩子们充满好奇的地方实在是太多了，他们多么想了解：为什么走进北大、清华的学生，就可以俯瞰全世界；为什么说北大、清华是中国大学生了解世界的窗口；为什么说北大、清华对中国的发展有着巨大贡献；为什么北大、清华在国际上很有影响力；为什么北大、清华是全国每年高考状元最集中的地方……带着如此多的好奇，带着如此多的问题，他们走进北大、走进清华，他们对北大、清华的一草一木都充满好奇。为了让孩子们全面深入了解、体验、感受北大、清华，我让孩子们采用采访、调查、交谈的方式来完成他们的训练。只要北大、清华允许进去的地方，孩子们尽可能去到，只要校方允许看、允许听的尽量看到、听到，只要能采访、别人愿意接受采访的北大人、清华人都可以去采访。

孩子们带着对北大、清华的憧憬、好奇，带着强烈的求知欲几乎走遍了北大、清华。他们来到教学楼，走在长长的楼道里，感受着这神圣的知识殿堂；他们站在门外，看着在教室里上自习的北大、清华学子；他们走进空着的教室，坐在教室里，站到讲台上，用粉笔在黑板上写写字。他们来到学生宿舍、公寓区，感受着学子们浓厚的大学校园生活气息。他们来到体育场，到跑道上跟着大学生一起跑，一起做着各项运动。他们在图书馆外围感受着最浓厚的学习氛围。就连教职工宿舍区他们也要去参观，去感受北大、清华老师们的生活。他们在校园的每一个角落感受着北大、清华老师、教授们的风采，感受着本科生、研究生、博士生、留学生的精神风貌，感受着北大、清华各不相同的文化氛围。北大、清华风格样式迥然不同的建筑物深深地吸引着孩子们，吸引他们去追寻不一样的根源。无数个好奇的地方，引发着孩子们加大采访力度，只要他们弄不明白的，就肯定要找人采访打听。

通过采访、调查、交谈的活动方式，孩子们知道了关于北大、清华很多很多的历史，北大、清华很多很多的故事。找到了他们最想知道的一连串问题的答案。北大、清华的训练，快速地激发了孩子们的好奇心与求知欲。他们自己提出了一个又一个的问题，请教着一个个北大人、清华人帮他们解答，这就是他们的训练活动，全然是一种自学成才的训练方式。只要能引起他们好奇的，他们一定会提出问题，一定会去请教北大、清华遍地都是的"老师"。我们整个团队因好奇所产生的问题，通过请教得以解答的加总起来恐怕是任何一个导游也比不了的。北大、清华训练释放了孩子们好奇的天性，他们越战越勇，求知欲越来越强，有的孩子居然采访到办公室、研究室、学生宿舍里去了，而且接受采访的人还非常乐意接受他们的采访，因为这些受访者被孩子们的求知欲所深深感动。孩子们得到了多少被采访者的鼓励，激励他们将来一定考到北大、清华读书学习。

训练结束后，孩子们给我讲了很多很多我从不知道的关于北大、清华的事，他们就像一个个小记者、通讯员将采访战果汇报给我一样，让我听后，深感吃惊，他们一个个能干到居然将受访者的很多心理感受都掏出来了。听着他们的讲述，我在感慨孩子好奇的天性一旦得以释放，他们的求知欲尤如困兽出笼，孩子又怎么可能会厌学呢？

在博物馆感受知识的力量

　　除北京大学、清华大学外，我们所选定的训练课堂最能激发孩子们的好奇心与求知欲的还有中国科技馆、中国军事博物馆与北京自然博物馆。中国科技馆展出中国历代科技产品，尤以当代中国科学技术为重点。科技馆中所有陈列展品都是实物，绝大部分可以提供参观者触摸、操作、体验。这种形式的科技产品展示非常人性化，可以说，每一件展品都深深吸引着参观者，也就是说，每件产品都很容易激起孩子们的好奇，孩子们产生好奇心后可以去触摸、去体验、去操作，去感受科技产品为人类生存起着什么样的作用。

　　每个孩子在科技馆都能找到他最好奇、最感兴趣的展品。很多孩子对着他们最感兴趣的产品反复阅读说明书、观察、研究，一次一次地操作、体验，似乎琢磨透这件展品的研制是他这一天必须要做的工作。很多孩子在规定时间内回来做参观研究汇报时，表达了他们在这里的感受。有的孩子认为，这些产品给人的感觉很神奇，但都是科学原理的运用而生产出来的，他们到了这里才弄明白，他们每天去学校上课，是在一步一步地学习各种知识，在学习各种知识的同时，也可以将所学到的知识用于解决一些生活中的实际问题，这也就是科技发明。他们终于明白了学习知识是为了用知识，而不是学习一些死知识存放在脑袋中，怪不得越学越怕学。有的孩子认为，如果没有一定量的知识积累，是根本不可能研制出科技产品的，所以，要好好学好每一天老师教给的知识。有的孩子认为，要想发明新产品，不是只有足够的知识就行了，还必须有一个会创造的大脑，他们看了人脑科学后，知道了原来上学不仅仅是获得知识，而是在获得知识的过程中，在接受知识的过程中发展了智能，大脑就越来越灵活，越来越善于思考问题，解决问题。有的孩子认为，原来他们以为上学学知识就是为了自己将来能找到一个工作，挣工资养活自己，读书学习只与自己的生活有关，现在，看了这么多的科技产品，才明白学习根本不只是为了自己，学习好，掌握知识多，就可以发明很多新产品，解决人们生活中的很多问题，学习是为了帮助人们能够解决更多的问题，让人们的生活过得更好。

听着孩子们的心声，我在想，如果他们没有到这里，没有看到那么多的科技产品，没有对那么多的科技产品好奇，没有对那么多科技产品的全面了解，他们会有这些感受吗？这些感受不是老师灌输给他们的，是他们今天在科技馆的训练中产生的，是他们的求知欲引发出来的。如果孩子们每天的生活都能直接与很多新奇的事物接触，对新奇事物产生好奇，引发求知欲，每天都能思考一点关于读书学习的内容，孩子们学习还会如此被动吗？当听到一个十七岁的男孩告诉我，从今以后，他一定要好好学习，他发自内心坚定地认为学习是一件非常重要，非常好的事情，他为自己过去荒废的光阴而懊悔，我更加坚定一个信念，我要尽自己的全力，让全天下更多的父母不要再为孩子提供只有结果的生活了，而要还生活的本来面目给孩子，让孩子过上全过程的生活，让全过程生活中的更多新奇事物不断激发孩子的好奇心，不断激励孩子们的求知欲，解放我们的孩子，救救我们的孩子，因为他们正受着厌学情绪的煎熬。在人类的发展史上，孩子是最具好奇心，最具求知欲，是最爱学习的人类群体，可生命发展到我们这个时代，这一美好的东西遭到毁灭，这种毁灭不能再发展了。全天下的父母，救救我们的孩子吧！

在中国军事博物馆，在北京自然博物馆最令成年人欣赏与羡慕的孩子是我们团队中的。因为孩子们不论走到哪，都是几个一起谈论着展馆里的问题，因为他们处于训练之中，他们要完成他们的训练任务。展馆中每个时段的集合，是考核、检测他们训练结果的时候。我们的训练模式让孩子们处于一种游戏状态，他们在这种状态中非常认可所有训练任务，他们在这种状态中非常认真地对待每一项任务，每一个环节。所以，当孩子们在外面训练时，没有任何老师全过程跟踪检查，除去我们的巡视外，他们都必须在一种自觉状态下完成训练任务，有了孩子们的认可和认真，孩子们七个人的小团队基本上能够全过程处于自觉训练状态。他们为了团队的荣誉，他们每个人在团队中都有用武之地，他们相互爱着，关心着，他们扬长避短的分工合作，让他们工作得很投入。他们走到哪，总是几个人一起研究，一起讨论，一起寻求答案，他们的小秘书还在一个劲儿地摘抄着。像他们这样工作、训练的孩子，在展馆里还真少见，因为像我们这样的训练营在北京是独此一家。不论在中国科技馆，或是在中国军事博物馆，还是在北京自然博物馆内，只要看到手中握笔，拿本，走到哪记到哪的孩子，他们胸前一定挂着我们的胸牌。这样身影的孩子，在众多夏令营孩子中确是与众不同，确是能吸引成年人关注的。

培养社会责任感

下部

心灵辅导

之五

社会是生命存在的平台，人人从社会中吸取着肉体生命与精神生命所需要的物质营养和精神营养，但同时人人还必须向社会输送物质营养与精神营养，这样生命才可以得到存活与发展，社会才可以得到存在与发展。这一特性要求每个人都必须对社会尽责，要尽责就必须具有尽责之情感，孩子们现有的生活并没有提供多少机会让孩子知道自己这条生命的存活、成长与社会息息相关，对社会尽责是自己存活的必要条件，较少有机会培养孩子的社会责任感。如若孩子们如此发展下去，对于他们自身，对于我们这个社会，对于我们这个国家将是一场灾难，因此培养孩子的责任感成为社会的重要任务。北京训练环境具备培养孩子社会责任感的各种人文因素，因此培养社会责任感成为训练的课程内容。

我们在北京大学、清华大学课堂训练的任务是全面了解这两所高校，并了解他们的学生考进来之前的情况，现在的学习情况，将来的发展情况。孩子们通过对各种人物的采访，都有一个共同的感受，这两所学校的学生，都有着忧国忧民的思想，都有着对社会的关心，都有着强烈的社会责任感。

晚上的课堂，我采访了北京大学法学院一位大三的学生，当我问到他现在是如何考虑他的将来时，这位姓赵的同学展开了他的人生理想。他以沉重的口吻告诉我们所有的孩子，他毕业后，要去当一名小学老师，当时，教室里响起了一片热烈的掌声。掌声未停，他就开始叙说缘由。他在北京大学读书期间，最爱思考的一个问题是，小学教育是一个人一生中最为关键的打基础阶段。他了解到北大很多学生的小学阶段都得到了很好的发展，这种发展不仅仅是学业的发展，最重要的是整个人格发展的重要时期。很多人发展不好，追溯其根本原因是小学阶段没有得到该有的发展，失去了很好的发展，个人的基础没有打好，个人的习惯没有建构好，个人发展能力的平台没有打造好。虽然自己是学习法律的，可他觉得如果自己去从事小学教育，做一个研究型的老师，他对社会的价值，对社会的帮助，对社会的贡献会远远超出从事法律工作。

当他讲完这番话后，有的孩子，有的教学助手就对他提问，其中他们都提及一个问题，作为一名北京大学的学生，去从事小学教育是不是有点委屈自己。听完这个问题，这位同学付之一笑，诚恳地说道："什么叫委屈，不能实现自己的理想，自己的愿望，不能干自己最想干的事情，才是委屈。正是在北大这种对社会负有责任感的传统文化氛围中，引发我去思考这个问题，北大很多学生一直都在思考自己未来怎么样去回报社会这个问题。我已经找到了自己的人生目标，我要去做一名帮助更多孩子成长的老师，帮助孩子心灵得到健康成长的老师，唯有如此，我才觉得对得住自己的良心，才对得起养育我的父母，养育我的社会。"

北大同学的一番肺腑之言引发孩子们去思考这个问题，每个人是不是都要去关心社会，怎么样才叫关心社会呢？我告诉孩子们，每个人都应该来关心自己所处的社会，关心社会是一颗金色的种子，是我们每个孩子都应该拥有的种子。这个社会给予每个人很多生存与发展的机会和空间，给予每个人生存发展所需要的物质，给予每个人心灵发展所需要的精神食粮。如果，每个人都只伸手向社会不断索取，自己不给予社会，那这个社会不需要多长时间，就可能不存在了。正是有着很多人在不断地为社会创造财富，关心着这个社会，社会中的每个人才能得到社会给予我们的东西。社会需要每个人都来关心它，关爱它，它才可能去关心每个人，关爱每个人。那什么叫关心社会呢？

把社会放在自己的心中，做什么事都要考虑它的存在，对它的影响，损害社会的行为我们就不能去做，维护社会存在的行为我们应该积极倡导，积极去做。下大雪了，到处都会有积雪，如果只把自家门前的雪扫去，很多地方不属于哪一家哪一户，是所有人都要走的公共地带，没人去扫，这样的社会是没有人去关心的社会。如果每个人不仅扫了自家门前的雪，还能想到，那些公共地方，人人都要走路，如果不将雪除去，人们走路不方便，不安全，自己走路也不方便，也不安全，不如我也去扫了吧。当这个人去扫雪了，很多人看到他在扫公共地方的雪，并明白他为什么会去扫雪，大家都觉得是应该把公共地方的雪扫掉，大家出行就方便、安全了，于是所有人都加入到扫雪的行列中，这样的社会就有人去关心，在这个社会中人们互相关爱着，互相帮助着，每个人都得到了别人的帮助，每个人都在帮助着别人。

北京大学姓赵的那位同学，他想去做小学老师，并不是一般意义上的老师，他是去做一名可以影响更多老师关注孩子人格健康发展的老师，现在很多老师只是教会学生知识，并没有关注过学生的心灵成长，没有思考过学生的心灵成长。为孩子们的心灵健康成长积极努力工作的人不多，而成千上万的孩子心灵每一天都在发展着，却处于没有更多人关注的状态，就好像公路上有了一小个坑，没有任何人去管，去修复，而每天都有无数的车辆从它身上碾过，不用多长时间，小坑变大坑，一个坑变成很多坑，整段路就这样毁了，毁到了很多车辆都不能通行时，人们都会说，要是早有人来管管，这条路就不会这样了。孩子心灵每天都在成长，在没有人教育引领中成长，各种质量的人格种子都会进去，特别是人类的心灵垃圾最需要驻扎在心灵里，孩子们的心灵就不能得到很好的发展，就像那条路上的坑一样，没人管，没人修复，不用多长时间，整段路就全毁了。小学阶段是孩子人格发展的重要时期，心灵垃圾是最容易进住心灵的时候，姓赵的那位同学正是看到了人类孩子心灵成长过程中的危险，他要冲锋陷阵，去为孩子守候心灵，培育心灵，引领心灵成长，他还要向社会呼吁更多的仁人志士跟他一块儿来培育孩子们的心灵成长。这就是对社会的关心。

社会有人关心和没人关心完全是两回事。就像那公路，有维护工人管理的公路，不会遭到损毁，没有维护工人管理的公路，最容易遭到损毁。城市中埋在地下的自来水管爆裂了，水柱直冲云霄，水将公路淹得泥泞不堪，过往行人叫苦连天，可就是没有人打个电话报告自来水公司，只要自来水公司知道了这个案情，就会很快来修复。这样，本来就缺水的城市，却让白花花的饮用水肆意流淌，造成的经济损失不是小数目。如果社会中很多人都具有关心社会这颗金色的种子，那么那水柱才喷出来，马上就会被制止。

我们要学会关心社会，就要时刻将社会装在心中，做什么事情时，都要想着它。我们每天打开水龙头用水时，如果胸中装着社会，装着更多的人，那么我们绝对不会浪费一滴水。地球上的饮用水资源是非常有限的，人几天可以不吃，但不能几天不喝水，水对于生命是非常宝贵的。有限的水要供给无限增多的人口饮用，除去节约用水没有什么更好的办法。水有一个特性，洁净水只要流入污水中，就再也拿不出来了，混在污水中成为污水，不能再饮用。心中有社会，有他人的孩子，用水时绝对不会将水龙头开得大大的，只顾自己洗得舒服，他会将水龙头开得小小的，只要够用就行，一碗水可以解决问题的，绝对不会用一盆水，因为多余的水一旦流入下水道即成为污水，如果他省下这些水，意味着有人就能够喝到这些水。会关心社会的人，从水龙头中流出的水不会只用一次就流入下水道，他们会合理多次利用这些水，目的是节省这有限的水资源，让更多的人能够喝到水。

我们要学会关心社会，就要从身边的小事做起，从用水、用电、用煤气等资源使用上做到节约，那我们就是在关心社会了。我们还要争取在不同的时间、不同的地点影响更多的人，让他们加入到我们节约能源的行列中来。我们不做有损社会的行为，社会规定不准去做的事，我们一定不做，社会规定我们做的事，我们一定去做。先从这些小事做起，等我们心灵不断成长，我们每个孩子就都知道如何更多地去关心这个社会，做一个有社会责任感的人。

设定希望去追梦

下部
心灵辅导
之六

人在特定情境氛围中的生活体验，是最容易迸发出希
望的。北京是中国的首都，它所蕴含的各种有形和无
形的资源，是任何一个城市所难以企及的，孩子们置
身于北京，用自己的各种感官吸纳着各种信息，大量
信息的强刺激是激发希望产生的原动力。随着训练的
深入开展，一个个训练课堂的深层次接触，这些少年
心中激荡着无数的希望，每个少年都能在这里寻找到
他的梦想，都能看到梦想的蓝图，都能在这里获取追
梦的动力。少年是做梦、追梦的最佳时节。北京训练
课程将激发孩子设定希望，去追寻梦想设置成训练课
程，让每个孩子都能从北京训练中带回想要的梦想，
并脚踏实地地去实现自己的梦想。

　　我们在涤荡一颗颗心灵，为它们去除点点滴滴假、恶、丑，为它们注入一粒粒真、善、美种子之时，一定要将一粒金光灿灿的种子注入到人们的心田中，特别是要注入给我们的孩子，这粒种子就是：在困境中，靠希望支撑自己活下来。有了这一粒种子，孩子们不会在磨难面前倒下去，磨难不会伤及孩子的生命与心灵。我们要教会孩子们用这一粒种子来守候自己的生命。因为磨难时时刻刻会到来，在磨难、苦难充斥的世界里，生命是非常脆弱的，这一粒种子很神奇，神奇到让生命强大，强大到足以对抗磨难，足以战胜磨难。保护孩子生命，让孩子生命强大是我们神圣的职责。

　　人类生命发展中能够对抗、抵减、抵消磨难、苦难毁灭性打击的东西有两样：一个是人们对过去美好事物的追忆，另一个是人们对未来美好事物的追慕。这两样东西出现在心灵世界，情感世界，会让人产生巨大的求生动力，会让人觉得生命是非常伟大的，会让人产生对生活的热情，会让人产生一股强劲的力量、精神振奋地去蔑视眼前的磨难、苦难，会让人产生急切地战胜眼前磨难、苦难的强大战斗力。

　　对于接触不到生活全过程，只享受着生活结果的独生子女来说，一下子把他们推进苦难之中，如果没有配套的心灵教育、情感教育，那么，孩子们在磨难面前很快就要跪拜下去，还没有与磨难全面接触就要全面崩溃。我们的孩子要接受磨难教育、吃苦教育，就一定要在孩子面临磨难，接受磨难的同时，培养孩子们靠希望支撑自己活下来，支撑自己战胜一切磨难。

　　要激励孩子们设定希望，敢于追求远大理想。一个不敢设想、不愿设想、不会设想未来的人，要让他成为一个有理想、有梦想的人几乎是不可能的。希望是一个人心里想着现在所拥有的一切在未来某个时刻达到某种更好的境况或出现某种更好的情况。任何人都不会拒绝比现在更好的生活，任何人都希望能有更好的生活到来。每个人都是会做梦的人，每个人都能设定希望的，但不是每个人都能成为有理想，追求希望的人。这之间的区别源自于一个人在最能做梦，最能在心中激起美好愿望，最想改变现有一切，最渴望美好未来的青少年时节是否接受过希望教育。也即一个人在青少年时节耳边是否回响着一个声音，你是一个能做梦的人，你是一个可以追求未来美好事物的人，你是一个能做成一番事业的人，你是一个能成功的人，你是一个应该去获得美好生活的人，你是一个心想事成的人。如果一个少年在最能做梦、设定希望时节，得不到别人的激励、鼓励，那么他错过了将自己塑造成一个有理想、有梦想、有追求人士的机会。如果一个少年在这做梦的美好时节，做梦的种子遭遇各种否定声、斥责声、讥讽声、打击声，那么，这个少年从此与理想追求失之交臂。

我面对的孩子们正值人生最能做梦的年龄，要将他们培养成有理想、有追求的孩子就得不断地给予激励。拿什么来激励他们，激励他们什么呢？用北京丰富的资源，这些资源是孩子们睁开眼睛就可看到的，竖起耳朵就可听到的。我将自主学习设置成课程，目的是让孩子们在自主学习过程中，接触更多的人、事、物，获取更多的信息，亲身体验更多的人、事、物，目的是让更多他们从未见过的美好事物成为激励他们去梦想的动力，让孩子敢于去做梦，敢于去追求远大理想。

在中关村海龙大厦里，什么新奇的IT产品都有，最先进的科技产品比比皆是，置身于其中，每个人都有梦想得到的商品，每个人都敢、都会、都愿意在里面做一场梦，我渴望得到那台最先进配置的手提电脑，我渴望得到……很多孩子不仅梦想某天能够得到他想要的产品，而且梦想着一定要从事IT业，梦想着有朝一日到中关村来开设他的公司。北京大学、清华大学里的一草一木都深深地吸引着孩子们，他们都希望自己能考进北京大学、清华大学。对中国科技馆科技展品的参观、操作、体验，激励着孩子们对科学的热爱，激励着孩子们好好学习，激励着孩子们为人类而学习，激励着孩子们未来从事科学研究工作，激励着孩子们关注人类生活。对北京自然博物馆中的一切展品的参观，孩子们有的梦想成为博物学家，有的梦想成为植物学家，有的期望自己从事海洋养殖业，有的期望自己成为一名考古学者，有的渴望自己成为一名医生。置身于中国军事博物馆中，有的孩子梦想将来成为兵器专家，有的期望自己成为一名将军，有的梦想自己未来成为军事专家等等。

最特殊的激励孩子们的课堂是毛主席纪念堂。孩子们在中国军事博物馆内对毛泽东作了一个全面了解，全面认识了毛主席对新中国建立的丰功伟绩，了解了一个人对历史的推动作用，再来到毛主席纪念堂，看到每天来自全国各地的人民排着壮观的队伍，前来瞻仰毛主席遗容，看到毛主席遗容时，孩子们深深感受到毛主席个人的伟大价值，孩子们被伟人毛主席所激励，被毛主席身上的人格魅力所激励，被毛主席的丰功伟绩所激励，孩子们渴望自己能拥有毛主席身上的优秀人格品质。

孩子们在这个敢于做梦，能做梦的时节来到北京，看到祖国首都各方面建设发展的巨大成果，拓展了孩子的视野，拓展了孩子们做梦的领域，增加了孩子们设定理想的目标。孩子们看得越多，看得越好，感受到的越多，感受到的越好，就越容易追梦，就越敢于追求理想，理想就会越远大。

孩子们看到天安门广场国旗班的战士，在高温闷热的气候中，头顶烈日，脚踩烘烤的地面，还要保持着军姿军威，深深地被战士们坚强的意志力所激励，深深地被战士们对祖国的热爱之情所激励，他们希望自己能像战士们一样，磨炼一身坚强的意志力。

我告诉孩子们，人的心灵、人的情感是非常神奇的，如果你往里面注入的是美好的希望、美好的理想，它就给你产生巨大的推动力，让你精神鼓舞，信心百倍，让你感受生命的重要、生命的价值、生命的意义，让你觉得这世界上最美好的莫过于生命，最重要的莫过于生命，只要有生命存在，一切都可以获得。在我们的生命没有遭遇磨难、困境、打击时，在我们的生命没有遭到威胁、伤害时，这美好希望、美好理想产生的生存动力不是那么明显地为我们所感觉到，当我们的生命处于困境，处于磨难之中，生命被毁灭性的力量所压迫时，我们就能深深地感觉到这种巨大生存动力的存在，有它我们可以蔑视磨难、困境的存在，有它我们有足够的求生动力对抗那毁灭性的力量，有它我们足以战胜磨难。

我让孩子们利用在北京所感受到的一切，激励自己不断地设定美好希望，心中有美好希望的存在能激发我们的心灵、我们的情感为我们产生巨大的生存动力。我鼓励孩子们做白日梦，我让他们知晓敢于做梦的孩子才有动力去攻克一个个难关，实现自己的美好理想。

我给孩子们讲了一个世界级撑杆跳运动员是怎么在每次比赛中获胜的故事。这个撑杆跳运动员很喜欢做白日梦，善于做白日梦，白日梦铸就了他一次次的成功，使他终于成为了世界冠军。每次训练前，他会找一个非常安静的地方，想象着他这次训练中每一个动作要怎么去做才做得好，怎么去做才有助于他成绩的提高，每一个动作的细节他都想象得非常清晰，他想象的这些都是他原先做不到的，他是通过想象给自己设定新的成绩目标。白日梦做完后，他精神振奋、信心十足地走向训练场，开始按他想象好的目标去训练。训练中他一直保持着很好的精神状态，来自心灵、来自情感的力量一直在帮助他去克服一次次的难关，承受着一次次的失败，这种力量推动着他完成艰苦训练，终于实现了他训练前设定的目标，实现了他的希望。

每次比赛前，他同样要找一个比较安静的地方，开始他的白日梦。他闭上眼睛，全身放松，深呼吸，开始想象着他整个比赛的过程。他想象着他十分轻松地走上比赛场，观众一看到他，就高声欢呼，他听到这欢呼声，心情更加舒畅，精神抖擞，信心倍增，一股巨大的力量涌上心头，他闻到草地上散发出来的青香味，他看到草地上一颗颗晶莹透亮的小水珠，他感觉到空气的湿润，他感觉到自己肌肤的柔滑与凉爽，他看到太阳五彩斑斓的光芒，他感觉到自己均匀的呼吸。接下来，他想象开始比赛时，他的每一步怎么去做，每一个动作是什么，每一个动作做到位的状态……最后他是怎么落下来，落在那厚厚的、软软的垫子上，四周观众是怎么为他欢呼的。当他想象完，结束白日梦后，比赛就要开始了，他体内萌生了强大的战胜一切的力量，这种力量陪伴着他通往直前，增强了他的好胜心。结果，他按每次比赛那样，按照想象的目标去完成他的撑杆跳，他取得了胜利。就这样，他窜过了一次次比赛，一次一次获胜，最终走向世界冠军的奖坛。

我让孩子们接受训练前，做一些白日梦，想象着自己通过训练后所发生的变化，每一颗优质人格种子一旦播撒到他生命中，他就会发生巨大变化，原来不可能的事，变化后都变成可能的事。我让孩子们用自主学习方式来完成对训练课堂的全面了解。自主学习采用采访、调查、交谈、沟通的手段来完成。这对于孩子们来说是一件很难的事，但他们必须面对这样的困境，必须完成这样的训练课程。我让孩子们回想一下中央电视台著名节目主持人有哪些，他们最喜欢的主持人有哪些。一提这事，孩子们高兴极了，积极踊跃地举手抢答。看着孩子们那兴奋劲，那激动样儿，我知道他们仰慕那些著名主持人。最受孩子们喜爱的有李咏、王小丫等。我让孩子们告诉我，想不想成为像他们那样的人，孩子们异口同声地说："想。"我告诉孩子们，只要他们想，那就好办多了。我让他们先做第一件很简单的事，他们一定能做到，做得好，而且会很乐意去做。我让孩子们晚上睡觉前想象着自己拥有他们喜欢的节目主持人身上的风采，他们来到北京大学采访，北大人都愿意接受他们的采访，他们的采访、挖掘能力很强，使得受采访者积极配合，都将自己的真切感受和盘托出。我让孩子们在想象中，设置几个话题对北大人进行专题采访，北大人都很乐意谈论这些话题，并且越谈越有劲儿。我让孩子们想象着采访一个教授的情形，采访一个学生的情形，采访一个工人的情形。我让孩子们想象着在教学楼内采访上自习的学生的场面，在食堂采访留学生的情境，在未名湖畔采访一位看书的女学生的场景。我让孩子们充分发挥想象力，将电视上所看到过的采访节目中主持人所用的方法全部可以用上。

孩子们听到我要求他们做这种想象工作，真是高兴极了。他们觉得在自己的脑海里想象自己是一个著名的节目主持人，期望自己未来能成为那样的人，想象着怎么去采访、采访谁，对他们来说确实比真的采访容易得多。在想象中什么美好的事物都可以去想，不会有人干扰自己，讥讽自己。孩子们非常乐意去做这种想象工作。

完成了想象工作后，在进入北京大学之前，我告诉孩子们，他们今天要完成自主学习这件困难的事，现在就已经完成了一部分。他们很奇怪，觉得没有开始，怎么就说完成了一部分呢？我祝贺孩子们，昨天晚上的想象工作，梦想工作，让每个人心中都装有了一个希望，一个期望自己能做主持人，做记者的梦想。有了这个希望，孩子们的心灵、情感中激荡出强大的力量给孩子们足够的自信，这股力量和自信的存在会对抗和消除困境给孩子们带来的压力和破坏力，孩子们在自己心中力量的鼓舞下走向北京大学，一个个再也没有惧怕缠身，开始按他们想象中的目标去执行，去训练。

孩子们了解北大学生都经历过各种磨难的考验，才会具有优秀的人格品质，是这些人格品质让他们在学业上得到了很好的发展，以卓越的成绩考进北大的。北大的学生足不出户就可以了解全世界。孩子们在北大大讲堂前看到各种文化活动宣传牌，很多都是国外著名学者、专家到北大的讲学宣传，国外著名的文化艺术团体到北大举办的各种艺术活动宣传。正因为北京有这么得天独厚的学术、文化环境，北大学子得到厚养的学识，得到多元文化的滋养，他们了解了世界更多领域的最新发展，他们追求理想的领域如此之大，他们可以追求更加远大的理想。每年，北大出国留学的人数占了中国总人数的很大比例，这都是北大学子追求更多、更大梦想的见证。

我们的孩子知道磨难对于一个人来说是一笔财富，北大的很多学生都历经过各种磨难，在各种磨难之中，他们心怀美好希望，是无数个希望激荡在情感之中，为他们产生巨大的走向成功的前进动力，这种动力帮助他们对抗、抵减、消除磨难给予他们的压力、破坏力、毁灭力，他们才可能实现着一个个希望，最终步入他们向往的知识圣殿。在这个知识殿堂中，他们继续刻苦、努力，设定更多、更大的希望与梦想，为自己产生着更多更大的前进动力，战胜他们所面临的各种困境与磨难，走向更大的成功，所以，北大人才济济、人才辈出。北大为祖国和世界培养出多少推动人类社会前进的高端人才。

北大学子成长之路折服了我们的孩子。孩子们能够正确看待磨难，孩子们成长过程中需要磨难来培养各种优秀人格品质，孩子们更需要磨难来临之前能够设定更多更好的希望，靠希望为他们产生对抗磨难所带来的破坏力与毁灭力的动力，他们需要这种动力的存在，否则，孩子们面临磨难，身陷磨难时，是没有自己拯救自己的力量。我告诉孩子们，在磨难之中，谁也帮助不了你，只有你可以拯救自己，自己才是真正拯救自己的主人，自己心中的希望是拯救自己的中坚力量，核心所在。所以，我要求孩子们要好好利用北京的所看、所听、所想、所感、所做、所练来激励自己不断设定梦想、希望，希望越多越好越大，我们才能面对、身陷更多更大的磨难来磨砺自己，我们才能更好地拯救自己，更好地实现一个个希望与梦想。

这批充满灵性的少年，抓住北京训练的机遇，不断地追梦，不停地寻梦，一步步走入磨难，拥抱磨难，一个个希望为他们源源不断地输送着抵抗磨难的力量，就这样接受着磨难的磨炼、打磨，一步步实现着自己期望的变化，拾捡着老师投给他们的一颗颗优质人格种子，栽种着这颗颗金灿灿的种子，让他们生根、发芽。训练营结束时他们身上所发生的巨大变化不就是那一棵棵小树吗？

找回勤俭朴素

下部

心灵辅导

之七

勤俭朴素是人类美德，可这一美德在我们孩子的眼里成为吃苦头，这不能不引起教育的高度重视。北京人格训练定格在吃苦教育、磨难教育的平台上，这客观上需要孩子拥有勤俭朴素这个优秀人格品质，帮助孩子找回勤俭朴素，拥有勤俭朴素已成为训练课程。我将勤俭朴素的训练设置到孩子的每一项训练之中，处处提示孩子去思考，如何让个人做到节俭，以最小的投入获取最大的收益，如何让家庭做到节俭，如何让整个训练团队做到节俭，同时也让孩子思考如何让更多人做到节俭。

　　勤俭，就是努力劳动，不怕辛苦，并且善于省。朴素是节约，不挥霍钱财，不追求享受。勤俭朴素是人类生命一路发展过程中提炼出来的一种生活价值观。人们的生活是尽可能去挥霍钱财，追求享受，还是去努力劳动，不怕辛苦，注意节省。这是两种截然不同的生活观，也是两种决然不同的生活方式和生活活动。勤俭朴素是一颗高质量的人格种子，挥霍享受却是一颗低质量的人格种子，甚至是人类的心灵垃圾。

■ 挥霍享受的非正常生活

　　勤俭朴素是人类生存最为科学的方式，这让人的生命处于一种自由闲适的状态，这是生命存在的最佳状态。人人身上存有勤俭，可以看到创造财富的增多，可以看到财富最为经济最为节约的使用，人人身上存有朴素，可以看到没有人去挥霍钱财，追求享受，人们在足够的财富储存中不断劳动，还用担心什么灾难的来临吗？挥霍是将积累的财富，在一时间内大量地使用，这可以让这大量的财富在瞬间将其价值释放出来，确实是会产生那稍纵即逝的美丽光环，处于这种光环之中，人就得到了瞬间的辉煌，人以为这是最大的幸福，这就是享受。我们都可以看出挥霍带来的享受是以牺牲最大量的财富为代价的，财富用完之后，人又害怕辛苦劳作，于是短暂的幸福享受，带来了毁灭性的结果。

　　现实生活中，懂得科学生存的人似乎不是越来越多，走向挥霍享受的人肯定是越来越多，明眼人都知道，这是教生命走向毁灭。这个时代享乐主义到处横行，儿女将父母多年积累的财富用于制造瞬间的幸福，之后将自己和父母亲推上了不归路。独生子女如果不再及时得到勤俭朴素这种科学的生存价值观的教育，我们将看到父母亲人亲手将自己辛苦挣来的钱财垒成一个漂亮的、耀眼的财富塔，把孩子放在塔尖上，点燃塔底，整个财富塔激烈燃烧，释放耀眼的光芒，孩子随着这一堆财富消失在幸福的瞬间。5角钱一块的橡皮擦，足以达到孩子最大的使用目的，孩子不要，嫌难看，硬是要2块钱一块的精美橡皮擦。这擦头是用来擦的，还是用来赏心悦目，用来表明身份地位的，孩子不知道，可父母知道啊，我们看不到父母对孩子进行教育的身影，也听不到任何拒绝的声音，更听不到对孩子进行勤俭朴素价值观介绍的声音。我们仅能看到的是，孩子文具盒中那擦头一个比一个漂亮，拥有最漂亮擦头的孩子成为那一天的公主或王子，拥有最难看擦头的孩子绝对是丑小鸭。一块小小的擦头竟能让一个幼小的心灵受到伤害，父母为了抚平孩子的心灵创伤，只需用5块钱买一块最漂亮的擦头就可以做到。就这样，每天学校那小小的课堂里居然会是比挥霍的论坛，居然会是心灵飞扬，心灵低沉，心灵受伤害的地方。怎么这个时代挥霍享受的心灵垃圾会越来越被人们推崇，并用以封杀孩子"心灵柱"上的多少光亮的窗子了呢？面对孩子们的生命成长不是走向健康之道，而是偏离了正道，向旁门邪道走去了，孩子们还未成长起来的生命将要受到极大威胁，我们拿什么来救救我们的孩子呢？

当父母看到了自己种植的恶果时，发慌了，着急了，不知所措。因为这种恶果不是去殃及他人，首先报复的是父母亲人，这块烫手的山芋注定是父母丢之不弃的。独生子女毕业的大学生，不就业的人数在不断攀升，都加入到了"啃老族"中去。这就是父母从小为了取悦于孩子，不惜花重金买来的结果。我采访过很多这样的大学生，他们都有一个共同点：害怕付出，害怕吃苦，害怕早起床，他们也知道没有哪一个单位会喜欢、会接纳害怕付出、害怕吃苦，不守时上班的人。知道归知道，知道不等于做得到，从小到大都没有历经过辛苦付出，没有体验过何为吃苦，我们能指责他们什么呢？如果社会里的年轻人更多的将是无法吃苦，就是去尝试吃苦都害怕的人，那，这个社会将走向何方呢？

这种结果远不是父母制造生命、给予生命、孕育生命、养育生命时能够想得到的，父母总是怀着孕育一个比自己更伟大的生命的希望来养育这条生命的，只可惜，养育之路走错了，却培养了一个远不如自己勤劳、吃苦、积极向上的生命。这些"啃老族"不断地啃下去，只会越来越没有进取心，只会越来越堕落。

看着现在被挥霍享受害得越来越深的这些"啃老族"，我们不能再让自己的孩子也跟着滑下去了。只要驱除这人类心灵垃圾，给孩子种上一颗勤俭朴素的种子，我们的孩子会被拯救出来的。

■ 拒绝享乐的朴素团队

　　我们的北京之行，教育平台是磨难、是吃苦，基调就是吃苦，勤俭朴素。北京的一切生活条件只要求能够实现功能就行。北大餐厅主任主动提出按云南口味做菜，我予以拒绝，要求他们按平日方式去做就行，什么都不要改变，但必须保证菜品质量，保证营养搭配均衡，绝对保证饭菜卫生与安全。让餐厅配合我们的训练，全体学生从昆明带着他们的餐具到北京，不需要餐厅提供餐具，孩子自己的餐具自己洗，只需要提供洗洁精，但必须要能够让孩子学会节俭，而不能有浪费的可能性。房间住宿只要求有一个床垫就行，当时，相关老师还担心孩子不愿意睡，家长不高兴，提出用两个床垫，也被我谢绝了。房间中只有两张桌子，一部校园卡电话机，八把椅子，一个铁制的储物柜，一把扫帚。女生房间中有空调，但不开放，男生房间只有一台电风扇。去看洗澡室时，管理员对我说："如果嫌洗澡间光线暗，他们可以多加几盏灯。"这也被我回绝了，我告诉他们，现在这种情形是最好的。看完所有的吃、住、洗、用的设施条件后，几位老师，都有一个共同的认识，我们跟一般的夏令营完全不一样，夏令营的组织者要求出最少的钱，提供最好的条件，我们与他们相反，出同样的钱，要求最差的条件，但他们觉得现在的孩子确实需要这种艰苦朴素的教育了。原来与北京理工大学联系的车是带有空调的大巴车，可假期他们学校有重要活动，要调用这批空调车，就只能提供无空调的大客车给我们。当他们的领导通知我这种变化时，他们还颇有顾虑，我告诉他们不需要顾虑什么，没有空调的车还更适合我们的训练任务需要，我对家长做一解释即可。

　　对孩子们所带物品也是做了严格规定的，除照相机、摄像机没有做过任何要求外，只允许学生带三套换洗衣服、一双旅游鞋、一双凉鞋、凉帽一顶、内裤内衣三套、薄袜子三双，双肩小背包一个，是孩子北京外出用，主要装笔记本和文具盒，硬壳笔记二本，草稿纸一本，行军背壶一个，行李包一个，装孩子所有出行物品，一块表，一件轻薄雨衣，一把质量好的雨伞，餐具一套，洗漱用品。所带物品刚好能满足孩子完成全部训练任务的需要。零用钱没有做过限制，即使多带，使用时都要受到限制。

在北京训练之中，就没有任何机会、任何条件给予孩子们讲吃讲穿的。有两个孩子带去的小游戏机，从被我看到那一瞬间，就被我帮他们收藏保管。我们在北京训练感觉最不够用的就是时间，我感觉时间不够用，助手们也感觉时间不够用，孩子们也感觉时间不够用，尽管我们已是一个高效率的团队了。时间不够用是因为我们每天要给予孩子的东西太多，孩子们想要的东西也非常之多。一整天，整个团队成员随时小跑着，包括我在内，如果不跑，时间就来不及。先洗澡的孩子，洗澡完毕就要赶到餐厅吃饭，吃饭的孩子，饭一吃完，稍做休息就要赶去洗澡。等他们都完成了吃饭、洗澡后，还来不及将头发好好梳理，又要赶到教室去点名，上课。孩子们没有讲究穿着打扮的时间，一点都没有，晚上上课时，所有女孩子的头发都是披着的，没有谁能够将头发梳理好。可我也没有看到谁被别人取笑，也没有看到谁在取笑他人。我们是一个朴素的团队，从我到助手到孩子们，没有一个人会把心思放置于享乐之上。在这样一个朴素无华的团队中，我没有看到谁的心灵受到伤害，看到的都是一张张灿烂的笑脸。孩子们没有心思去考虑别的，所有的心思都扑在训练学习之中。

选择北京做训练课堂，其中一个重要原因是，北京很大，每个训练课堂也很大，训练课堂中客观上也没有太多可乘坐的车，要完成对训练课堂的全面了解，就必须到达训练课堂的每一个角落，这就逼着每一个孩子靠双脚去走完这些地方。没有任何一个夏令营需要完成我们的训练任务，所以，没有任何一个夏令营要求孩子走遍所到达的旅游地。可以说，就只单说在北京所走过的路，我们的孩子就已经是很优秀的，还别说其他的训练。孩子们能走的也要走，不能走的也要走，没有谁可以帮助他，谁想帮也只能是暂时的，除了中暑生病的孩子外。孩子们硬是在走这一训练活动上磨炼出不怕吃苦、不怕辛劳的品质。

■ 训练你的七种感觉器官去适应最朴实的生活

　　课堂上我告诉孩子们，如果一个人太娇惯自己身体的七种感官，那么最苦、最累的将是他自己，他整天要忙于伺候他身体的七种感官，这是一件极为痛苦的事。

　　每个人都有七种感觉器官：眼睛、耳朵、鼻子、嘴巴、皮肤、运动器官、内官觉，这当中有六种感觉器官是人与外界交往的门户和通道，一切外在于自己的信息首先是通过他们进入我们的身体和心灵的。既然是人体与外界交往的门户和通道，那么，外界的一切信息都可以经过它们，也就是说，眼睛是用来看一切可以看的东西，耳朵是用来听一切可以听的东西，嘴巴是用来吃一切可以吃的东西，鼻子是用来闻一切可以闻的东西，皮肤是用来接触一切可以接触的东西，运动器官是用做一切可以做的动作，内官觉是用来感受内在器官的一切活动的。可有很多人不让自己的这些感官去做该做的事情，只让眼睛去看漂亮的、装饰性强的东西，只让眼睛看漂亮的文具盒，看漂亮的衣服，看鲜美的饭菜，只让耳朵去听赞美、欣赏、表扬的话，去听美妙、动听的音乐，只让嘴巴去吃美味的食品、可口的饭菜，只让鼻子去闻香喷喷的味道，只让皮肤去接触温暖、光滑、柔软、细腻、轻巧的东西，只让运动觉去做轻松、优雅的动作。他们人为地对通过这些感官的东西进行筛选，只让使人感受到美好的事物通过这些感官，时间一长，他们自己的感觉器官就只适应这些让人感受好的事物和人进入人体，他们阻止认识其他事物和人，也不准其他事物和人进入人体。他们的感官变得越来越挑剔，对美好的事物和人就和颜悦色，否则就怒目相对，丝毫没有一点友情，没有一点和善，这就是每个人娇惯自己的感官的结果。可事实上，现实生活并不全是由美好事物组成的，还有大量朴素的事物存在，还有大量让人感受到劳累的事物，还有大量让人感到心酸的事物，还有大量让人感到愤怒、生恨的事物，这些都要进入人体，他们都是人体生活所需要的事物。娇惯感官的人面对着如此多的要进入他体内的事情，他已经是束手无策了，他非常痛苦。

只会享受、享乐的人就是娇惯自己感官的人，他们生拉活扯地破坏了感官的功能，只让感官接受美好的事物，他们无法恢复感官的全部功能，他们为了摆脱这种痛苦就只好将自己手中的钱币和财富全部用于换取美好的事物，越是美好的事物，它的价格就越高，这样，他们的钱币很快花光，他们没有了钱币就去想办法找钱，有的逼着父母把手中的钱给他们，有的就到处借钱，有的就开始生邪念，去无偿占有别人的钱财，开始走上犯罪道路。他们就这样大把花光钱币，换来美好的事物进入感官，进入他们的体内。本来，现实生活中什么事物都有，这就是人们要面对的生活，美好的事物进入人们的各种感官，其他各种事物也要进入人们的感官。人们在对各种事物的感受中，发现美好事物给自己带来愉快，幸福，人们就会去积极努力工作、学习，获得将更多的事物转变成美好事物的能力，让自己获得更多的幸福。幸福并不是来自于用大量钱币、财富换取美好的事物，而是一个人通过积极努力工作和学习获得将大量其他事物转变成美好事物过程中感受到的。一个成天只追求感受美好事物的人，因为没有对其他事物的感受对比，所以，他感受不到幸福，他更不会知道怎样去获得幸福。只要没有美好事物，他只会沉浸在痛苦之中。

每个人让自己的各种感官去接受各种事物，这是让自己的感觉感官得到健康成长的表现，做到这就体现出了勤俭朴素。我们的眼睛可以接受没有用瓷砖装饰过的洗澡室墙壁，我们的眼睛可以看没有铺漂亮地砖的地板，我们的眼睛可以看没有崭新的、充满现代感的、款式新颖时尚家具的房间，我们的眼睛可以看陈旧的白石灰墙，我们的耳朵可以听到让自己面对磨难的话语，我们的耳朵可以听到批评、斥责自己的话语，我们的耳朵可以听到朴实无华的话语，我们的嘴巴可以吃到从不熟悉的口味的饭菜，我们的嘴巴可以吃到各种味淡的干粮，我们的鼻子可以闻到各种没有香味的气息，我们的鼻子可以闻到各种我们非常陌生的气味，我们的皮肤可以感受到硬的床铺，可以感受高温闷热，可以感受浑身汗淋淋的，可以感受几公斤重的水壶和书包，可以承受痱子带来的痒痛难忍，我们的运动器官可以长时间处于走路之中，我们的运动器官可以去做各种需要做出的动作，可以加快运动频率。其实勤俭朴素本来就是人的身体各感官正常工作的表现，做到勤俭朴素就是让人的感官处于正常工作之中，感官该接受的各种事物就让它们去接受，不要人为破坏各种感官的正常功能，我们每个人就都能拥有勤俭朴素。

每个孩子的成长过程中，当我们很小的时候，父母亲人充满了对我们幼小生命的爱，就尽量让我们的感官接受各种美好事物，父母亲人不吃不喝都要让我们感受美好的事物，可他们不知道，这一段时间的感受，就开始破坏感官的正常功能，让我们的感官更喜欢感受美好的事物。所以，我们每个孩子身上的各种感官多多少少都遭到一些破坏，如果不及时制止我们只对美好事物的喜好，那么，再这样下去，我们的感官就会被破坏到不能修复的地步，那可就糟糕了，悔恨也来不及。所有孩子这次到北京来，就是来修复我们的感官的，要让它们恢复感受力，感受一切应该感受的事物，找回我们每个人都会拥有的勤俭朴素。我们的感官修复好了，那我们每个人又都找回了勤俭朴素，我们每个人就拥有了追求幸福、创造幸福的能力，我们将远离毁灭自我的错误成长道路。

开始训练时，很多孩子非常痛苦，不高兴，不乐意，感觉自己受到了极大的伤害，那就是你们身上的感官不适应感受各种事物的表现，可到现在，我再也看不到任何一个痛苦和受伤害的孩子了，这就是你们的感官在训练中不断得到修复，适应了对各种事物感受的表现。你们回到昆明，也要坚持这样做，等感官对各种事物的感受适应平衡了以后，勤俭朴素就可以出现在你们的身上了。

勤俭朴素要求一个人不怕辛苦，努力劳动，用一切钱币和财富时要做到节俭，不奢侈，不挥霍钱财，不追求享受，这就是要求一个人的感官要什么事物都能去面对，去感受，去接纳。对于让我们的身、心产生劳累、辛苦的事物要能去接受，对于各种各样不是美好的事物，而是刚好能满足我们需要的事物，我们的感官也能去接受，感受到美好事物，那就是我们的幸福，这就是勤俭朴素，这是最深刻意义上的勤俭朴素。

追求最佳收益

下 部
心 灵 辅 导
之八

每个人能够拥有、掌握、控制、使用的是自己的时间、体力、精力与金钱，它们成为每个人生存的资本。每个人能组合使用自己手中的时间、体力、精力与金钱赢得更多的时间、体力、精力与金钱，能够创造更多的物质与精神财富这就是个人对最佳收益的追求。追求最佳收益是人类积淀下来的一个优秀人格品质，拥有它生命就能够很好地存活、发展，生命就能够实现最大的价值。这项品质是当代人力资源市场较为看重的资源，如果这项品质能够从孩子的少年时代就开始在心灵之中建构，那么人类社会的明天将更为灿烂。北京人格训练要想获得最大成功，就必须帮助每个孩子建构这项优秀品质，让孩子学会高效率使用自己的时间、体力、精力与金钱就成为了训练课程。孩子们到北京训练也就是使用他们的时间、体力、精力完成训练，获取更好的体力，更好的人格品质。

　　我让孩子们知晓：自己能够拥有的资源是时间、体力与精力，成年以后还有自己挣来的钱财。无论从事什么样的活动，都是在使用我们自己拥有的资源。我们的资源是有限的，我们应该如何分配、使用它们呢？也就是说，当我们使用自己的资源完成活动时，我们需要追求的结果是什么呢？人类发展史告诉我们追求最佳收益，这就是人类智慧生存，是每个人的智慧人生。大凡生命中有这颗种子的人，其工作、学习和生活都将是最大效益化。现代企业十分重视员工是否具备最佳收益观，是否具备最佳收益的能力。具有最佳收益观的人实质上是一个优秀的管理者，不论他做什么工作。具有最佳收益的人能充分调配好各种资源，对所有资源进行最佳组合与对接，让每种资源发挥出它的最大效用，降低每种资源的最低负向作用，追求所有资源组合在一起完成工作的最大收益和最低损失。

　　最佳收益不仅是企业所追求的，是每一个社会组织所追求的，是每一个家庭所追求的，同时也是每一个人的生存和发展中所要追求的。也就是说，具有最佳收益观的人不论对自己的人生，对他人，对工作，对生活都能做出突出贡献。具有最佳收益观的人通常被这个社会称之为高效率人士。高效率人士为这个社会所爱戴，他们走到哪，哪里就要生发光辉，哪里就要充满光彩。

■ 需求度与最佳收益

　　我们所指的最佳收益观内涵是什么呢？日常生活中，人们都知道收益是衡量投入与产出比值的概念，人们追求的最大收益是指投入最小的成本获取最大的收益。经济活动中，我们都知道这成本主要是用钱币来衡量，收益也最终是折算成钱币来计算。可我们提及的最佳收益观作为一种优秀的人格品质远远超出于经济活动中的收益内涵，远远超出这种钱币衡量标准。生命活动存在于一定的时间与空间之中，生命分为体质生命与精神生命，生命活动在一定的时空中以体力和精力两种形式存在。生命活动得以存在的前提是各种需要得到满足，为了让各种需要得到满足，我们就必须使用属于自己生命的时间、体力与精力去从事、完成相关活动。这里就存在一些问题：

第一，如果我们的需要很多，很高，势必我们就需要在很多空间里付出很多的时间、体力和精力，而需要不多，不高的人，就不需要在很多空间里付出很多的时间、体力和精力；

第二，如果我们的需要和他人一样多，同在一个水平，那么是否我们和他人所需要的时间、体力和精力一样多；

第三，如果我们和他人付出同样多的时间、体力和精力，那么我们所获取的需要是否一样多；

第四，如果我们和他人付出同样多的时间、体力和精神，获得同样多的需要，那我们获得需要的质量和价值是否还和他人一样。

这几个问题反映出人的生命活动涉及到这么几个方面：体力的付出与补充、精力的付出与补充、时间分配方式、生存需要的数量、生存需要的质量、生存需要的价值。它们之间不同的匹配与组合将出现各种不同情形的效果和利益，也就是人们各不相同的生活结果。

每一个人都想追求美好的生活，美好的生活是指自己设定的需要都能够实现并得到满足的过程。美好生活是一个相对的概念，人们获得了原来设定的需要，可以说过上了美好生活，就在这美好生活中人们又要生发出更多、更高层次的需要，也就是又开始追求更加美好的生活。对于这个美好生活的追求，很多人耗尽一生苦苦付出体力与精力，却收获很小；很多人不需要耗尽一生，辛苦付出很多体力与精力，得到了不小的收获；很多人辛苦付出很多体力与精力，收获却很大等等，各种情形都有。

▌擦鞋工的低头思考

人们都在追求美好生活，可结果相差甚远，这到底是什么决定了人们之间莫大的差异。我们可以先从生活中的事例分析来了解一下。每天大大小小的城市中，都会有很多拎箱擦鞋的人出没于各种公共场合。他们在我们这个社会中，可谓是不怕脏，不怕累的，每天辛苦地工作着。他们每天东窜西走，弯腰擦鞋，需要付出很多体力，到哪需要吆喝，需要推销自我，多少也要耗费些精力，一天到晚也挣不了太多的钱。一个月下来，收入虽也不算薄，可去除他生存需要的基本物质支出，他也所剩无几，因为城市生活需要他支付很多费用，才能够让他安稳，让他补充体力与精力，准备来日的重复工作。这些人大多来自贫困农村，并以此为生，尽管每月留存下来的积蓄不多，但他们所享受的生活远比在贫困农村好得多。在农村，他们就是拼命付出体力和精力，收获也很小，可能肚子都难以填饱。相比之下，城里的擦鞋工作让他过上了美好的生活。

可当我在报纸上看到这样一则新闻报道时，我深深感慨人与人之间一个观念之差，生活却相差千里。记者将这样一个小伙子给挖掘出来。这个小伙子来自农村，同样是城市中擦鞋族中的一员，可他与广大擦鞋者不一样，他是一个非同寻常的擦鞋者。他到城市擦鞋没有几年，居然年收入上百万元。他开始擦鞋时，并不会比任何一个擦鞋者付出得少，收入也并不会比其他擦鞋者多。那他是怎么致富的呢？记者采访他的时候，他告诉记者：同行整天只会低着头干活，行走时也只会低着头去寻找需要擦的鞋，久而久之，擦鞋者养成了低头的习惯，他也低下头去擦鞋，也低下头去寻找客源，可他还会低下头去思考。思考自己在付出体力和精力上并不比城里的很多人少，可为什么自己的生活境遇却比很多人差呢？他一直在思考这个问题，他找不到这个问题的答案。他就在擦鞋时，向他的很多顾客请教。终于，有一天一个顾客给了他一个很好的答案：很多人从不思考自己付出的时间、体力与精力到底要怎么用才会有更多的价值，有的人付出与别人同样多的时间、体力与精力，可收获却远远高于别人，很多人只会埋头苦干，从来不会巧干，不会去动脑筋，怎么让自己付出的那么多，换取最大的收获呢？他被这个顾客的一番话点醒了，他开始去思考，他要怎么做才能让他现在所付出的一切换来最大的收获。他的经历验证了人类总结出来的一句话：不怕做不到，就怕想不到。是啊，想都想不到的事，怎么可能去做呢？脑袋中从没有出现过的事，怎么可能从行为上看得到呢？一个人做出了什么，做到了什么，是因为他脑袋里已经有了这个东西，一个人没有做出什么，没有做到什么，是因为他脑袋里没有这个东西。

这个小伙子，挖空心思地去思考他的出路。高度地专注于一个问题，会让人将所有的精力调集在这个问题上。他一直围绕着擦鞋这个领域思考，他觉得这个领域自己很熟悉，而且每天有那么多人需要擦鞋服务，有很多人还需要更高级的服务，他决定一定要在这个领域找到他最好的位置。带着这个问题，利用擦鞋的工夫，他向很多顾客请教。这一天终于到来，当他将很多顾客给他的建议综合起来后，他发现了自己的道路，那就是将更多擦鞋的人组织起来，对他们进行一些相关培训，让他们做得更专业，服务更好。这小伙子将这些同行全部变成自己公司的员工，让他们到固定客户那上门服务，提供更多更好的服务，小伙子担任了总经理。他每天的体力与精力付诸在寻找客户，开发稳定的客户群，建立良好的客户关系。他的员工每天不需要在大街上苦苦寻求顾客，只需要每天到一至二个公司去工作，去给公司中的员工擦鞋就行了，他们的收入比原来增加了，付出的体力和精力并没有比过去多，他们将原来走路、吆喝的时间、体力与精力全用在擦鞋上了，这样下来，每天比原来擦鞋要多，收入也就增加了。小伙子实行的是上门服务，提供的是更高层次的服务，客户付给他们的费用比在大街上高得多，小伙子给员工计算工资的标准比原来大街上的收费还要高一些。就这样，他的生意越做越大，公司越开越大，很快年收入就上了百万元。

从上述擦鞋事例来看，最佳收益观一旦注入到人的脑袋中，让他懂得如何去追求最佳收益，那么这个人一定能经营好自己的一生。很多人就是因为没有这种价值观，导致出力不讨好，对自己不好，对他人不好，对单位不好，对自己的生活也不好。最佳收益观关系到一个人能否经营好自己的一生，管理好自己的一生。在人的青少年时代如果就能获得这颗优质人格种子，那么这孩子就能更早更好地开始建构自己未来的道路，更好地经营自己的一生。

观察北京交通

我们带孩子到北京完成训练，要在短短十天之内向孩子投去尽可能多的人格种子，尽可能多地置换出孩子们生命中低劣的人格种子，尽可能提升孩子的人格水平，对于我们来说，训练本身就要追求最佳收益。训练本身能否获得最佳收益关键在于我们的孩子是否懂得最佳收益观，是否有追求最佳收益的能力。这就要求在训练之始为孩子们建构最佳收益观，那么，我们整个训练营的训练结果就可以获得最大收益。

我让孩子们在乘车途中，多注意观察北京的城市建设，特别注意观察北京的道路交通状况。孩子们观察到北京城市道路建设得非常好，他们发现北京城的道路很多都是立体建设的，立体交叉道路上出现拥挤、堵塞的现象远没有单层路面多。北京城内的道路大多非常宽阔，孩子们发现道路上的路标做得非常清晰，让驾驶员一看就明了，车辆各行其道，规划得非常好，而且每条车道的路宽恰好适合规定车辆通过，是一种节约型的规划。特别是十字路口或复杂路口左转道的弧形线画得非常规范。北京不管是大街小巷，都有指路牌，路牌上提供了相关信息，如果是喜欢看路牌的人，只用借助路牌信息就可以穿遍整个北京。北京道路规划与建设的科学性和合理性都很强。孩子们发现北京街道上交警不多，可以说，如果不用心观察，还真见不了多少交警。北京城里的车速是很快的，这车速快慢取决于道路的通过率。孩子们看到北京的公交是非常发达的，不仅线路多，而且发车频率较高，公交车像小精灵穿梭在整个北京城。孩子们看到北京道路上骑自行车的人很少，人们主要的出行交通工具就是公交车。北京的出租车也较多。虽说北京城道路塞车较为严重，不知是我们的出行时间错开了，还是我们的驾驶员会挑路行驶，但我们很少碰上塞车。最让孩子们吃惊的是，北京驾驶员驾驶技术好，驾驶素养也不错，在看似不宽的路上，他们都能够很好地并排快速驾驶。孩子们看到这一切后，我让他们思考几个问题：

第一，为什么北京立体交叉道路非常发达，很多立体交叉道路修建得非常壮观，可也显得非常复杂，不熟悉道路的驾驶员上了立体交叉路就没法下来。

第二，为什么北京城的车速会很快？

第三，北京城内车多、人多、道路复杂，而交警还如此少呢？

第四，北京很多人出行的交通工具是公交车，很少有人骑自行车？

第五，北京道路上的路标为什么会做得如此明了、合理，道路路牌会做得如此之多？北京城里驾驶员为什么会有如此的素养？

孩子们思考着这些问题，他们不一定全能回答上来。我借助孩子们看到的北京交通现况，对其展开分析，引入最佳收益观。在课堂上，我和孩子们共同展开分析。北京人口众多，随之而来的是交通问题。那么多人要出行，那么多单位机构要办事，全国各省市每天有多少人要到北京办理公务，交通问题是北京的一个重大问题。我们看到的一切交通状况都告诉我们北京人民一直在努力解决这个问题，而且到目前为止，我们看到的一切都是北京人民努力的成果，成果表明这所庞大的城市拥有现在如此发达的交通，已经是一种创举了。在这种创举背后显示着北京人民的智慧，这智慧当中最为重要的是人们对最佳收益的追求。

北京人民将所有涉及到交通各方面的因素全都考虑在建设之中，而且都充分发挥了各因素的积极作用，抑制了各因素的消极作用，做到了各种因素的扬长避短。土地面积是有限的，我们做不到无限制地拓宽道路，还要留下土地做其他事，那就只能利用土地的上空来修建着道路，土地上空可以修建很多层道路，这样做既节省了土地，又增多了道路。北京人民在修建每组立体交叉道路时，都要做很多考虑，在修建道路时尽量节省每一分钱，充分利用好每份材料，争取多修一点道路，把修建出更多的好路放在首位，而不是把照顾驾驶员方便行驶放在首位，让我们看到很多立体交叉道路是很复杂的，两相比较，让每一分钱、每一寸土地、每一份材料充分发挥它的最大效用，要比让驾驶员简单通行有价值得多。驾驶员是有灵性的人，道路复杂可以去学习，可以去熟悉，这不会导致什么损失，反而是利用了人的学习性。一个陌生的驾驶员只要学习了解每组立体交叉道路的结构就可以了，不需要多长时间就可以行驶自由了。

北京城的车速都比较快。大家都知道如果道路不宽敞，车道不多，不通畅，道路路面较差，道路路面标识不清，不合理，道路较窄，驾驶员不遵守交规，行人也不遵守交规横穿马路的话,那车是怎么也快不起来的。我们看到北京道路路面较好，道路较为宽阔，车道较多，道路标识清晰，合理，驾驶员受道路面标识约束，驾驶员遵守交规，很少见到行人去横穿马路。所以，北京城内的车速较快，车速快提高了道路的通过率，通过率提高，塞车现象就可以得到缓解，甚至是较大缓解。为提高车速，提高道路通过率，缓解塞车现象，北京人民同样充分发挥了影响车速所有因素的有大效用，特别是人的最大效用。在这所有影响因素中，除去人不是物体外，其余一切都是物体，物体较好控制，最难控制的是人，而且不是一个人，是数以万计的驾驶员和行人。可北京车速能够快的现状，不得不承认人的因素同样是控制得很好的，驾驶员自觉遵守交规，严格按路面标识行使，较少出现违规而影响车道通畅，行人能做到不横穿马路。从这里可以看出，北京人民在交通建设、发展、管理上追寻着最佳效益，尽管控制人的不利因素，充分发挥有利因素是很困难的，但北京人民在追求最佳效益观念的指导下，并没有放弃这一难题，而是花了大力气去教育人们、改变人们、管理人们，充分发挥了人能够学习，能够改变，能够管理的长处，才出现了现在物与人的最佳匹配。

一个城市道路口出现更多的警察，可以说，这个城市的市民遵守交规自律性较差，自我不能约束，只有通过他律来约束。市民在遵守交规方面自律性较差，为确保一个城市的交通不出现混乱，就需要警察来管理，需要增加警力来管理。可我们在北京道路口见到警察不多，而路上的车却都能顺畅通过，这说明，这个城市市民的遵守交规自律性是很强的，人们遵守交规，按交规去行事，各行其道。人们都能自我约束、自我管理，还真不需要外力的界入。从这一点来看，北京人民在交通建设、发展、管理上，不仅重视客观物的建设、发展与管理，而且更为重视人对交规的教育、执行与管理，确实是追求着最大限度来调动人的积极能动性。北京市民如此强的遵守交规意识，所表现出来的交通行为的规范性，影响着每一个到北京的外地人。看到别人过马路都不会闯红灯，一个习惯于闯红灯的人，也会觉得自己的行为与当下环境不相协调，最终放弃闯红灯的行为。一个习惯于闯红灯的人大都是由爱闯红灯的群体培育出来的，一个不习惯于闯红灯的人也都是由没有闯红灯习惯的群体培育出来的。所以，北京市的交通规范行为，会深深地影响着到北京的外地人，这样，北京人民真正做到了发挥市民的最大效用，不仅自己遵守交规，而且自己遵守交规的规范行为、规范习惯与他人的规范行为和规范习惯共同形成一个影响不守交规者的强大群体，在这强大群体的影响下，可以改变不守交规者的意识、行为与习惯。

　　每个城市市民如何出行，选择什么样的交通工具，看似是个人的选择，实则是一个城市的交通建设所提供的条件决定的。在北京，公交是非常发达的，不仅线路多，出行自由，发车频率较高，出行较快，而且公交车费与人们的收入相比确实是不算高，这样的条件，决定更多人会选择公交车作为出行的主要交通工具。从这一点来看，这也是北京人民交通建设上追求最佳收益的体现。公交车容纳量大，一趟车就解决了很多人的出行，客观上减少了城市车辆的增多，不管是机动车或是自行车，这对于提高道路通过率确实是充分发挥了公交车的最大效用，并且将这最大效用与其他因素的最大效用组合得很好。

　　北京人民在建设交通、建设道路上充分发挥了路面标志和路牌的最大效用。北京道路路面上的图标和文字，不仅做得清晰明了，方便驾驶和行人辨识，而且做得合理、彻底，车辆行人如果严格按照路标去执行其交通行为，真是呈现出各行其道，互不干扰，这是交通通畅的最高境界。道路交通有一大特点，只要没有任何障碍物存在，车辆在行进着，道路就是通畅的，只要道路的什么地方，存在一个小小障碍物，都可以致使车辆停止前进，发生交通阻塞。所以，道路上只要不存在任何障碍物，车辆终究是在前进，无非是车速快与慢的问题。一个城市的道路怎么使用，怎么合理规划，怎么避让各种矛盾，怎样预防各种突如其来的新问题，都需要交通建设部门去做科学研究，然后得出解决方案，解决方案基本上呈现在路标、路牌之上。北京道路上的一整套路标标识体现出了科学性、合理性，充分考虑了各种车辆的行驶要求与便利，充分考虑了行人的要求与便利。

可以说，目前北京道路上的路标标志确实充分调用了各种参与因素的最大效用。

北京大街小巷、立体交叉路道、立交桥等地方上空都悬挂着醒目的路牌，路牌上写有相关信息。驾驶员在行车之中，如果有抬头阅读的习惯，那这些路牌在行车过程中是可以帮得上大忙的。一个路牌，路牌上的相关交通信息可以给无数个行人和驾驶员做最好的行路向导。我们在北京的时间不算多，更多的时间都放在训练课堂，对北京大街小巷的认识，全凭坐在车上时对路牌的阅读。凭着这些路牌的向导帮助，我们还真不需要导游之类的帮助，就可以轻松地找到目的地。路牌在一个城市中是最便利的交通指南，是运用频率最高，运用时间最长，运用成本最低的，运用人数最多的交通向导，它的这些特点在北京人民手中被发挥得淋漓尽致。

从上述北京路面交通情况分析来看，北京在交通建设上以最佳收益观作为指导思想，确实做到追求最佳收益，才有今天如此发达的道路交通成果。孩子们从这个实例分析中已经感受到最佳收益的初步思想，我在此基础上，将最佳收益观念系统地介绍给孩子们。我告诉孩子们每一个人要想经营好自己的一生，管理好自己的一生，过上幸福美好的生活，就必须建构最佳收益观，追求最佳由益，获取追求最佳收益的能力。如果北京人民没有这个最佳收益观做交通建设的指导思想，那么我们今天看不到北京如此发达的交通，尽管北京经常发生塞车现象，但对于如此大的城市，如此多的人口来说，这已算不上什么重大问题，因为塞车现象是一个世界性的问题，很多发达国家的发达城市也避让不了这个问题。每个人在生存发展中都要不断付出体力、精力，它们都要占用一定的时间和空间来从事某项活动，最终让他生存的各种需要得到满足。最佳收益观就是当一个人付出一定的时间、体力和精力时，在一定空间中从事某项活动，一定要争取实现自己更多的需要，一定要争取获得更高层次的需要，一定要争取获得的需要对自己有更大的价值效用。

■ 拥有最佳收益观后的训练收获

　　孩子们这次参加北京训练，每个人都要付出14天的时间，一定的体力和精力，可训练结果会大不相同。我们每个人在北京的时间一样多，去训练的课堂一样多，要去做的训练活动一样多，不管愿意训练与否，用心训练与否，喜爱训练与否，我们每个人都要付出那么多的体力与精力，拥有最佳收益观的孩子其训练收获可观，而且这次训练可以完全改变他的一生，这次训练对于他的人生来说是至关重要的。没有最佳收益观的孩子训练收获甚少，以后也不会有太大变化，训练与否对于他都不重要。最佳收益观让拥有它的人懂得人的体力、精力、时间、可去的空间都是有限的，可是人生存的需要却是无限的，不仅数量是无限的，质量是无限的，价值量大小也是无限的，要用有限的体力、精力、时间去获取无限的需要，这看似是非常矛盾的，是不可行的，但人类生命的发展历程为我们找到了出路，那就是很好地组合利用这有限的几种资源，让它们实现最大效用，在它们最大效用的有效结合中，就可以产生更多、更好、更有价值的需要。人的需要更多、更好、更有价值，那人的生命质量就更高，生活就更美满幸福。

　　我们知道了人类发展给我们总结出来的最佳收益观对于生命发展的重要，我们每个人都愿意去建构这个价值观。当这个价值观注入到我们生命板块中，我们就会在做每一件事前，考虑如何让我们要付出的每一分体力、精神与每一分钟，让我们所在的每一个地方，都为我们所从事的活动发挥出它们最大的价值、效用，帮助我们将活动完成得更好，获取一个立体成果，也就是成果不是单一的，而是多层面，多方位的。没有这个价值观，我们根本意识不到最大效用、最大价值这些概念的存在，也意识不到这些概念指向的事情是什么样的，更不会想到人付出的体力、精力、时间、所能去的空间还存在着最大效用最小效用、零效用或负向效用问题，还会有最大价值、最小价值、零价值或负向价值问题，更不会去思考追求人身上的资源最大效用化，追求最佳收益。没有这一系列的思考，怎么可能在行动中达到最佳收益呢？

我让孩子们知道，每个人从事任何一项活动所付出的时间、体力与精力所产生的效用可以从最高到最低，甚至是负面效用，也即不良后果；所产生的效用对于每个人来说都是有价值的，价值也有从最高到最低，甚至是负面价值。北大的训练课程要求所有的孩子步行到北大，要走到北大每个孩子都要付出时间、体力和精力。但是，不是每个孩子付出的时间、体力和精力都能发挥它们最好的效用，产生最好的结果。有的孩子的时间、体力和精力不仅让他不断地走着，让他高兴着，让他不断跟上队伍前进，让他注意观察一路上所出现的景色、道路、行人、过往车辆、圆明园东门外的环境、清华附中外貌、清华大学西北边的环境、清华大学西门等，让他注意感受第一次在北京高温天气中的步行，让他注意感受与队友走在北京街道上的情形。有的孩子的时间、体力和精力供不了他快速步行及时跟上队伍。有的孩子的体力和精力除了让他能够走路不掉队外，就只能让他不断地抱怨、生恨、生气。有的孩子的时间、体力和精力除了让他能够走路，不掉队外，什么也不能做了。从中可以看出孩子们付出差不多的时间、体力和精力，它们所产生的效果却有着天壤之别。

天安门广场训练课程包括看升旗仪式，了解天安门广场，了解人民英雄纪念碑，了解毛主席纪念堂，了解人民大会堂。全体孩子那天是夜里3点钟起床的，3点半钟准时乘车前往天安门广场。4点准时到达天安门广场，从4点钟到早上8点钟期间，孩子们付出了差不多的体力劳动和精力，付出了相同的时间，经历了相同的空间，可他们每个人的体力、精力、时间和拥有的空间产生的效用、效果却完全不一样。我们4点钟到达天安门广场，并来到指定看升旗的地点等待，等待太阳冒出地平线的时刻，也就是升旗的时刻。在这段一个多小时的等待当中，孩子们付出相同的体力和精力却产生不同的结果，有的傻等，有的坐在地上打瞌睡，有的在观察四周越来越多的人群动态，有的掏出笔记本在记录，有的拿起相机不断地拍摄，有的在激动地聊着天儿。升旗仪式开始了，他们地表现更是各不相同。有的目不转睛地看着整个升旗过程，手中的相机闲置一旁；有的一边兴致勃勃地看着，一边用相机抢着镜头；有的看着国旗班战士的每一个细节动作，听着天安门广场上空响起的令人精神鼓舞的国歌声，激动的眼泪流淌下来。升旗仪式结束后，孩子们停留在广场上，开始观察、了解人民英雄纪念牌、人民大会堂、毛主席纪念堂、天安门城楼、整个广场。这一段时间内孩子们付出的体力和精力的收获区别就更大了。有一个孩子居然走马观花似地看了一遍，在人民大会堂前的台阶上睡着了；有的孩子非常仔细地端详着他所要观察的建筑物；有的孩子观察着，和旁边的队友讨论着，不时地记着笔记，不时地拍着照片；有的孩子不停地给自己和队友拍照片；有的孩子完成观察、了解任务后，买了一个非常简易的风筝在广场上激动地放飞着。

我将最佳收益观这颗种子投给了孩子们，帮助他们建构起这样的价值观。我让孩子们知道一个人只要活着，他每天肯定要付出时间、体力和精力，哪怕他成天睡大觉，他同样需要付出体力和精力，花去时间，占据一定的空间。一个人只要活着，他肯定有需要，需要获得满足是靠他付出体力、精力、时间，在一定空间里去劳作的结果。所以人的一生就是不断付出，不断实现着需要的一个过程。我们每个孩子身上都有体力和精力，每个人都有相同的时间，我们在付出体力、精力、时间从事每项活动时，一定要要求自己追求它们的最大效用，也就是说，如果付出的体力、精力、时间如果调用得好，最大量可以完成10件事，如果调用得很差，最小量完成1件事，那么，调用得好，完成10件事就是我们全部付出所要达到的目标，我们决不能选择只完成1件事。成语一箭双雕，说的是一举两得，同样的付出，一般人只能获取一得，可有的人却能获取两得。拥有最佳收益观，可以让我们一举多得，一箭多雕。

前面所述，从我们的住地去北大的路上，只能完成走路不掉队的孩子，他的付出与收获只能算是一箭一雕；只能完成走路，老是掉队，还需要带队老师留下来鼓励他跟上队伍的孩子，他的付出与收获只能算是一箭半雕，他自己的付出不能让他完成跟队行走，还必须借助他人的付出来补贴他，他才能跟上队伍；既能完成走路，也能跟上队伍，还能产生抱怨等消极情绪的孩子，算得上是一箭双雕，一正雕，一负雕，这种孩子不去从事步行这项活动，他不会受到"伤害"，从事了这项活动，他受到了极大"伤害"，相当于，他所付出的，更多的是用来伤害自己；高兴地去走路，不掉队，观察赏景，感受着能感受的东西，这样的孩子可谓是一举多得、一箭多雕。这当中，谁是高效率人士，人人都能分辨。人人都能知道步行到北大这一段路上谁的收获最大，这一段路给谁留下的东西最多，最好，印象最深刻，这一切对他们一生人的影响各有多大。这里收获最大的是一箭多雕的孩子，他们是高效率人士，这一段路给予他们的不仅是所看到的各种影响，最重要的是一种意境感受，是清华园外围、圆明园外围、北京大学外围所构造出来的一种浓厚的、典雅的中国文化意蕴，这种文化意蕴装在孩子的心中，不论他走到世界的任何一个角落，"中国"两个字都会在他心中。这种文化意蕴储存在孩子心中，会深深地激励着他走清华园或北大校园。这种文化意蕴犹如蜜甜的乳汁，会时时滋养着这个孩子的心灵，让他的心灵宁静、清幽与详和。一箭一雕的孩子仅能收获可以在酷暑难耐的北京没有情绪地走完这一段路，适应性不错，有一定的意志力。一箭半雕的孩子，能够在他人的鼓舞、陪伴下坚持走完这一段路，没有消极情绪，终于艰难地迈出了面对磨难的第一步，也有一定的坚持性，出现了一点意志力。最没有收获的孩子算是一箭双雕的孩子，负向收获远远大于正向收获，他的付出能让他走，也能让他因走而产生极大的消极情绪，他所产生的消极情绪是他"受伤害"的见证，这次行动只能增加他的"易受伤害性"，未来的人生中他更容易"受伤害"，这种"伤害"不是别人给予的，是他自己制造的，是他的价值观里与最佳收益观成死对头的错误价值观制造的，他所受到的"伤害"会让他从此更加憎恨磨难，痛恨磨难。当他再次面临磨难时，他会觉得全天下对他不公平，怎么会敢将磨难推给他，在这个世界上他是最有权利不需要磨难的人，因此他有权利肆意谩骂、仇恨所有逼迫他面对磨难的人。

人类生命一大本性就是去奔生，哪怕是只有一丝丝生的希望，这个希望的实现如此之艰难，生命都不会放过这个希望，会一直苦苦追求，在这追求与实现之中，生命也就活下来了。孩子们正值生命成长的过程，谁不愿意自己的生命能够成长得更好呢？建构最佳收益观能让他们的生命成长得更好，他们为什么不要呢？上述一箭双雕的孩子尽管收获为负，他知道了这种负数收获还会殃及自己今后的人生，他害怕自己再被无休止地"伤害"，他受不了这种伤害，他也想像其他孩子一样有正向收获，他知道自己脑袋中的东西害了他，他决意抛弃那些错误，接受最佳收益观，首先让自己摆脱易受"伤害"的可怜境地，然后，成为一个一箭多雕的孩子，快乐的孩子，走向成功的孩子。孩子们听了大量关于他们自己的分析课，这也是他们最爱听的内容，都明白了最佳收益观要求他们去做什么。他们在往后的训练课程中，都会考虑到：完成这项活动我付出的体力、精力、时间，一定要充分利用它们，尽可能在这项活动中有更多的收获，这些收获就是老师投向他们的优质人格种子。所以，孩子们能完成训练课程要求，在指定时间到达指定地点，在到达过程中一定要通过仔细观察描绘出训练课堂空间概貌图，一定要通过采访、调查、交谈与沟通的方式去完成对训练课堂的全面、深入了解。

为生存而学习

下部
心灵辅导
之九

学习是人类生存、发展的根本手段，也是人类生存、发展的主要活动。学习的深度、广度、速度与质量决定着个人的生存质量与发展状况，决定着个人的幸福程度。学习是掌握人类传承、积淀下来的知识与经验用于改变自己的行为以适应生存的过程，而不仅仅是掌握更多知识、经验的过程。然而现在的独生子女家庭养育模式让孩子感受不到自己需要适应什么，也就没有对知识、经验的渴望与追求，这导致孩子不知道学习到底是为了什么，失去了学习的原动力，产生厌学情绪。为了让孩子真正感受学习是为了生存，就必须还原孩子真实的生活，让他们看到眼前的很多新异的生活在等待他们，要每一秒钟活着，要快乐地每一秒钟活着，要每一秒钟过上人的生活，他们必须通过学习掌握大量的知识与经验，来改变他们的行为。北京训练正是孩子真实生活的还原，正是训练孩子为生存而学习的好时机。

学习是个人借助于语言，经思维活动而自觉积极主动地掌握人类社会科学知识经验和自然科学知识经验，并以此引发学习者行为较持久的变化，行为变化目的是为了适应环境，为了生存。这个过程不仅让学习者获得人类两大体系知识，而且发展了人的智能——观察力、注意力、记忆力、思维力、想象力和创造力。孩子们在学校接受系统教育，完成系统学习，获得各种知识经验的同时，智能也获得发展。

当前，很多学校老师和家长都以为学习就是只掌握科学文化知识和人类科技文化领域内的经验，就没有认识到这些知识和经验是用来指导我们学会适应各种生存环境，让我们能够生存而使用的。所以，很多家长和老师对孩子们语重心长地说："如果不好好学习，将来就找不到好的工作，就不能过上好的生活。"这些家长和老师还没有认识到，学习不仅仅与工作和生活有关，事实上，学习是生命存活的基本状态，而生命的发展不仅是要掌握各种科学文化知识、技能和经验，生命的发展还需要不断地去发展自己的心灵，更好地了解自己、了解他人、了解人与自然环境、人与社会环境、人与各种文化环境的关系。

生命活在学习之中，学习是生命存在的根本方式。人离开了学习，寸步难行，活命成为困难。

■ 学习与活命的质量

人类生命发展中表明：人为了活命，为了生存，为了发展，必须去适应所面对的环境，适应就必须借助于以前的学习结果（获取的经验与发展的智能）指导行为产生适应的变化，最终达到适应环境，很好地生存。

现实社会中存在着贫富差异，有的人每天要付出艰辛的劳动，干的都是重体力活，例如建筑民工，一天干活不止八小时，整天身体都在流汗，下班回到他那简陋的屋子中，已累得脚瘫手软，但他一天只挣30元钱，且工资是按天计算，去一天有一天的工资，如果不好好干马上就会有人顶替他。而有的人，每小时收入不会低于上千元或上万元，而且他们的工作基本不需要付出体力，只需要付出他的经验和知识，只需要付出他的精力。

针对这种现象，我向孩子们提出问题：

1. 为什么会有这种差别，这种差别是怎么形成的？

2. 按自己现有的条件，请预测如果你选择什么样的路将会成为前者，选择什么样的路会成为后者。

3. 如果你成为了前者，请评价自己人生的收益，对于人类的贡献率；如果成为了后者，也请评价自己人生的收益，对于人类的贡献率。

几天后，在课堂上孩子们回答了这些问题，他们都有一些思考和见解，但过于浅显。于是我给孩子们进行比较全面的讲解：

民工之类的生命，如此辛苦劳累，只能维持养活自己和家人，也即只能供全家人一日有三餐能够填饱肚子的饭菜，有一个可以挡风遮雨的地方，其余什么都谈不上。他们为什么只能去做重体力活，不能去做其他稍微轻松一点的工作，那是因为他们别无选择，他们受教育时间过短，受教育层次过低，用来适应环境的知识和经验少得可怜，他们所能做的肯定是他们大脑中的经验指导自己去学会适应的。你们会问我："那他们为什么不去学习获得能够适应其他环境的知识和经验呢？"面对这个问题，我想告诉你们的是：一个民工和一个老师坐在一起，一个老板同时找到他们俩，问他们谁愿意做一项工程，做完这项工程可以获利20万元。他俩同时都对老板的项目充满兴趣，急忙问老板是什么项目，老板介绍道："我要在山顶上用新科技种植马铃薯，技术我可以教会你们，你们的任务是种植，水用山脚底那个山泉水潭里边的。"两人听后，老师只担心劳力问题，民工担心水的问题。老师动用他脑海中的知识和经验，他想了很多，一下子就想出了解决办法，不再担心。而民工挖空心思，也没有任何知识和经验来帮助他解决水的问题，不是他不去想，而是脑袋中关于水的移动的知识和经验几乎为零。结果，老板让他俩做出决定时，民工只能摇头放弃，而老师却接受了这个项目。这是一个真实发生的案例。老师才一听完项目介绍，脑海里储备的知识和经验，经过筛选，与此项目有关的全部浮现在脑海中，他马上就想到运用抽水机将水引到山顶上，解决了水的问题。他是这样思考劳力问题的，他不能成天去种植，他还有自己的工作要干，但这也不是问题，他储备好的知识和经验又再次为他找到答案，就是到山下村子中招聘劳力。

这个案例生动地展示了脑海中知识与经验储备的多少完全影响着一个人对环境的适应。20万元对于民工来说，简直是天文数字，但就是在这20万元面前，他无法去适应这项工作。20万元摆在眼前，都没有本事去拿。当他后来看到那老师用抽水机引水时，他还不知道那抽水机是什么家伙，他当然与这钱无缘。那些每小时收入上千元或上万元的人，他们头脑中储备的知识与经验实在是一般人所不能追慕。他们头脑中的知识和经验丰富到称为智慧，而民工头脑中空荡荡的，连最起码的知识、经验都极为缺乏，他们哪来智慧呢。有智慧的人会更懂得学习，也更会学习，这样他走入学习—适应—再学习—再适应的良性循环。而民工头脑中的知识与经验少到了不能帮助他悟出这个道理，人要每一分钟活着就要靠学习，他也在做重体力活的过程中学习，不断适应着各种重体力活，不管怎么说，他头脑中的知识与经验只能帮助他在建筑工地上学会适应那些变化不大的工作，仅此而已。要走出建筑工地以外的环境，他头脑中没有任何可以帮助他去学会适应的知识和经验。所以，如果不学习，他注定这一辈子就只能待在建筑工地这个环境中，付出身上仅有的体力。更多能付出体力的人，头脑中还有帮助他学会适应各种新环境的知识与经验，他们没有必要只去付出体力，他们付出知识与经验就可以了。可见，一个人脑海中的知识与经验储备的多少决定着一个人适应新环境的多少与层次，决定着一个人是以付出体力为主还是以付出脑力为主，决定着一个人付出体力、脑力的多少，决定了一个人的生活状态与生活层次。

为什么每个人在知识与经验储备上会有如此大的差异呢？因为每个人"心灵柱"里面的光亮程度不一样，光亮度高的人犹如在白天，很容易看清楚各种事物，他们很容易就能感悟到学习是自己的事，而不是别人的事，学习让自己获得很多知识与经验，会让自己看到更多离开学习就看不到的东西，他们所获得的知识与经验会时刻帮助他们学会适应各种环境，他们能深刻感受到自己获得的知识与经验是怎样尽心尽力地帮助自己去面对一切，他们深刻感受到知识与经验对自己生存的重要性，简直就是自己活命生存的天使。所以，他们热爱学习，热爱学校中的书本学习，热爱各种实践活动中的学习，他们对学习乐此不疲，他们觉得学习是生活中最为幸福的一件事，因为他让自己学会适应的环境越来越优雅、高尚，对人类贡献越来越大。而"心灵柱"里面的光亮较暗淡的话，犹如黄昏时节，一切都笼罩在朦胧之中，看什么都是模糊的，看什么都只能看个轮廓，拥有这种"心灵柱"的人，对学习到底是怎么回事自己就是无法看清楚、看透彻，他们能够感觉学习是重要的，但为什么重要根本不知，他们对学习若即若离，并没有将全部心思放在学习上。所以当两种人在一起接受知识时，"心灵柱"光亮度高的人是用心去听课，而另一个则是用耳朵去听课，用心听的所有知识和经验全部流淌进心灵，用耳朵听课的只有部分知识和经验进入大脑，相比之下，一堂课两种人收获就有如此之大，那长久的学习结果怎样呢？所以，现在以什么态度对待学习，他就只能获得这种态度所可以带来的收获，未来也就只有这么多知识和经验的适应空间。现在，不同层次人的生活取决于他们系统学习人类知识与经验时的学习态度与学习收获，现在正在系统接受学习者的态度决定他将来适应那个层次的生活。

　　看来，决定一个人如何看待学习，如何对待学习，如何学习主要取决于一个人心灵的感悟性，人的心灵感悟性取决于心灵的发展，取决于心灵的品质发展得如何。心灵品质的发展就是向人类心灵中不断投放各种优质的人格种子。我们这个训练团到北京来就是要发展所有孩子的心灵品质，让更多更好的人格种子进入孩子们的心灵，在那里生根、发芽，变成一扇扇明亮的大窗子，人的感悟性就提高了。通过这次训练体验，我们的心灵品质得到发展，我们能够正确看待学生与生命的关系，能够正确认识到学习不是他人的事，是自己的事，别人对我们的学习给予关心、帮助和支持，这对我们是头等幸福的大事。我们要予以真诚的感谢。

　　学习对于活命如此之重要，对于活命的质量如此之重要，学习是我们的恩人，我们对它要用心去爱戴，千万别让自己没有了学习，没有了高质量的学习。我们现在正值系统学习的好时节，国家用法律保护我们学习的权利，父母用他们的心血在供着我们学习，老师在用辛勤的劳动培育着我们，我们就更应该奋发读书，为将来适应更为广阔的环境读书，为人类而读书。

　　孩子们自从这次课后，自觉地意识到学习与自己活命的关系，也开始自觉地去实践这一理论，在北京过上了每一秒钟离不开学习的生活。如果不是这一理论浇灌到孩子们的心灵之中，孩子们是不会积极主动地去面对一切磨难、承受一切磨难、抗击一切磨难的。

　　为了更深刻地揭示学习与生命的关系，我总结了六句话：

　　——人每一秒钟要活着，靠学习；

　　——人每一秒钟要鲜活地活着，靠学习；

　　——人每一秒钟要过着人的生活，靠学习；

　　——我们不能给予自己最好的教育，但能给予自己最好的学习；

　　——凡是有舒服的地方，学习不会产生；

　　——凡是没有舒服的地方，学习便产生了。

人每一秒钟要活着，靠学习

当我们训练营一到北京，孩子们一离开火车，他们最大意义上的学习就开始了。

下了火车，热浪劈头盖脸地向孩子们袭来，任何人没有躲藏之处，所有人都得均等地面对这种新环境。当这种热浪翻滚而来，就需要人动用已储备好的意志力、承受力、抗挫折力来调试心理、调整情感，共同帮助皮肤承受这种高温，去渐渐适应这种气候，同时，在这种适应中又让原有意志力、承受力、抗挫折力增加了对高温的适应，并使得各自都得到了增强，皮肤增加了一种新的感受性，即长时间接受高温。

我们的孩子在到达北京之前，并没有面对过这种高温环境，加上这些孩子基本上都是独生子女，也就是说，他们身上所储备的意志力、承受力和抗挫折力很低，甚至对有些孩子来说基本没有。面对这个群体，面对他们所必须学会适应的高温环境，我们必须一边为其补课，一边让他们借助这些人类心理经验产生一定的行为变化学着去适应这种高温，并在这种学习适应的过程中帮助他们获得更多人类经验，引发他们更多的行为变化去适应难度更大的生活。

所以，下火车时，助手们按培训计划告诉孩子们：

第一，这种高温不可怕，不会热死人，面对这种高温你们不会失去什么，也不会遭到损伤，如果学着去适应你们的收获就太多了。首先，可以获得意志力，不管你以前有没有意志力，不管你以前的意志力强不强，你现在就可以马上获得，只要你心里想着我一定要适应这气候，我完全可以战胜这种高温，在这种气候中就像在昆明一样，我可以做到无视高温的存在，你们这样去想，这样去做，你们就获得了意志力，这是很强的意志力。

第二，你们可以获得承受力，就是去接受自己所要面对的一切，用接纳的心态去面对它们，而不是用拒绝的心态去对待这一切。现在，这种高温你们谁也去除不掉，谁也躲避不了，你只有面对，去接受它，如果你用积极平和的心态去面对它，那承受力就出现在你身上，如果你是用消极的心态去面对它，那承受力与你无缘。

第三，你可以获得抗挫折力，抗挫折力就是当面对压制你活命、阻碍你活命、削弱你活命的事物，或要结束你的生命的事物时，你不怕它们，而是勇敢地面对它们，并用尽自己的体力和智慧来抗击它们，与它们拼搏，消除它们对你的破坏，让自己回到安全的状态。现在，这酷暑难耐的天气，它让我们感受到不安，它让我们害怕，它要把我们驱除北京，完成不了训练任务，如果我们就任由它压制我们、阻碍我们，那么，我们就要被它压垮，以致于一辈子都不敢面对这种高温，即使考进北京的大学，也会被它吓跑的，如果，我们不怕它，而是勇敢地面对它，用意志力、承受力来战胜它，适应它，那么我们身上就有了抗挫折力了。

有如说孩子们在倾听这番话，不如说他们是在学习、理解这段话，是从中学到对付、适应这种气候的经验，要用经验指导自己产生一定的意志力、承受力与抗挫折力来学会适应它。看到团队中那些有着坚强意志力、承受力、抗挫折力的孩子无视这高温的存在，他们也就跟随着他们那样，开始学习适应这气候了。

到中关村海龙大厦，孩子们又需要适应新的环境。没有老师带领与跟随，只能7个人一起活动且不可以分离，并要基本走遍海龙大厦商场，要了解整个商场的布局，要了解整个商场与货品相关的一切情况。整个商场对他们来说非常陌生，要经过货比三家后购买自己所需产品，还要受集合时间限制，如果赶不到，我们是不会等待的。这一切对于孩子们来说又是一个全新的需要在短暂时间内去适应，这需要孩子以往积累的很多知识与经验，还要运用他们的智能才能完成。他们好在是7个人一起训练，7个人的知识、经验与智能加总，会减少他们学习适应的难度。我们只是在孩子进去之前，给予他们可能没有的经验，让这些经验指导、引发他们的行为产生一定的持久变化，去适应全新的训练环境。孩子们就这样带着7个人的知识、经验、智能和我们所补充的经验去学习适应这个课堂了。等他们按时出来集合时，他们津津乐道地介绍着自己是怎么适应全过程的，在适应中他们又学到了各种新知识、新经验。

这就是孩子们所感受的：人每一秒钟要活着，靠学习。

晚上的课程中，我给孩子们介绍人"每一秒钟要活动着，靠学习"这句话的深刻含义。孩子们看到屏幕上投映出这一句话后，都觉着是不是夸大其词，有点过了。我告诉孩子们，这句话是我写出来的，它一点儿也不过，它是真实地反映了生命与学习的关系。

我对孩子们讲道：

今天中午带队老师教给你们怎么去学习适应这炎热的气候，使你们懂得，北京的高温激发了你们的意志力、承受力和抗挫折力，这些都是生命存活的基本能源，你们通过大脑接受、理解获得了它们，这就是学习适应气候的过程，到现在，你们还会有刚下火车时的那种痛苦吗？很多人没有了，已经可以承受这种天气了。

今晚的晚餐，凡是将饭吃下去、吃饱了的孩子，我祝贺你们，你们将过去所获得的知识、经验，拿出来帮助自己去面对这些饭菜，接纳这些饭菜，在学习适应北京学生餐厅饭菜的过程中，把饭吃下去，你们积极学习，没有让这些饭菜把你们吓倒。

你们懂得不吃饭，过后不会有吃的，即使可以花钱去买，顶多是买方便面之类的食品，营养怎么可能与新鲜饭菜相比。

你们懂得吃饱肚子后，才有能量去做其他事情。

你们知道这饭菜是付过钱的，这钱是父母的，不吃就等于把父母的钱给撕了，再去买吃的，就做了对不起父母的事情。

你们懂得"谁知盘中餐，粒粒皆辛苦"的真实含义，不会去浪费粮食。

你们懂得倒饭菜是一种为人所耻的行为，自己是一个有尊严的人，怎么能做出让别人看不起的事情。

就是因为你们脑海之中存有这些知识和经验，运用了这些知识和经验指导自己产生了一定的行为变化，去适应自己不喜欢的饭菜，开始吃，开始咽，开始感觉饭菜的味道，开始接受饭菜的味道，到最后，你们全部能适应这种口味的饭菜了。在这种学习适应的过程中，你们了解到了北京大学的学生所吃的饭菜是什么样的，你们的味觉又能多适应一样东西了，自己又自由了一点。

可那些倒饭的孩子就不同了，他们也用了脑海中存有的错误经验，来指导他拒绝那饭菜，不去适应那饭菜，他的经验就是，味道好的东西就好吃，味道不好的就不吃，味道好的标准就是他喜欢的味道、他偏爱的味道，这是一种错误经验。正确的知识和经验指导人去正确学会适应环境。人类从来没有总结出吃东西要以个人偏好口味为标准，符合自己口味的才能吃，不符合自己口味的就不能吃，没有哪本科学知识的书中写道：挑食好、偏食好、浪费好。这些的孩子以往的学习是失败的，正确的知识和经验获取的不多，错误的、偏见的、愚昧的经验不少，所以导致他们的经验没有正确引发他们正确的行为变化，结果是不能适应新的餐饮环境。

我让那些倒饭的孩子站起来，一看不是偏瘦，就是偏胖。他们过瘦或过胖的身体已表明他们身体的营养不良、不平衡，这完全是不正确的进食所致。我再让那些没有倒饭的孩子站起来，并让部分同学走上讲台，让他们在讲台上，高举着手，三百六十度转一圈，展示他们那匀称的体态，让孩子们看一看经过学习适应环境的结果就是这样健美的身躯。

孩子们懂得了"人每一秒钟要活着，靠学习"这句话的深刻含义，这是真理，是知识，是人类不可违背的，这是人类生存的最宝贵的经验。一个人只要想活命，就要用这条理论、这个经验来指导我们去生存，只要遇到自己不熟悉的环境，就必须经历学习，用获取的知识与经验指导自己去适应环境，并在适应过程中经历新的学习，获得更多的知识和经验，为适应新环境做好准备。

人每一秒钟要鲜活地活着，靠学习

让孩子们了解人类的学习，热爱学习是我这次训练的重点，为此，我想借助更多处于学习之中的优秀人士的力量来帮助这些孩子。为了有效地让各种人士来帮助孩子们，我就将那六句关于学习的话语给了孩子们，让他们借采访机会，都能够亲耳听到被采访对象的感受，让孩子们深切体会别人的感受，并从中生发自己对学习的感受。

孩子们采访到谁，都不会忘记把这六句话拿出来让人们体会、感受的。北大、清华校园里各专业的本科生、研究生、博士生、进修生、留学生，以及青年老师、教授和工人都畅谈了他们的认识和感受。孩子们不断感受着别人的感受，不断加深着自己的感受。采访后，孩子们反馈了这样的信息给我，很多人对六句中的两句话"人每一秒钟要鲜活地活着，靠学习"，"人每一秒钟要过着人的生活，靠学习"颇感兴趣，特别是对其中的"鲜活地活着"，"过着人的生活"让他们浮想联翩，他们也很想知道这两句话语的确切含义。听完孩子们的信息反馈，我用一个晚上的课程时间专门给孩子予以介绍。

"人每一秒钟要鲜活地活着，靠学习"这句话是在"人每一秒钟要活着，靠学习"的基础上衍生出来的。

如果说第一句话"人每一秒钟要活着，靠学习"是指向人的生存状态，也即人过着什么样的物质生活的话，那么第二句"人每一秒钟要鲜活地活着，靠学习"是指向人的心灵状态、情感状态的。人的心灵、情感每一秒钟处于什么样的状态，是衡量一个生命的鲜活状态。人类生命存在不能只是追求对各种物质需要的满足，还要追求心灵需要的满足。人不仅仅只是一个肉体的生命，更是一个心灵的生命，一个情感的生命。人每一秒钟要鲜活地活着，这鲜活的标准就是快乐，也就是说人每一秒钟要快乐地活着。

人要让自己不断地快乐着，不是一件容易的事，这已经是享受生活、享受生命了，要想获得这种生活，人必须去学习，去不断发展自己的心灵品质。快乐不是来自外在世界，而是来自个人对外在世界的感受。快乐是一种情感，是人用心灵去感受外界一切信息时所获得的感受。

快乐不是来自外界。所以，现实生活中，富裕的人找不到快乐，穷苦的人也找不到快乐；忙碌的人找不到快乐，闲暇的人也找不到快乐。人们都想追求快乐，可为什么快乐却如此难以追逐呢？不是快乐难以寻找，而是人们一开始就找错了，不是在外面的大千世界中去找，而在人的内心世界去找。可也有很多人，从自己内心去寻找，却找不到。这又是为什么呢？不断向别人索取并不是一颗高质量的人格种子，反而是一颗低质量的种子。这颗种子注入一些心灵之中，这颗种子会驱使他们不断向别人索取，他们总能碰到这等好事吗？恐怕除了父母亲人还可能满足自己的需要外，还有谁会这样去纵容这样一个贪婪之徒呢？在他的生活中总是失望居多，他怎能从内心中找到快乐呢，因为不断向别人索取这颗种子是他不快乐的根源，这颗种子并不符合人类生命之间交往的特性，不是顺应人类交往的特性，即只有先付出，才可能有回报，大凡不顺应事物规律、特性的东西都要遭到惩罚，心灵的惩罚是让你与快乐无缘。所以，苦苦寻求快乐的人，一定要将精力投入到心灵品质的建设上，一定要对自己的心灵品质进行全面检测，检测其质量高低，符合人类心灵规律和特性的，那是快乐的种子，违背人类心灵规律和特性的，那是遭受心灵惩罚的种子，应立即清除门户。

人类心灵品质，也就是人格种子，哪些是符合人类心灵规律和特性的，哪些是违背人类心灵规律和特性的呢？这就需要我们去学习。我们不仅要学习各类科学知识与人类的经验，更要学习人类心灵发展过程中为我们积累下来的优质人格种子，这些种子教会我们更好地了解自己，更好地了解他人心灵，这些种子教会我们不断去适应各种心灵交往环境的。优质人格种子越多，我们能学会适应的心灵交往环境就越多，我们的心灵学会适应了心灵交往的环境，快乐就诞生了，我们也就感受到快乐了。

学习是自己的事情，因为每个人的心灵要得到发展，必须经历学习的过程，每个人想快乐地生活着，必须经历学习。

■ 人每一秒钟要过着人的生活，靠学习

"人每一秒钟要过着人的生活"，就是个人不仅能够较为自由地适应更多的环境，在不同的环境中自己都能感受到快乐，而且还要给周围的社会、周围的事物、周围的人带去一份快乐，也就是说，自己不仅能很好地存活，而且能够快乐地活着，最重要的是自己还能为外在于自己的环境、人、事物带去一份快乐。这才是人类生命发展长河中，找到的人类真正意义上的生活。生命要过到这一层次，就是真正地在享受着幸福。要做到这，每个人必须经历学习，要学习人类积累下来的人与自然、人与社会、人与各种文化关系的科学知识与经验，有了这些知识与经验，我们才能得到指导去学会对待自然，对待社会，对待各种社会文化。

我们学到了这些领域中的知识与经验才可能去善待他人，善待社会，善待各种文化，也才可能做到给自己身边的事物、人物、环境带去一份快乐。而不经历这些领域知识、经验的学习，没有指导我们去善待一切工作的知识和经验，我们就不可能过着人类最高层次的生活。

生存是生命的第一任务；在生存的基础上能够快乐着，这是生命的第二任务；在自己快乐地生存着的基础上让自己为自然、社会、文化环境带去一份快乐，这是生命的第三个任务。发展你自己，就是让自己在不断的学习过程中，利用各种获取的知识和经验完成生命的这三个任务。

我们不能给予自己最好的教育，却能给予自己最好的学习

孩子们要适应北京的训练生活，处处需要学习，晚上是他们系统学习相关知识和经验的时候，而这些知识和经验是他们学会适应第二天训练生活所需要的。他们所要学习的知识和经验不仅让他们能够适应每天的训练，能够让他们快乐地适应每天的训练，能够让他们在训练中给周围的人和环境带去一份快乐。他们每天经历着接受教育——适应训练环境——总结积累自己的经验的学习过程。北京10天的训练，全过程14天的训练让孩子们习惯了生存之中处处去学习的生活。

看着孩子们越来越适应时刻学习的生活后，我给孩子们写了一句话："我们不能给予自己最好的教育，却能给予我们最好的学习。"我告诉孩子们这一句话包含了深刻的意思，不是每一个人都能按照自己的意愿去行事，实现美好意愿受制于很多外在条件，我们只能去做自己能控制的事情。我们天天路过的清华大学附中，我们住处旁边的北京101中学、北京四中、中国人民大学附中、北大附中这些都是北京非常好的中学，哪个孩子不想进入这样的学校读书呢？可是每个孩子都能如愿以偿吗？不是我们想要最好的教育，我们就能拥有，要接受很好的教育，我们还受制于很多条件。能否拥有很好的教育，我们每个人是不能掌控的，这只能是我们每个人的美好理想。北京大学、清华大学的很大一部分学生并不是接受了他们所在省市很好的教育，或最好的教育，他们的高考成绩却表明他们获得了最好的学习，这种学习是他们自己给予的。每个人最能掌握的、最能给予自己的、最能自己做决定的是自己的学习。北大、清华的很多同学的学习历程，证明了他们能给予自己最好的学习，尽管他们在大学以前没有接受最好的教育，可是最后高考的检测中他们却是最好的，他们用最好的学习、最好的成绩让国家给予了他们好的教育。

我在课堂上讲道：

孩子们，如果你们能将在北京所建构出来的学习习惯、学习能力、学习精神一直保持下去，你们可以给予自己最好的学习。你们回到学校上课，不会再对老师进行任何挑剔，站在讲台上的都是能把知识与经验传授给你的老师，在你们的心目中，能够传授知识与经验的老师都是受你们爱戴的，你们不会再向其他同学一样，挑剔老师的表达是否生动、活泼，老师讲授的是否形象，是否深入浅出，甚至挑剔老师的长相、外表、服饰、发型、声音等，再不会把注意力分散在与学习知识、经验不相关的事情上，会一心扑在学习上，会以学习为重，会酷爱学习，这样学下去你自己最好的学业就可以获得。做到这一切，都是因为你们知道了什么是学习，学习到底是用来做什么的，你们建构起了学习习惯，提高了学习能力，获得大量的知识与经验，这些都是让每个人能够给予自己最好学习的前提条件。北京训练，为你们准备好了这些学习条件。

北京训练，给予你们的还不仅仅是将学校学业完成到最好的前提条件，同时，给予你们的还是将社会实践学习完成得最好的前提条件。孩子们，老师希望你们珍惜这些训练成果，它们是你们用每一滴汗水、每一滴眼泪、每一滴心血所换来的，它们是你们走向成功的终身伴侣。你们一定要在今后的学校学习和社会实践学习中保持好它们，用好它们。

孩子们，父母给了你们生命，训练营让你们知道"人每一秒钟要活着，靠学习"，"人每一秒钟要鲜活地活着，靠学习"，"人每一秒钟要过着人的生活，靠学习"，你们要好好用学习来发展自己的生命，生命的发展全靠学习。你们现在通过自己的体验，真切地知道了学习与生命的关系，学习对生命的重要性。你们要一改以往所犯下的错误——对待学习总要夹杂很多色彩，从来没有正确认识过学习与生命的关系。活命是每个人最为在乎的头等大事，学习是活命的最好帮手，如果放弃学习，或将学习发展得不好，你还拿什么来让自己活命呢？既对不住父母给予生命，养育生命之恩，也对不住自己生命渴求你去发展它。

■ 凡是有舒服的地方，学习不会产生

我们在海淀图书城训练时，遇到一些带孩子来买教辅用书的家长。我们随即对这些家长做了采访，通过采访我们知道，这些家长为孩子学业发

展不好而深感头痛。家长们告诉我们，孩子学习的条件够好的了，他们住在海淀区，各种教育条件和资源都非常好，到海淀图书城十分方便，这里学习用书、辅导用书应有尽有，可孩子们还是做不到尽心学习。家长们还告诉我们：北大、清华多少学生都是来自贫困家庭，考取大学都没法读，全是靠资助，才得以在北大读书。真是怪事，在北京我们给孩子提供了这么好的条件，他硬是不用心读书。

其实这些家长已经为孩子找到学习不用心的答案了，只不过与这个答案擦身而过，还是没有查出孩子不用心的根源。

我们都知道，学习是个体利用自身知识与经验去适应环境所产生的变化。也就是说，学习发生的根本原因是有新的环境产生，需要个体去适应，如果没有新的环境产生，个体就不需要去适应，也就不会有学习的产生，环境与个体过去所适应过的环境差异不大，个体学习变化不大，而新环境所需要适应的地方更适合于个体身上所拥有的知识和经验的迁移，那学习也不会产生，新环境所需要适应的地方较不适合于个体身上所拥有的知识和经验的迁移，或个体所具有的知识和经验远不能教会个体去适应，那么个体需要大量补充所需要的相关知识和经验，这样，学习就产生了，而且力度是很大的。

独生子女去上学这一活动，家长为孩子所提供的条件是越来越舒服。很多家庭的孩子上学都有老人接送，书包及相关物品由老人背着，孩子只需要甩着两只手，跟随着走就行了；有的家庭让保姆去送，保姆全过程伺候着孩子，不但书包要保姆背，人也要保姆背；有的家庭父母用自行车去送，书包也由父母负责，孩子只用坐好就行；有的家庭父母开车去送；有的父母请人开车去送；有的孩子出门就打的士。这些上学方式，对于孩子来说，对于一个成长中的生命来说，都是在享受着不同级别的舒服。中学生里更有甚者，保姆要将书包送到教室，送到孩子所坐的位置上，放学时保姆必须到教室中去背书包。真不知从什么时候起，中国的少年全过着的皇帝的生活，享受着的只有结果的生活，充满舒服的生活。

我也看到一些孩子过着他该过的生活，上学是自己的事情，当然是由自己来完成，家离学校不远的，就自己去上学，没有任何人去送，没有任何人去为他们背书包，一切全是自己完成。学校离家远的，孩子就乘公交车去，没有任何人陪同背书包。有的孩子从上小学一年级开始就得自己独立去乘坐公交车上学。这些没有舒服生活的孩子，过着他们正常的童年生活。与那些享受舒服生活的孩子相比，他们是最为幸运、幸福的孩子，父母给予他们人类孩子成长的正常生活，这是父母最大的爱、最深远的爱。因为这些孩子，没有谁为他过滤环境，也没有谁替他去适应环境，然后只把结果给予他，一切环境都得自己去学会适应。这些孩子对于越来越重的书包，他们会通过学习的方式来解决这个问题，他们每天早上和下午背都要更换书包中的教科书，早上不用的，他们不会带去，下午不用的，他们也不会带去；家远中午不能回家的，他们就将所有的放在教室里，晚上回家需要什么书，他们就带什么书回去，这些孩子利用已有的知识和经验，学着适应这越来越重的书包，在这适应中他们找到了很好的交替带书的方法和经验，最重要的是，他们在这适应过程中发展了管理的能力。可他们身上所发生的这一切学习，会发生在那些享受着舒服生活的孩子身上吗？

不会的，发生的可能性很小。越来越重的书包，不会在上学的过程中压在他们的双肩，或许说，他们就没有感受书包越来越重的机会，也就不知道什么叫越来越重，背书包的人，毕竟是成年人，是可以肩负这种重量的，即使不堪重负，他们也会因爱，因责任来适应这沉重的书包。孩子在接触不到、感受不到变化的环境中生活，一如既往地过着舒服的生活，没有变化的环境逼迫着他们去学习适应。相反，随着环境的舒服程度越来越高，其结果是需要动用孩子身上所拥有的知识与经验越来越少，学会适应越来越舒服的环境是越来越容易。比如一个还需要走路上学的孩子，虽然书包不用他背，但至少他还得用双脚去走；可如果他也坐上了父母的车，他要适应这种舒服程度更高的环境，他还需要再动用以往走路时用的安全知识与经验吗？不需要了，因为这种安全知识和经验只需开车的父母去使用，他只管舒服地坐在车上，就连双脚走路需要付出的体力也省去了。这个孩子面对着比原来环境更为舒服的环境，他需要利用的知识和经验也就越来越少，学习自然就很少发生，学习过程没有了，他还怎么去建构他更多的知识与经验呢？

我们的家长只会一味埋怨学校，埋怨教育种种不是，其实他们所埋怨的种种不是正是新环境的出现，这些都是需要父母、孩子去学会适应的。面对孩子书包越来越重之时，家长和孩子并没有学会去适应，家长并没有将这个学会适应的责任交给孩子。孩子的学习除去学校学习外，最重要的还有社会实践学习。如果说，孩子的学校学习是大量接受人类自然科学与社会科学的知识与经验，是发展孩子的智能的话，那孩子离开学校以后所要完成的社会实践学习，是将学校中所接受的知识和经验，还有所发展起来的智能，用于指导自己去学会适应各种环境，这就是社会实践学习，在这种社会实践学习当中更好地发展自己的心灵品质，更好地将自己发展成一个鲜活的人，发展成过着人的生活的人。只可惜，我们的孩子在学校学了如此多的知识却没有用武之地，因为他们过着享受舒服结果的生活，他们的社会实践学习的权利和机会都被父母建构的舒服生活给剥夺了。

父母们对于孩子的学习认识，总是雾里看花，总觉得现在的学习是为了能够考一个好的中学，将来能考上大学，甚至能考上名牌大学，现在的学习就只是为了将来的那一次次考试选拔，这就是中国父母对于孩子学习认识的偏见、无知之处。孩子的学习并不单单是等待小学升学考、中考、高考的选拔考试，这只是对孩子学习的最低要求，是检验孩子学习效果的，这些规模大、标准高、公平性强的考核方式，却被家长奉为决定孩子命运、决定家庭命运的唯一途径。这种错误价值观指导着家长的行为，孩子可以放弃一切活动，只要学习就行，只要在选拔考试中能够考个好分数，这个孩子的命运、这个家庭的命运就有走向幸福大道的把握了。父母越坚定他们的这种信念，就越努力为孩子建构舒服程度越来越高的生活，孩子就越没有任何面对各种环境需要去学习的机会，孩子逐渐变成了一架学习机器。

中国孩子厌学情绪不是蔓延开来的，而是从一个个家庭里生发出来的。孩子在学校学习就是要系统地获取各种知识和经验，但是孩子学到了那些知识和经验不等于能成为他脑海中的知识和经验。一位名人说得好，学习是当我们将学到的东西遗忘得差不多，所剩余下来的那一点就是学习。人类通过学习获取的知识与经验是要用来教会自己去适应环境的，并在适应的环境中又获得新的知识和经验。知识和经验来自于人类对环境的适应，它们存在的目的还是要回到指导、教会人类去适应更多环境。学习从来就是一个学即用、用即学的过程，远不是像家长所认为的，只要不断地学知识和经验，学到的东西只是为了考试，只是为了进入好学校，只是为找到一份好工作。我想，"啃老族"的真实写照已使父母的价值观念得以否定。真正意义上的学习，是孩子将学校系统获得的知识与经验尽可能较早地运用于指导自己去适应各种环境，一旦这些知识与经验获得了运用，才能真正成为孩子的知识与经验。这次北京训练，孩子们都学过食物营养与生命存在关系的各种知识与经验，可是这些知识与经验还没有真正成为脑海之中的知识与经验，只有成为孩子脑海中意识到的知识与经验，才可能去指导、教会孩子去适应环境。正因为父母亲人错误的价值观，错误地剥夺孩子运用学校得来的知识和经验的机会和环境，成为了孩子没有真正获得知识和经验的帮凶，孩子的学习远离了人类学习的正确轨迹，从开始学习之始就没有享受到知识与经验于人类生命的恩情，为学知识而学知识，为学经验而学经验，孩子能不发出这样的呐喊声吗 —— 我为什么要学知识，为什么要我学知识，学知识到底有什么用啊？

凡是舒服的地方，就是学习不会产生的地方。这舒服的环境不需要多少知识与经验来指导、教会个人适应的。如果，想让孩子感受人类本来的学习面目，就要让孩子走出这舒服的环境，走进处处需要他动用已有知识和经验指导、教会自己去适应的环境，走进孩子脑海中的知识和经验不足以指导、教会自己去适应的环境，他需要马上学习，他渴求学习，因为他必须去学会适应环境。

孩子的父母亲人，我们拿什么来拯救在学习上误入歧途的孩子们呢，给他们一个没有舒服的地方吧，你们就可以看到被拉回到真正学习道路上的孩子。

■ 凡是没有舒服的地方，学习便产生了

我们的北京训练平台是磨难教育、吃苦教育，但我们的训练远不只是完成磨难教育与吃苦教育，而是在此基础上完成：

1.孩子对自我的了解教育 —— 自我是一个肉体承载着心灵、情感的生命，我这生命每一秒钟要活着，靠学习；

2.孩子对他人的了解教育 —— 我离不了他人，他人离不了我，在心灵相碰撞的世界里，我这生命每一秒钟要鲜活地活着，靠学习；

3.孩子对环境、社会、文化的了解教育 —— 我是环境、社会、文化中的生命，环境、社会和文化是我这生命的家园，我这生命要每一秒钟活着，靠学习。

这三个层次的学习是一个生命要完成的，只有完成了这个三层次的学习，人类生命存活、发展的价值与意义也就到得以实现了。这个三层次的教育，这个三层次的学习一样要遵循学习的规律，唯有孩子面对各种全新的环境，适应难度大的环境，有了这样没有舒服的环境，真正的学习就开始了。

没有舒服的环境是我设置整个训练营活动的核心指导思想，从整个训练营生活所要涉及的物质条件、训练方式、训练内容都充分体现出没有舒服的环境。不舒服的环境，每个孩子又无法逃避，在老师的训练指导下，在团队之中，他们可以去面对，可以去学会适应，可以在学习中完成一切。

下 部

心灵辅导
之十

为成长而感恩

人在生存、发展中处处都会遇到各种困难、磨难，靠个人的力量是无法战胜它们的，人的生存、发展从来就离不开他人给予的帮助。很多人在一定领域内、一定程度上给予我们某种帮助，这是因为爱的驱使。因此，我们要学会感谢别人对自己的关爱，并做出成效来感恩。人类正是凭借着施爱与感恩才走到今天，我们的孩子要走向明天，就需要有一颗感恩的心。学会感恩最重要的是要能认识到他人所给予我们的帮助，这一点正是我们进行人格训练的目的之一。在北京训练过程中，一切对于我们来说都是极为陌生的，我们处处需要人们给予帮助，否则，我们将寸步难行。正是这样的训练环境，让我们每天得到很多人的帮助，才得以步步走向成功；我们也因此学会了感恩，才可以取得这么大的训练成果。我们应该感谢父母、感谢队友、感谢老师、感谢训练营、感谢北京人、感谢北京。

■ 感谢那对年轻的夫妇制造了你的生命

在我的训练课程中，有一讲内容对孩子是十分重要的，那就是"我生命的由来"。每个人都应该了解自己生命的由来，这样生命才会有厚重感，对于解决当前独生子女自私、冷漠的品性，也具有重大现实意义。

我面对的孩子正进入青春发育期，身体性器官开始发育，这会引发他们的一种心理欲望 —— 对异性关注、好奇和向往，这是人类的性本能使然。在这个人生阶段，生理变化引发了新的心理、情感欲望，这是谁也逃避不了的，如果没有这个阶段，人类不会有两性相爱的永恒主题 —— 爱情,也就不会有婚姻、家庭、子女，生命也就得不到传承。我从他们这个年龄的心理给他们讲述生命的由来。

人类男女两性根本区别就是性器官的不同，身体上的性器官也像身体其他器官一样，有它的功能。性器官的存在引发人产生性欲，性欲就是让每个人渴望了解异性，接触异性，拥有异性。如果人类没有性器官的存在，没有性器官引发的欲望，那人类真不知是什么样的，正因为有性器官的存在，每个人都有对异性的渴望。所以当每个人的生理、心理发育成熟后，他（她）就有对爱情的需要，爱情就是两性之间从身到心的相爱。每个人都会去寻找自己能够用身、用心去爱恋的人，一旦在茫茫人海之中找着了与自己相互爱慕、爱恋的人，那么他们的爱情能够得到这个社会的支持，得到父母、亲朋好友的支持，社会就会允许这两个恋人走入婚姻，允许这两个人从身到心的相爱，于是这两个人就会建立起自己的家庭。家庭意味着这对恋人可以合法拥有对方的身与心，也就是说，在家庭中男女双方享有产生性行为的权利，他们的性行为受到社会和法律的保护。性行为就是男女身体接触、性器官接触的一种活动。一个人的新生命就在性行为中诞生了：精子来自于人类男性身体，由男性性器官产生并输送进女性体内与卵子结合；卵子来自于人类女性身体，由女性性器官产生，每一个人类生命都是由一个成年男性身上的精子和一个成年女性的卵子相遇受精形成的。正因为人类性行为的存在，才让生命的繁衍成为可能。

在我们这个社会里，我们每个人的生命，正常情况下，都是一对男女相爱后，获取社会和法律保护的性行为权利，产生性行为的结果。每个生命都是另外两个生命相爱恋的结果，所以人们都说孩子是夫妻爱情的结晶。步入婚姻的男女，如果性器官健康，他们的性行为都会带来生命的产生。然而，事实上女性每月产生一粒卵子，男性一次性行为要排射一定的精液，里面游动着无数粒精子，无数粒精子在女性体内存活着，每一粒精子都会奋力向卵子游去，谁都想钻进这粒卵子之中与之形成受精卵，但不幸的是，真正的幸运儿只有一个，只有一粒精子能战败所有精子成为胜者，钻进卵子共同形成受精卵。也就是说，没人能预知哪一颗、什么样的精子能与卵子形成什么样的个体生命。

我们国家由于人口过多，国家实行了计划生育政策，规定城镇城市中每个家庭只能生育一胎，所以说每一个孩子都应感到庆幸，因为你是这个家庭中唯一的幸运儿。事实上，每一个孩子真要感谢父母带来的唯一生命不是他人，而是你。如果你的父母选择不制造生命，那你的生命从哪来，万幸的是，他们俩没有做出不制造生命的决定，才有了你的生命，你真该感谢制造了自己这条生命的那一对年轻夫妇。

我们的生命真是来之不易。再往远一点说，如果这对年轻夫妇没有去积极追求自己的爱情，没有在茫茫人海、大千世界中相遇、相知、相爱，又怎么可能制造我们这条生命呢？所以对于我们称之为父母的那对夫妇，是值得我们用尽自己的生命去爱戴、穷尽我们一生去感激的。因为人类最为宝贵的是生命，最值得人们珍惜、敬重、敬畏的也是生命，生命是人们最为热爱的。没有生命，自己的一切都不存在，有了生命，我们每个人才可以享受生活给我们带来的每一份快乐。我们每个人在享受生命的快乐、享受生命的美好时光时，首先应该想到的是我们生命的播种者和制造者，应让他们来分享我们的快乐；当我们遭遇磨难、苦难时，首先应该想到的也是我们生命的播种者和制造者，因为他们给予了我们生命，给予生命是这世间最美好的事物，一想到他们，我们的心头就会萌发出巨大的能量，去战胜磨难与苦难。

生命是世界上最为宝贵的资源，有了生命，生命得到了发展，才可以让我们拥有各种各样的幸福，同时就会感激为我们带来幸福的人。当我们学业取得好成绩之时，我们会感激老师，感激同学，感激自己，但我们不会首先感激给予自己生命的父母；当我们工作取得成绩之时，我们会感激上司，感激同事，感激各路合作者，但我们不会首先想到去感激父母。凡是帮助过我们的人，我们都会心存感恩之情，因为他们的帮助是实实在在、看得见、听得到、感受得到的，因为他们与我们没有任何亲情关系，没有任何血缘关系。我们如此强大的血肉之身的存在，有灵有肉的身躯存在，很少会引发我们去想到这是谁给的，是谁养育的，难道这身躯的存在不是实实在在的吗，不是看得见、听得到、感受得到的吗，只因我们的身躯出自于父母的身躯，所以我们就全仰仗着这一亲情关系、血缘关系，可以随时随地将父母请出去，站在我们划定的感恩对象圈子之外，甚至，当我们撒野之时，当我们脆弱之时，我们就会去责问父母："你们为什么要把我生出来？"

这真是一个最无耻的提问。

"无论你的父母怎么错，你也不能去指责他，因为他给予了你生命，养育了你。"学佛之人这样说，也这样做。在学佛之人眼里，仅凭给予生命，供养生命这一点，就足以让每个人对父母感恩戴德，去孝敬父母，这是符合人类生命真义的。可我们的孩子呢，他们所想的、所做的却相去甚远，简直就是背道而驰，大逆不道。

今天，我们要告诉孩子们，他们最在乎、最器重的生命是父母给予的，父母不仅给予了我们生命，还养育了这条生命，让这条生命得到很好的发展，在这世界上还有谁给予我们的东西比这生命更重要、更宝贵、更有价值呢？即使有人给我们一座金山，把世界上的宝藏都给了我们，也比不过父母给予的生命那么宝贵，金山、宝藏是对生命而言有价值，没有生命的存在，金山、宝藏是没有任何意义的，父母对于我们真是恩重如山。当我们知道了自己生命的由来，从那一刻起，最重要的一件事就是学会感激父母给予了自己生命，学会去爱戴父母。

感谢年轻的母亲孕育了你的生命

我让孩子们知道，那颗小小的生命 —— 受精卵一经在母亲体内诞生，就要生长发育。当它来到母亲的子宫着床后，就要吸收母亲体内的营养开始生长发育。生命从受精卵发育成一个胎儿是一个历经险阻的过程，这个过程是胎儿和母亲共同经历的。胎儿的成长受到营养、病毒、疾病、药物、情感、外力等的威胁，每一天的成长都是很艰难的。

胎儿在妈妈的身体内生长发育，如果母亲的身体染上细菌或病毒，妈妈身体的抵抗力就会大大减弱，那么孕育胎儿的温床就要受到细菌和病毒的入侵，胎儿就会难逃此难，要么夭折腹中，要么畸形发展。母亲为了让胎儿免遭细菌、病毒的侵害，格外细心地照料自己，不让自己出没于人多的公共场合，不让自己过多接触外人，随时保证家里的清洁卫生，随时注意家里空气新鲜，不随便乱吃各种易带细菌、病毒的食品等等。如果母亲一旦染上病毒，尽可能避免吃药，药物对胎儿的生长发育有不良影响。我们能有今天，是因为多少年前我们的母亲格外保护自己的成果。

胎儿在母亲体内生长受母亲情感状态的影响，这种影响非常大，关系到这个孩子未来的身心健康。如果母亲孕育期间，受到外在刺激，心情不好，整天闷闷不乐，心情烦躁，心神不安，总处于忧伤、怨气、愤恨之中，那么母亲的情感会影响母亲的身体状况，最终影响到胎儿不能很好地生长发育，而且很可能会影响孩子的一生。母亲为了胎儿能够很好地生长发育，尽量不接受外界的刺激影响，经常接触美好的事物，思考美好的事物，想象美好的事物，让自己尽量处于轻松愉快、宁静、安详的情感状态。训练营中我没有看到哪个孩子生理、心理、情感有什么问题，这都是每个孩子的妈妈当年孕育胎儿时努力保持自己情感积极向上的成果。

孕育孩子的母亲，身体行动较为笨重，行动不方便，很容易受到外界人和物的撞击。一旦有外力撞向母亲身体，她是很难避让的，这种撞击是非常危险的，母亲会被撞击倒地，或被撞伤，最为严重的是如果直接撞击在母亲腹部，那将会发生惨剧。母亲为了避让这种外力撞击风险，走路行动时总是小心翼翼，尽可能减少到运动物体多的地方，尽可能减少到人们运动的地方去。大多孕妇走路时都会有一个习惯动作，就是将双手放置在自己的腹部，保护着孩子不受外力的入侵，母亲就这样呵护着自己的孩子。

从母亲孕育每个孩子的过程来看，一粒受精卵发育成胎儿，胎儿生长发育成熟，是要历经各种难关的考验的，妈妈经受住了考验，孩子也就能经受住考验了。母亲给予了我们生命，还用她的身躯孕育了这条生命，让一粒肉眼都看不到的受精卵发育成一个三四千克重的胎儿。在这个过程中，母亲不知付出了多少心血。试问世界上还有哪个人愿意为我们付出如此之多，答案只有一个——父母。

我们年轻的母亲自打体内有了这颗生命种子后，她年轻、充满活力的身躯要发生巨大的变化。妈妈光亮、清爽的面庞开始失去光泽，妊娠斑开始爬上她的面庞。妈妈为了供给孩子足够的营养，大量吃营养丰富的食物，不再顾及她的体形，妈妈的腰变粗了，身体其他部分也胖了很多。胎儿在母亲腹中越长越大，把妈妈结实、平坦、紧绷绷的腹部撑得越来越大，腹部肌肉就犹如橡皮筋被长期紧紧地绷着，失去紧缩力，肚子大到将腹部皮下纤维组织绷断，等胎儿脱离母体后，母亲的腹部被毁坏得差不多，原来的结实、平坦、紧绷绷的腹部没了，皮肤上还出现一道道妊娠纹。如果不是为了孕育生命，世间哪个女子肯做这样的牺牲呢？

当胎儿发育成熟后，就要脱离母体，母亲经历了第一阶段的各种难关，又要经历她人生中最为苦痛的时刻，甚至是新的生命诞生，她的生命即将结束。描写年轻少妇生产孩子痛苦场面，讴歌母亲伟大的文学作品，最令母亲、最令世人所感动的莫过于作家徐志摩散文《落叶》中的《婴儿》。

婴 儿

我们要盼望一个伟大的事实出现，我们要守候一个馨香的婴儿出世：——

你看他那母亲在她生产的床上受罪！

她那少妇的安详，柔和，端丽，现在在剧烈的阵痛里变形成不可信的丑恶：你看她那遍体的筋络都在她薄嫩的皮肤底里暴涨着，可怕的青色与紫色，像受惊的水青蛇在田沟里急泅似的，汗珠站在她的前额上像一颗颗的黄豆，她的四肢与身体猛烈的抽搐着，畸屈着，奋挺着，纠旋着，仿佛她垫着的席子是用针尖编成的，仿佛她的帐围是用火焰织成的；

一个安详的、镇定的、端庄的、美丽的少妇，现在在绞痛的惨酷里变形成魔鬼似的可怖：她的眼，一时紧紧的闭着，一时巨大的睁着，她那眼，原来像冬夜池潭里反映着的明星，现在吐露着青黄色的凶焰，眼珠像是烧红的炭火，映射出她灵魂最后的奋斗；她的唇，原来是朱红色的，现在像是炉底的冷灰；她的口颤着，振着，扭着，死神的热烈的亲吻不容许她一息的平安；她的发是散披着，横在口边，漫在胸前，像揪乱的麻丝；她的手指间，还紧抓着几穗拧下来的乱发。

这母亲在她生产的床上受罪：——

但是她还不曾绝望，她的生命挣扎着血与肉与骨与肢体的纤微，在危崖的边沿上，抵抗着，搏斗着，死神的逼迫；

她还不曾放手，因为她知道（她的灵魂知道！）这苦痛不是无因的，因为她知道她的胎宫里孕育着一点比她自己更伟大的生命的种子，包涵着一个比一切更永久的婴儿；

因为她知道这苦痛是婴儿要求出世的征候，是种子在泥土里爆裂成美丽的生命的消息，是她完成她自己生命的使命的机会；因为她知道这忍耐是有结果的，在她剧痛的昏瞀中，她仿佛听着上帝准许人间祈祷的声音，她仿佛听着天使们赞美未来的光明的声音；

因此她忍耐着，抵抗着，奋斗着……她抵拼绷断她遍体的纤微，她要赎出在她胎宫里动荡着的生命，在她一个完全、美丽的婴儿出世的盼望中，最锐利，最沉酣的痛感逼成了最锐利最沉酣的快感……

这也许是无聊的希冀，但是谁不愿意活命，就使到了绝望最后的边沿，我们也还要妄想希望的手臂从黑暗里伸出来挽着我们。我们不能不向往这苦痛的现在只是准备着一个更光荣的将来，我们要盼望一个洁白的肥胖的活泼的婴儿出世！

母亲生产孩子是一个极其苦痛的过程，她要备受生理疼痛的煎熬。作家在作品中真实地描绘出年轻母亲分娩受难的过程，作家接着告诉人们这母亲为什么能够忍耐如此巨大的疼痛，是因为她用自己的身躯孕育了一个比自己更伟大的生命，在母亲的眼里这个生命比一切更永久，她人生最大的意义，最大的价值就在于能用自己的身躯孕育生命，这个生命比自己更伟大，比一切更永久。哪怕是为了这条生命的诞生，她愿意放弃自己的生命。这就是母亲，伟大的母亲，伟大的母爱。这世间还有谁会认为我们的生命比他的更为伟大，将我们的生命视作比一切更永久，还有谁会愿意用他的生命来孕育一个比自己更伟大的生命呢，除去我们每个人的母亲之外。

当我将北京自然博物馆陈列的展品——母亲分娩过程的模型照片制作成课件，投在屏幕上，开始为孩子们讲述整个分娩过程时，孩子们的眼睛湿润了。孩子们从我的讲解中知道，胎儿发育成熟后，就要脱离母亲，降临到人世间。胎儿先要进入到母亲的骨盆，再经骨盆进入阴道，最后从阴道口出来，让母亲疼痛难忍的就是这个过程。当我将孩子最后要从阴道口出来的照片放映出来时，我提示孩子们注意阴道口两侧的刀口，这是两个侧切，这是为了让婴儿能够顺利地通过阴道口，医生切开的口子，医生切这两个口子时不会给母亲打麻药的，而是直接用剪刀剪开的，因为母亲整个身体已经疼痛得麻木了，不需要打麻药，等分娩完毕后，医生会把这两个口子缝合好。孩子们听到这，大声痛哭起来，他们为母亲所忍受的这一切而痛哭，他们为母亲为自己所吃的苦痛而痛哭，他们为母亲的伟大而痛哭。从他们的哭诉声中，我知道很多孩子是因悔恨而哭，他们平日给予母亲的折磨太多，给予母亲的苦痛太多，他们从没有感激过母亲，相反，总觉得母亲亏欠他们太多，母亲生了自己就应该把自己养大，母亲总是要满足他们的要求，母亲为自己做一切都是应理该当的，母亲穷尽一生为自己做一切都是应该的，因为她生了我。他们在哭诉自己亏欠父母太多，他们哭诉着自己怎么还得清父母的恩情，他们要将自己的悔恨全部哭出来，他们准备重新做人，准备重新做父母真正意义上的儿女。课堂里哭声四起，孩子们决意要将附在自己心灵中的恶魔驱除出身，他们要真正回到人的情感世界，回到人的心灵世界，他们要将自己彻底改变，回到昆明用全新的心灵，全新的情感去对父母感恩戴德，去热爱自己的父母，去尊敬自己的父母，去孝敬自己的父母。

当孩子们稍稍平息下来后，我倡导孩子们回到昆明的家中，跪拜在父母双亲跟前，去做一次心灵的忏悔，用手摸着自己的心，一点点去忏悔自己所犯下的大错，分析自己错误的原因，找到自己改错的道路，陈述自己对父母的伤害，抹平父母受伤害的创伤，安抚父母受伤害的心灵，恳请父母能够原谅自己所犯下的所有错误，赢得父母对自己矫正错误的支持、指导、监督。孩子们全部举手赞成，并表示回到昆明家中首先要完成的就是这件事。

■ 感谢不再年轻的父母养育了你的生命

刚生下来的小婴儿自己是无法活命的，需要有人照料他的生活，需要有人给予爱和无微不至的关怀，需要有人开始给予教育，他才能生长发育。父母不仅给予了生命，孕育了生命，还要养育生命。父母认为这是他们的职责，他们认为从播种那粒生命开始，他们就会承担起一切责任，他们的责任是无穷无尽的，他们的责任是最为重大的，他们的责任要尽到自己生命逝去之时。人世间还有谁会对他的工作如此尽职尽责，以致耗尽一生呢？父母对于每个人来说，是最伟大的，他们值得我们用尽自己的生命去爱戴。

在动物界，人的生长过程显得较为缓慢，从诞生到能够走路几乎要花费一年左右的时间，从能够走路到能够自理生活这所需要的时间就更为漫长。父母为了这个孩子能够健康成长，加倍地工作、挣钱来供养这个孩子。父母不仅要耗费心血为孩子提供生长的物质能量，还要花费很多体力与精力来照料孩子，给予孩子父爱与母爱。心理学家研究证明，人类生命的成长不仅需要物质能量，更需要爱的能量，这种爱的能量主要由给予生命的父母来提供，也就是父爱与母爱，如果孩子缺失了足够的父爱与母爱，未来一路成长中，心灵品质发展将要受到极大阻碍。心理学家指出，一个孩子3岁以前，如果不是由父母亲自执行养育，或者说孩子在生命关键时期天然地被剥夺或缺失了父爱与母爱，那么这孩子在十三四岁时将会爆发严重的情感问题，这种严重的情感问题将会对人一生的发展造成巨大的消极影响。所以，父母为孩子提供物质能量，相比之下，责任远不如给予孩子爱、关怀和教育重大。

父母不仅仅要确保我们的身体长得健壮，他们还要确保我们的心灵发展得晶莹剔透、金光闪闪，父母不仅要养育我们的身，还要养育我们的心。父母是我们每个人成长过程中不可缺少的良师益友。养育好我们的身体对于父母来说，已不算是一件非常困难的事，最让他们绞尽脑汁、伤透脑筋的是如何培育孩子的心灵品质，让孩子的心灵也像身体一样茁壮成长。心灵能够茁壮成长就是孩子的智力、情感、需要、态度、兴趣、价值观、气质、性格都要得到同步发展，而且，发展的方向是积极向上，也就是说，父母要想让孩子的心灵茁壮成长，他们必须确保让孩子的心灵八大方面都得到同步发展，而且都要让它们朝着积极向上的方向去发展，也就是向着真、善、美的方向去发展。

发展心灵可能是世界上最艰难的一件事情，可这一件艰苦卓绝的工作注定还是要由父母来面对、承担的，因为生命一旦来临，就意味着孩子的身和心都要得到发展，身和心是生命的组成，二者形影不离，相伴相随，身是承载心灵的，心灵是指挥身的。发展心灵之难就在于，需要同步发展八大板块，而且发展方向保持一致，都要走向真、善、美。这就给父母提出了一个极大的难题，因为父母都不是研究人心灵发展的专业人员，但他们还得去面对、去承担、去摸索着做。原因在于为孩子的心灵就像他的身体每天要吃、穿、住、行、用一样，每天都渴求发展，父母必须去关注孩子的心灵发展需求，必须去满足孩子的心灵发展需求。父母发展孩子的心灵最难之处在于，孩子生活的整个环境里，处处都有假、恶、丑的心灵垃圾存在，每天都有新的心灵垃圾产生，且心灵垃圾无孔不入，因为它们必须找着安身之处——孩子的心灵世界，它们才能得到安息，稍不留神，这些心灵垃圾就会入侵孩子的心灵，而心灵垃圾最致命之处就在于无家可归，所以发展孩子心灵是一件高风险的事。父母每天要花费很大心思带着孩子的心灵去寻找真、善、美的路，一路上还要防范各种心灵垃圾的入侵，与心灵垃圾作奋争，用力保护着孩子的心灵。

每个孩子的心灵保护神是他的父母，心灵发展老师是他的父母，心灵辅导大师是他的父母。除去父母，这世界上还有谁会心甘情愿、任劳任怨、无怨无悔地关注我们的心灵成长、呵护我们的心灵成长、引领我们的心灵成长、发展我们的心灵呢？纵然老师是人类灵魂的工程师，他们也是无法跟父母相比的。徐志摩散文中所说的，母亲孕育了一个比自己伟大的生命，这伟大的生命不在于孩子身体长得如何健壮魁梧，而在于这孩子的心灵发展得是否健康、健全，是否拥有人类更多的优秀品质，是否有伟大的人格魅力。正因为父母决意制造生命，给予生命之时，就有一个远大理想驻足他们的心房，孕育、养育、培育一个比他俩伟大得多的生命，这样的人值得这一个生命称之为父母。父亲——爸爸、母亲——妈妈，这世界上多么伟大的字眼，因为每一个做父亲、母亲的人早就决定耗尽一生去培育一个比自己伟大的生命，以此作为他们对人类的贡献，作为对于他们父母给予自己生命的报答，人类就是靠着这样一代代父母实现着这个共同的宏愿才走到今天的，结果就是一代比一代更伟大，人类才前进了。所以人类的发展最值得去感激的是天下的父母。

孩子们，你们现在所拥有的智力、情感、需要、态度、兴趣、价值观、性格、气质八大板块中的多少种子都是父母辛劳的结果。在我们训练营，我没有看到哪一个孩子心中装满了人类心灵垃圾，坏得像魔鬼一样，没有，一个都没有，这都是父母誓死捍卫你们心灵的成果。训练过程中，老师给予了你们很多优质的人格种子去置换那些低质量的种子，这些低质量的种子有的是乘父母不在的时候溜入你们心灵的人类心灵垃圾，有的是你们的父母在不懂、不明白之时给你们投进去的，因为你们的父母毕竟不是研究心灵发展的，他们不是十分专业，所以才会出现不懂、不明白的时候。正因为你们的父母知道孩子心灵中有很多低质量的种子，在他们不能置换这些低质量种子之时，他们就将你们送到这个训练营中，让老师在训练之中来帮助你们置换、提升人格种子的质量。你们的父母真的很伟大，他们的伟大就在于，他们从未停止过孩子心灵发展的工作，尽管自己力量不足，但他们都在积极寻找更好的帮助，帮助他们、帮助孩子共同进步。

孩子们，你们知不知道，父母在工作单位，在社会上都是备受他人尊敬的，没有任何人敢随便冒犯他们的尊严，可是在家中，父母为了发展孩子的心灵，真是做到了忍辱负重、忍气吞声、受尽委屈，这一切都是谁给予的，全是他们的孩子，是他们期望着比自己更伟大的那个孩子。他们一次次被这孩子身上的心灵垃圾所伤害，因为心灵垃圾要保住它占据的领土，不让优质人格种子将它消灭，这时的孩子犹如恶魔附身，变成一个不计后果的孩子，毫无顾忌地将一把把"尖刀"戳进父母的心灵，父母的心灵被刺得鲜血飞溅，父母捂着受伤的心灵，奋力与心灵垃圾抗争，可又怕伤及孩子，只好不时向孩子低头，看着孩子受着心灵垃圾的蚕食，父母的心都碎了。但他们只能急在心中，一边强忍着孩子给予的巨大伤害，一边还要挣扎着站起来，不让自己倒下，如果自己倒下了，这孩子可怎么办呢？父母怎么都不能松手，他们总是全身心地投入去继续培育这个孩子，总想着孩子会好起来的，等心灵垃圾被战胜之后，孩子一定会好起来的，因为他们从孕育这个生命开始，从来都没有放弃过要将孩子培育得比自己更伟大的希望。每驱除孩子心灵中的一点垃圾，父母不知道要被伤害多少次，总是一次次被孩子打倒（不得不倒），为了不伤及孩子，总是忍着一次次的心痛，心怀着那个美好的希望，又一次次为自己注入力量去帮助孩子。从不受任何人欺凌、侮辱、伤害的父母，遭遇着孩子的层层折磨，但他们却从未恨过孩子，从未讨厌过孩子，他们对孩子只有无尽的爱，他们对孩子的爱是无边的。可以说，他们的爱是源源不断的，只要他们还存在，这爱就一直还在流淌。问这爱的源泉到底在哪里？问世间还有谁会产生这种永恒的爱？只有父母。

父母真的是伟大无比，父母的爱是单项流淌的。人们总说，人间的爱是相互的，只有我们去爱了别人，别人的爱才会流向我们，我们感受到了别人的爱，就会去给予别人爱，可这种爱的能量守恒定律怎么在父母与子女间就不管用了呢？父母总是源源不断在产着爱、供着爱、给予着爱，孩子总认为父母的爱是用之不竭、取之不尽的，索性也就肆无忌惮地享受这最让自己舒心的爱。每个孩子都知道，自己和别人交往，如果别人老是给自己吃的，自己从未给过别人吃的，不用多久，别人是不会再和自己分享好吃的；相反，如果自己总是将好吃的拿去跟别人分享，而别人很少会和自己一块儿分享好吃的，不用多久，自己也是会停止分享的。这种现象是交换能量不平衡所导致的。人与人之间的爱也遵循这条规律 —— 哪里有人们的爱存在，说明双方或多方付出的爱的能量是均衡的；哪里没有爱，说明那里人们付出的爱不均衡。孩子们也知道这条交往的规律，自己爱别人多深，别人也就爱你多深，自己不爱的人，那个人也不会爱自己。可孩子们从来没有思考过一个问题：为什么在家中，父母首先提供了爱、给予了爱，孩子接受到了父母的爱，可父母却接受不到孩子提供的爱、给予的爱，或说孩子给予父母的爱远远小于父母之爱？为什么家中还一直有父母的爱源源不断地流向孩子呢？父母为什么不会像社会上人与人之间的交往那样，遵循"来而不往非礼也"，遵循爱的能量守恒定律呢？

父母不向孩子索取任何回报，包括爱在内，而只会为孩子不断地付出，付出是为了实现那个远大的理想，将孩子塑造成一个比自己更伟大的人。这个理想于人类，堪称伟大理想，任何人也没有权利与理由来干涉与阻止，因为人类的生存与前行，靠的就是后代超越前代，这个事实是由家庭中的父母来实现的，是父母在推动着人类社会的前行。父母是伟大的，其伟大之处在于：他们创建了这人间不需要守恒的爱，他们爱着那个生命，爱着那个生命走向伟大的每一天，爱着那个生命走向比自己更伟大的每一步。他们在与孩子心灵垃圾奋力拼搏中，尽管总是不断受伤，伤痕累累，可他们知道受伤是为了孩子迈向伟大的一步，他们居然包容到快乐地接受这种拼搏，接受这种伤害。人世间，除去父母还有谁能提供这种伟大之爱，这种包容之爱，这种只有付出的爱呢？

给予生命、制造生命、孕育生命、养育生命的那对父母不再年轻，皱纹爬上他们的面庞，银丝闪烁在他们的两鬓，深深的忧虑出没于他们的眼神，无尽的责任与操劳挂满了全身。父母脸上的每丝皱纹是他们付出养育儿女辛劳的见证，父母头上的每根白发是他们受尽孩子成长折磨的见证，父母眼中深深的忧虑是他们为孩子成长筹谋的见证。父母就这样不断地耗费着自己的生命，让孩子不断地积累着成长的果实。

面对着父母抚养孩子所要付出的艰辛，面对着父母追求的那个伟大希望，面对着孩子给予父母无数次的伤害，面对着孩子给予父母无尽的折磨，面对着只会索取父母之爱，面对着不会给予父母爱的自己，每一个孩子，你还会觉得父母亏欠你，你还觉得有什么不够的呢？你是人类的孩子，你已经在犯大错了，人类的孩子是不会这样去做的呀！你现在知道了父母是什么样的两个人，你知道，在这世界上再也复制不出这样的人，复制不出你与他们的关系。这两个人值得你去珍惜、珍爱、爱戴，值得你用生命的辉煌去回报他们。如果不是你拥有这样的两个人，你是不会有今天的一切快乐的，如果不是他俩一直悉心发展你的心灵，你是怎么也不会感觉到活着的快乐，活着的价值，活着的意义。孩子，你没有权利去伤害他俩，你没有资格去折磨他俩，如果他俩不值得你去爱，那么这个世界上没有任何人值得你去爱，如果你不会去爱戴这两个人，那么你是不会去爱任何人的。

孩子们，当你们清晨醒来时，第一个念头是感激父母给予自己生命，感激父母用渐渐的苍老换来你自己渐渐的强大，发自内心地说："爸爸、妈妈，我爱你们，我感激你们。"爱父母、感激父母不是挂在嘴边的，是要用行动来表达的。每天自己要活着，需要做些什么事情，凡是自己有能力去做的一定要自己去做，不能再让父母替你劳累了。我们自己的事情自己完成，可以让父母少辛劳一点。我们自己完成自己的事情，最大的收获者是你和父母，你的身和心成长了，能做的事情就越来越多，父母的付出是发展你的身和心，你的付出也是发展自己的身和心，父母和你的目标是一致的，所以，自己的事情自己完成，是你身心发展的见证，是你和父母的共同收获。如果你自己的事情不愿意去完成，不能去完成，那么，你和父母都没有收获，因为父母想让你得到的，你拒绝去做，你没有得到，父母最终也没有让你得到。孩子们，只要在你成长的过程中，自己能做的事情越来越多，做得越来越好，这就是你身心发展取得的成果，你也就能实现父母的远大理想，其实那不仅是父母的远大理想，它更是你自己的远大理想，而这本该是由自己去实现的理想，却有父母来帮助你实现，难道你不认为你是最幸运的吗？

孩子，你拿什么来爱父母，拿什么来感激父母给予生命、养育生命的恩情呢？答案是：发展你自己，把你自己发展得比父母更伟大，这就是你给予父母最大的爱，最大的安慰。你们发展自己不难，真的一点不难，在你生命成长的全过程，有父母一直在帮助你发展身与心，但你们千万不能被动式地去接受父母的帮助，也就是说，发展你自己的身与心不是父母的事，而是自己的事，只是因你还很弱小，需要帮助，于是父母在一旁不断地给予帮助，不是父母来发展你自己，而是自己发展自己，你们要帮助父母实现他们那个宏愿。那就是你对父母最大的感恩与回报，因为这个宏愿是父母还年轻的时候就定下的，它是一个浩大工程，有了你的参与，有了你主动发展自己，父母要实现这个宏愿不再是一种奢望，父母制造生命、养育生命的根本目的就在于此。

在家庭中你拥有做孩子的权利与责任

每个人在社会里从来不会是多余的，每个人在这个社会里都有它的位置，都有它的角色。只要每个人找准了自己的角色，找准了自己的位置，这个社会就是一个和谐的社会。同样，每个家庭成员的角色是否到位，也决定着家庭的和谐程度。父母有自己的角色定位要求，子女也有自己的角色定位要求，家庭中各个成员行为时都遵守自己的定位要求，那么桑这个家庭是安宁的、幸福的，这个家庭为每个成员的生存发展提供了一个和谐的平台。

人们都说，这世界上最不能选择的是生命的诞生，你不能选择父母。所以，家庭及家庭中的父母是我们每个孩子所不能选择的，家庭成员角色位置是人们所不能选择的，每个角色位置的定位要求是不能选择的，每个角色的行为也是不能选择的。在家庭中，父母就是父母，子女就是子女，角色定位非常明了，不可改变。

可很多孩子不知道自己在这个家中到底要干什么，该干什么，缺失了家庭成员角色意识教育，再加之父母亲人为孩子提供的只有结果的生活，现在的孩子该干的没去干，不该干的设法去干，家庭成员不遵守角色定位要求，家庭的和谐将被破坏、消失。难怪，当下中国多少家庭因孩子教育而争吵，因孩子问题而失去和睦。对我们的孩子进行家庭成员角色意识与行为教育，可以说，很大程度上可以缓解家庭中日益激化的矛盾，既然很多矛盾是孩子引发的，那么，解铃还需系铃人。

我告诉孩子们，人的一生，犹如一年四季，什么季节有什么样的气候，有什么样的植物，开什么样的花，人在不同的时节需要完成不同的活动，美好的人生是不能错位的，一旦错位，人们需要花费更多的体力、精力和时间做代价去弥补错失的东西，本来这些体力、精力和时间是用于追求更美好的生活，现在全被用去做代价了。很多国家都用法律规定孩子达到某一年龄就必须接受教育，必须完成一定程度的教育，这一任务是交由家庭来完成的。也就是说，每个家庭当孩子达到一定年龄时，父母要让孩子开始接受教育，直至法律规定要完成的教育为止，从这法律规定中可以明确看出，家庭中的孩子角色定位要求是接受教育 —— 接受学校教育，接受家庭教育，在成长中接受教育，在接受教育中成长。在中国，凡是有条件的家庭，孩子满3岁就要接受幼儿教育，学龄儿童必须接受小学教育、初等教育。但中国有条件的家庭没有哪个父母会只让孩子接受初等教育，父母会尽一切努力供孩子读高中、上大学的。当代社会，孩子从3岁起接受系统的学校教育，一直到高中教育完成基本上都是居住在家中完成的。也就是说，一个孩子从诞生之时到18岁，他的生活主要是家庭生活和学校生活。家庭生活是孩子全面发展的生活，是孩子的身与心健康发展的地方。

孩子的家庭生活是他的身和心全面发展的地方。孩子的身要得到发展，不仅要有基本的衣、食、住、行的需要得到满足，而且还要完成生活教育，也就是掌握自我管理生活的本领，学会生活自理，学会独立生活，自己的事情自己完成，除去挣钱养家是父母的事情之外，孩子都应该参与到家庭生活的很多方面。孩子的心要得到发展，除完成好学校教育要求的所有学习任务外，还要接受父母给予的心灵发展的教育，要将学校、父母给予心灵发展教育的所有知识用于家庭生活和学校生活。这一切是每个孩子在家庭中必须要做到的。

可孩子们脑海中的做子女的角色意识不是这么回事。他们真实的生活写照反映出他们的角色意识。独生子女中，在家中做家务事的孩子不多，而这家务本是他的角色定位要求之一，因为孩子在家中要发生衣、食、住、行、用的活动，这些活动的实现是靠家庭成员付出体力、精力和时间才可能完成的，孩子有责任、有义务参与到家务劳动之中，这是他们必须要做的，因为在家学习家务劳动是子女应尽的责任与义务。但孩子们并没有去履行他们的角色职责，相反，如果要他们去履行，似乎他们是为别人付出了劳务，所以要收取劳务费，父母必须给钱，或是给物质，以物代钱。这反映出孩子们角色意识中认为一切家务劳动是父母的，是家庭其他成员的，生活的过程与他没有关系，他只是坐享其成的人，他该尽的责任是享受最后的家务劳动成果，有可口的饭菜吃，有干净整洁的衣服可穿，有整洁明净的房间可住，有现成的公交车，或家中轿车，或家中的自行车，或电动自行车可坐，有家庭中提供的各种用品可用。这种意识显然是完全错误的，如果要追究孩子产生这种意识的根源，全在于父母，在于父母不懂得如何科学地去发展孩子的身与心。家庭完成的这种错误意识培养的矫正需要我们来完成。所以，培养孩子家庭成员角色意识与行为时，首先要矫正孩子的错误意识，在矫正的过程中正确的角色意识也就建构起来了。

孩子，在家中获得你成长所需要的衣、食、住、行、用是你的权利，接受教育也是你享有的权利，同时是父母应尽的责任。生命的存在与发展是需要一定的物质作保障的，当我们生活在家庭，未满18岁以前，我们生命的主要活动是接受教育，因此工作挣钱养家养活自己不是我们的责任，这是父母的职责，因此我们每个孩子的父母会提供给我们生活必需的衣、食、住、行、用物品，这并不意味着我们想要什么父母就必须提供什么，只要父母提供给我们的物品能满足我们的生活需要就行，父母有权利拒绝孩子不合理的要求。父母除为我们提供生活必需品外，还为我们提供接受学校教育的机会，为我们承担接受学校教育的费用，父母也要为我们提供教育，因此，接受学校和家庭教育既是每个孩子的权利，又是每个孩子应尽的责任。

孩子，掌握自我管理生活本领是你必须要做的，是你的责任，也是你的权利，父母提供教会孩子掌握自我管理生活本领的生活教育，这是父母的权利，也是父母的责任。自我管理生活有三层意思：第一层，就是自己负责自己每天的生活，从早晨醒来到晚上睡下，凡是自己生活中的常规事情都得自己负责执行，什么时候该做什么都是自己来安排并去执行，而不需要任何人来为自己计划、提醒、操心；第二层，自己照管自己，不需要他人来照管自己，自己约束自己去完成该做的事，约束自己不去做不该做的事；第三层，自己的生活、学习用品必须由自己来保管和料理，不能由他人代替保管和料理。自我管理生活是生命成长的最起码要求，如果生命没有这种本领，那么生命就得不到很好的发展，因此，每个孩子有权利在成长过程中掌握自我管理生活的本领，父母有责任成为孩子的生活教育老师，有责任承担孩子管理自我生活的本领教育，父母对孩子实施生活教育，任何孩子没有理由拒绝，必须履行接受这种教育的责任。

孩子，学会生活自理是你必须要做的，是你的责任，也是你的权利，父母教会你自理生活是他们的权利，也是他们的责任。生活自理，就是自己的一切生活活动全由自己来处理，自己的衣服自己洗，自己的房间自己整理，自己的个人卫生自己搞，上学、放学自己完成等。如果自己的衣、食、住、行、用，自己都不能去处理，还需要他人包办代替，那么，这个人生存都是非常困难的，就无从谈发展问题了。所以，为了自己能够得到很好的发展，每个孩子有权利自理生活，有责任学会自理生活，父母这对生活老师，有权利、有责任教会孩子生活自理。

孩子，学会独立生活是你必须要做的，既是你的权利也是你的责任，父母有责任有权利教会孩子独立生活。独立生活，是指自己的学习和生活不依靠他人，自己一个人完成。当家中没人，自己一个人能否正常生活，自己一个人能否利用家中所具有的条件来解决自己的衣、食、住、行、用问题。当一个人外出时，没有任何亲人在身边，没有任何熟悉的人在身边，自己还能像平时那样去生活。独立生活对于一个人来说是非常重要的，有的人能自理生活，也自我管理生活，就是无法一个人单独生活，只要离开家人，离开熟悉的人他就不知道自己该怎么生活了。独立生活能力是衡量一个人生活能力强弱的重要指标。所以，每个孩子有权利要求父母教会自己独立生活，也有责任接受父母的独立生活教育，父母有权利、有责任对孩子执行独立生活教育。

孩子，参与到家庭生活的很多方面，既是你的责任也是你的权利，父母有权利有责任让你参与。家庭是父母和孩子共同构成的，每个孩子在家中做到自我管理生活、生活自理、独立生活，只是完成了自己在这个家中的生活，并没有全部完成这个家庭完整的生活，孩子是家庭完整生活的一部分，因此，孩子参与更多的家庭生活活动是真正融入到家庭生活之中，成为家庭的一个小主人。孩子可以参与家庭的公共劳动，公共外交活动，公共理财等活动。

孩子，发展你的身与心灵是你的权利，也是你的责任。生命的成长就是要同步发展自己的身体和心灵。生命成长是每个人的权利，因此，每个孩子在家中拥有发展自己的身与心灵的权利。要发展自己的身体和心灵，首先，每个人必须接受发展身体和心灵的知识，有责任接受学校老师的教育，也有责任接受父母的教育。其次，每个人有责任将所接受到的发展身和心的知识用于实际生活和学习中，发展自己的身和心。例如，身体发展不能偏食、不能挑食，知道了这个道理，就必须在实际吃饭过程中做到不偏食，不挑食，不能是只接受知识，没有行动。再如，我们知道了撒谎是对自己的不尊重，对他人的不尊重，既害自己，又害他人，我们在实际学习、生活的点滴活动中就不能有撒谎的行为，这就是我们应尽的责任。

接受学校教育，完成学校规定的学习任务既是你的责任与是你的权利。18岁前的孩子，最重要的生存活动一是接受学校教育，二是接受家庭教育。接受学校教育是任何一个孩子都不可能拒绝的责任，不是想做不想做的问题，而是必须要做的问题，接受家庭教育也是这样的。任何一个孩子都必须尽自己的全力去接受学校教育，因为学校教育是发展孩子的德、智、体、美、劳的地方，学校教育对人的发展是至关重要的。学校是让每个生命能够得到很好成长与发展的地方，家庭与学校共同承担着孩子成长、发展的责任。

从上面分析可以很清晰地看出，孩子扮演着家庭子女的角色位置，这个角色要完成的任务是非常清晰的：在家庭中利用家庭所能提供的一切物质条件与教育条件发展自己的身与心，接受学校教育来发展自己的身与心，所以书本学习、生活学习和生活实践体验活动是孩子每天的家庭生活内容。很多孩子认为自己在家庭中的角色就是吃、穿、玩、乐，父母只要一提及做家务事、生活教育、学习、心灵发展之类的事，就要大吵大闹；只要谈吃、穿、玩、乐之事，不提及其他事，孩子就和颜悦色，立即投入行动。这是完全错误的家庭角色意识及行为，希望孩子们知道了在家庭中成长的主要任务是什么，立即去修正自己的错误，立即投入正确的行为活动。

■ 孩子们在训练中流下了感恩的泪

　　一个人要学会感恩，要能感恩，首先得学会识别、感受别人是否给予了自己帮助与好处，一个不识好歹的人，怎么可能感受到别人给予自己的帮助与好处，别人是对自己好呢？感受不到别人给予的好处和关爱，又怎么可能去感谢别人呢？所以要让一个人学会感恩，最重要、最关键的是让他先学会识别他人给予自己的什么是好的，什么是坏的，教会他辨别真与假，善与恶，美与丑，掌握辨别标准。

　　训练营的孩子正值人格成长过程，如果我们将人类更多的真、善、美传播到孩子们生命九大板块之中，让他们远离更多的假、恶、丑，那么，教会孩子感恩就不是一件很困难的事。训练营的训练目标就是在短短14天之内，改变孩子们的生活状态，让他们体验、感受全过程的生活，而不只是过着只有结果的生活，在全过程的生活中，才有播撒更多真、善、美人格种子的时间与空间。孩子们每接受到一颗真的、善的、美的人格种子，他们就能够识别出一颗假的、恶的、丑的人类心灵垃圾，孩子就有了一次学会感恩的机会。

　　在训练营中，当孩子们最早接受到第一颗优质人格种子，并让它在自己的训练生活中生根、发芽，在自己的"心灵柱"上开启了一扇窗子，建构了这颗种子所指向的良好习惯，自己拥有了这颗种子所指向的能力，孩子们就拥有了一件应对磨难生活、苦难生活的法宝，孩子发现这个法宝指导、教会自己去适应这种磨难生活，这一开始就把他吓倒的生活，孩子在学会适应的过程中，在这种前后差异巨大的对比中，看到了这颗种子的好处，感受到这颗种子为自己建构的良好习惯，建构的能力，孩子知道这良好的习惯和建构起来的能力能够帮助自己去适应更多更大的磨难生活。孩子们不仅知道这颗种子对于自己成长的好处，更知道这颗种子的来历。孩子们亲身体验了获得这颗种子的磨难生活，亲身体验了获得这颗种子的团队生活中的每一个成员的言行举止，亲身体验了获得这颗种子的北京生活的整个由来，亲身体验了老师给予他们这颗种子的过程，亲身体验了这颗种子在训练生活中生根、发芽的过程。这整个过程中，每一个环节，每一个细节都有助于他们获得这颗种子，孩子们感恩之时，又怎么可能忘却它们呢？

14天的训练中，我们抓住孩子们度过的每一秒钟的生活，向孩子们投放了大量的人类真善美的人格种子，并让这些种子在他们的训练生活中得到生根、发芽。可以说，整个训练中所发生的一切情境生活都引发了孩子们的感恩之心，都教会了孩子们去感恩，孩子们的心灵被注入了感恩剂，孩子们的心从此成为一颗感恩之心。孩子们要感谢的东西太多太多，他们要感谢：父母给予他们到北京训练的机会；周老师为他们所设计、举办的北京训练活动；北京所给予他们的磨难生活、苦难生活；所有的队友磨炼了自己，孩子们感谢整个团队的协作前进；周老师每天晚上所给他们讲授的心灵课程；自己能够发生巨大转变积极、主动与自觉地参加训练，接受训练，拥抱训练。

训练让孩子们的心灵成长了，在这短短的14天里。他们最终懂得了这世界上最应该去感谢，最值得在第一时间去感谢的是给予自己生命、养育了自己生命、为自己寻找好的成长生活的父母。若不是父母为他们做出了参加这个训练营的决定，并为他们提供了全部费用，他们无论如何都不可能接受到人格教育训练。他们感谢父母能够识别这个训练营与其他夏令营的不同，能够意识到这个训练营能给予孩子的训练是自己很难给予的，能够知晓这个训练营帮助孩子心灵健康成长。他们感谢父母终于咬牙让孩子去接受磨难生活，舍得让孩子去吃苦。他们感谢父母能够意识到养育孩子过程中的错误，并将孩子送入训练营矫正错误。他们感谢父母能够承受住14天的考验、14天的心灵煎熬，例如父母从电话中听到孩子受苦受累的哭诉声，孩子们的泣不成声犹如一把把尖刀戳向自己的心尖。他们感谢父母心中流着血、忍着痛，还要以坚定、鼓励的声音，让孩子站起来，勇敢地跟随老师前进。他们感谢父母为孩子每挺过一天而感到莫大的骄傲与自豪，为孩子每取得的点滴进步而欣慰。他们感谢父母没有因为听到旁人或亲人的强烈阻拦，坚定不移地让孩子加入到这个训练营。

孩子们深深地感受到父母让自己参加这个训练营的用意所在，父母要寻求一切正确的教育方式，不放过任何一个可以抓住的教育机会，来帮助自己实现那个伟大的梦想——养育一个比自己更伟大的生命。爸爸妈妈知道一个比自己伟大的生命意味着孩子的一切都比父母好，父母能承受的磨难，孩子也能承受，父母不能承受的，孩子也能承受。父母知道生活是由磨难所组成的，父母期望孩子拥有比自己更强的战胜磨难的能力，期望孩子比自己拥有更多更好的优秀品质，期望孩子比自己能适应更为广阔的环境，期望着孩子对社会的贡献比自己大。

训练期间，孩子们在训练心得中表达了对父母的爱戴、倾诉对父母的感恩之情。在晚上课程演讲中，孩子们也深深地表达了对父母的感激之情。回昆明的列车上，我对他们进行深度心灵采访时，孩子们个个哭成泪人，他们深切感受到父母的伟大，父母的恩情，他们对着摄像机镜头深情地告诉父母，他们没有辜负父母的一片爱意，他们每个人都有巨大的收获，每个人都获得了成长，他们都学会了很多令父母高兴的本领，他们的心灵成长了。

孩子们感谢我为他们所设计、举办的北京训练活动。这次活动，引起了周围广大游客的关注，特别是带孩子到北京旅游的家长们，他们向孩子们询问了很多训练营的情况，家长们都发出叹息，这么好的训练营，怎么他们所在的城市就没有人来举办，他们希望自己的孩子也能参加这样的训练营，也像我们的孩子一样接受磨难教育和吃苦教育，也像我们的孩子一样能够塑造健全的人格。当孩子们一次次听到这样的话语，他们心中备感骄傲，他们运气真好，这个训练营出现在昆明，他们的父母为他们做出筛选、做出决定，他们才获得了参加这个训练营的机会。

当孩子们获得一颗颗高质量人格种子，一扇扇窗子开启在"心灵柱"上，一个个好习惯建构起来，一项项能力锻炼出来，一个个新环境被适应，他们再也不会将这个训练营称为"魔鬼训练营"，再不会将我称为"魔鬼老师"，他们知道这是发展人的心灵品质的地方，这是培育美好心灵的地方，这是教会一个人通过学习、好好活命的地方，这是教一个人通过学习、鲜活地活着的地方，这是教会一个人通过学习、过上人的生活的地方。他们可以亲切地称呼自己为"心灵柱"训练团，这是人类最为高洁亮丽的地方。

孩子们感谢我能有巨大的勇气来承受一切压力，孩子们感谢我不仅是一个心灵老师，是一个爱他们的母亲，是一个带着他们摸爬滚打的教练，更是他们学习的榜样，是他们效仿的模板。当全体带队教师已感到心力憔悴、体力不支时，我让他们全体休息，我一个人带着全体孩子继续训练，孩子们无不为此感动，孩子们希望我永远是他们的心灵老师。

孩子们感谢北京所给予他们的磨难生活、苦难生活。14天中孩子们所获取的点滴进步全来自于适应北京的磨难生活环境。没有这些环境，他们不可能有全新的生活体验，不可能有人格种子播撒的平台，不可能有接受人格种子的土壤，不可能有人格种子生根、发芽的土壤。

他们感谢北京的高温气候，这气候让他们从头到脚备受煎熬，皮肤经受了烘热、汗泡、瘙痒难耐，触觉适应范围增大，适应能力增强。这高温气候让他们一改懒惰习性，让他们勤洗澡，勤换洗衣物。让他们养成爱喝水的好习惯。在高温气候中背负重物行军，磨炼了他们坚强的意志力和积极乐观的忍耐性。他们有了这种适应高温气候的生活经历，未来走到哪，他们还怕热吗？

他们感谢没有空调的平顶宿舍，宿舍通往外界的小窗子全被空调所占据，通往内走道的门窗却不能通风透气，这样的宿舍比一般的宿舍要闷热得多，7、8月份较少有学生住在这样的宿舍中，可他们在北京最酷热的时节住进了这样的宿舍，这宿舍所拥有的一切，从视觉、听觉、嗅觉、触觉各角度磨砺他们，改写他们的视觉史、听觉史、嗅觉史和触觉史，在以往的历史篇章中为孩子们注入了大量以往难以接触到的，感受到的感觉对象，增强了感官对各种恶劣环境的适应性。

他们感谢北京的澡堂，感谢在里面完成的5分钟洗澡。北京的澡堂让他们知道什么是艰苦朴素，什么是条件简陋，什么是高效率，什么是节约资源，什么是动作敏捷，什么是最佳收益，什么是统一行动，什么是相互谦让，什么是宽容，什么是创造，什么是自我改变。

他们感谢北大餐厅没有按照昆明人的口味来制作饭菜，而是将北京大学学生的饭菜原样提供给他们，感谢他们所吃下去的每样饭菜是怎样改变他们的，他们学会了不挑食，学会了不偏食，学会了不浪费。他们建构了不将注意力放置于饭菜口味上，对于饭菜，做到了随遇而安。对于进餐环境，学会了乐观对待。

他们感谢那没有空调的大客车，感谢坐在里面看着一辆辆夏令营的豪华空调大巴从自己身边驶过，自己的心灵经历着由受委屈、受伤害到拥有一颗平常心再到备感骄傲与自豪的感受变化，在这种变化中真不知道自己又获得了多少颗优质的人格种子。他们感谢坐在车上，自己的精神面貌比空调大巴中的孩子们还要充满活力，充满朝气，充满自信。

他们感谢北京的每一个训练课堂，每一个训练课堂之大练就了他们一身走路的好功夫，练就了他们的方位感、空间感，磨炼一身坚强的意志力。他们感谢课堂中的各项高难度严格训练，那是他们大把获取人格种子的时节，是种子生根、发芽的美好时节，是他们建构良好习惯、训练各种能力的关键时刻。他们感谢课堂中所拥有的各项资源及训练方式，让他们全面深入了解一个个领域内国家级别的发展水平，拓展了他们的知识视野、学习视野与生活视野。他们感谢课堂中的自主学习，练就了他们与人交往的各项能力，他们从此拥有了较好的口头表达能力，自主学习检测了他们多年发展起来的智能水平，自主学习让他们深感自己所历经的学习并没有很好地发展他们的智能，他们深知智能在人的学习过程中的重要性。

他们感谢一天二十四小时里，除去睡觉的时间，自己每一秒钟都要将体力、精力付诸磨难训练之中，自己每一秒钟都要马不停蹄，他们年少的身躯不是出现在这，就是出现在那，这不仅让自己的体能得到很好的训练，而且时刻让自己处于意志力的磨炼之中，这是他们从未承受过的体能消耗，也是从未承受过的意志力训练。

孩子们感谢所有的队友磨炼了自己。7个人组成一个家庭，7个家庭组成一个方块，每一个孩子随时都被捆绑在另外6个孩子身上，每个家庭随时都被捆绑在另外6个家庭身上，他们只能在7个人之间，7个家庭之间去交往。不同性格的孩子凑在一起，必须经历一个打磨的过程，这个过程让他们感受着痛苦，品尝着协调的艰难，享受着妥协让步的快乐。在这个过程中，他们每个人都知道如果只顾自己，不做出各种妥协让步，不做出各种理解，不做出各种宽容，不做出各种换位思考，不做出有爱心和关怀的行为，他们就只能感受到痛苦，感受到烦恼，感受到厌恶，他们不但感受不到丝丝的快乐，就连最起码的训练都无法开始，他们就只有分崩离析，看着其他和睦家庭沉浸在一片欢乐的世界中，快速地完成着他们的训练任务，他们的痛苦会更多更大，挫败感会扼制他们的咽喉，会让他们喘息困难，窒息而死。为了不让自己彻底被击垮，他们只有学会协作，学会与人相处，学会谈判，学会妥协让步，学会理解他人，学会宽容他人，学会换位思考，学会有爱心。

人际交往智能的发展全发生在这个家庭的训练活动之中。担任爸爸角色的孩子得承担起全家人的训练重任，他得组织好、管理好全家人进入训练，要协调好全家人的训练活动。爸爸要和各种性格孩子打交道，有时要忍辱负重，有时要施行权威，有时要有一副好心肠，有时要体贴关怀，有时要高瞻远瞩，有时要连哄带骗，有时要宽宏大量。妈妈要承担全家人的吃喝拉撒，要管好全家人的安全。妈妈面对的是与他仿佛大小的孩子，遇到孩子任性，注意力发生转移，不配合，妈妈就得用尽耐心去呼唤他们，让他们不要掉队。一个个以自我为中心，自私、冷漠的孩子凑在一起时，他们各自都需要别人来关爱自己，他们也只有每人都去爱他人，才可能让每个人都得到关爱。孩子们感谢家庭的存在，感谢7个家庭的共同存在，让他们真正了解了他人，体验了自己与他人交往的过程，发展了自己的人际交往智能。

很多内向的孩子与家人一起完成训练，在短短14天的训练过程中，他们的性格发生了重大变化。他们敢于展开自己的心扉，让家人、让队友走进自己的心灵世界，他们也非常乐意走入他人的心灵世界。在家庭中，他们不能再活在自己的世界当中，他们必须考虑整个家庭成员的训练，他们参与性较差，其他家庭成员就别想得到训练，得到很好的训练。他们变了，变得开朗、大方，变得活泼有生气了。家庭训练活动同时也是他们最好的性格教育活动。

孩子们感谢整个团队的协作前进。如果没有团队协作前进的存在，孩子们是很难进入训练，完成训练，取得训练成果的。当一个家庭出了问题，发生了严重争执，处于僵持状态，如果他们看不到任何一个和睦家庭的存在，孩子们真会感觉到家庭的组织方式是不好的，是不适合他们的。可是，不论什么活动之中，有的家庭，有的方块比任何一个家庭，任何一个方块做得都要好，这个家庭或这个方块成为了整个团队的领头羊，有了这个学习典范的存在，有了这个效仿模板的存在，其他家庭都会看到希望，向他们家学习，开始思考自己家庭的建设工作。领头羊家庭毫无保留地将自家和睦建设的经验在晚上课堂上作通盘介绍。每个家庭在老师和领头羊的帮助下，也开始了自家的和睦建设工作，整个团队你追我赶的氛围出现。每天都有后起之秀家庭又成为了某个训练之中的领头羊，又将其先进经验传承给其他家庭。孩子们感觉到在这样的团队中，做任何事都不是自己摸着石头过河，总有团队在帮助自己，总不会被拉下，也不会被抛弃。孩子们在一种协作性中不断与自己的昨天相比，自己比昨天进步一点，整个团队就前进了。

孩子们十分留恋这样的团队。在这个团队中，孩子们之间真正发展起了纯真的友谊。孩子真实地去爱，真实地去恨，他们坦诚相待，心灵相融，心灵相通。孩子们感谢在这个团队中真正找到了自己的好朋友，他们能够相互关爱，相互谦让，相互尊重，相互帮助。孩子们感觉训练营中交到的朋友是他们那么多年学习生涯之中遇到的最真诚的朋友。他们至今保持着纯真的友谊。

孩子们感谢我每天晚上给他们讲授的心灵课程。训练营的生活节奏是快捷的，是紧张的，尽管每天吃完晚餐，洗澡后很想休息一下，可那堆被汗水浸泡的衣服还在等待着他们，也只有这一点时间是给他们洗衣服的，错过这个时间，他们将没有干净衣服可穿。紧张地洗完衣服，他们就得快速跑到多媒体教室上课，因为这是他们一天当中最向往的训练项目，最向往的时刻。

每晚3个多小时的课程时间是非常紧的，除去带队老师给他们介绍第二天的训练课堂情况之外，所有时间全用于讲授心灵课程。这心灵课程是孩子们从未接触过的，这是向孩子们心灵之中系统播撒人类真善美人格种子的时节，这里播撒的是人类生命发展至今、能让生命鲜活地活着的那些种子，是让生命过上人的生活的那些种子。在课堂中，孩子知道人类还有这么多美好的东西，孩子们知道每个人拥有这些种子后，一定能够让自己每一秒钟都快乐地活着，也一定能够让自己每一秒钟过着人的生活，孩子们懂得人类生命因为拥有了这些种子才具有了价值，才有了光环。孩子们在年少时节就开始遨游于人类心灵美好种子的世界，这是追求美好东西的最佳时节，这个时节只要我们将人类美好的东西展示给他们，他们一定会去追求。

课堂中的每一秒钟，我和孩子们之间都会产生无数根情感线将我们的心灵紧紧相连。我每讲授一颗种子，都是从他们白天的训练之中开始讲起，孩子们感觉到人类这些美好的种子离他们不远，就在他们身边，就在他们身上，只不过是因为这些种子质量偏低，或为负数，所以导致他们不能让自己快乐地去度过每一秒钟。在课程讲授中，孩子终于找到了白天每个阶段的训练中各种情形的答案。有时，他们的训练进展得很好，他们全体都会感受到一种轻松与快乐，这是因为他们几个人都拥有一颗或几颗相同的种子，种子质量还不算差；有时训练进展得很困难，他们全体都会感受到一种沉重和压抑，备感吃力，这是因为他们几个人没有共同拥有一颗或几颗相同的种子，或说他们共同拥有一颗或几颗相同的种子，种子质量非常之低，数值为负数。孩子们知道团队中每个人拥有的种子质量数值偏低或为负数，是导致他们合作困难的根本原因。孩子们通过接受心灵课程的教育，知道只有自己首先拥有更多更好的人格种子，才可能去生存，去快乐地生存，只有自己快乐了，才可以给予别人快乐，团队才会出现协作前进的景象。

孩子们感激这样的课堂，感激着课堂中给予他们的一颗颗高质量的种子，感激着人类生命为他们积淀下来的真善美的种子,感激这些种子能将生命带向健康的成长之路，能让生命不断发扬光大。孩子们感激真善美的种子教会他们识别了什么是假的、恶的和丑的东西，什么是人类的心灵垃圾，孩子们懂得了假恶丑的东西是将生命带向毁灭之路的，是阻止人类生命发展的反动力量。孩子们明白了每一秒钟都要通过学习，才可能辨别清楚自己所接受到的是真善美的还是假恶丑的，才可能知道自己现在处于正确的成长道路还是偏离正确之路。

孩子们感激心灵课堂，它在所有孩子的"心灵柱"上开启了三扇窗子，一扇是全面了解自我，一扇是全面了解自我与他人的关系，另一扇是全面了解自我与社会的关系。有了这三扇窗子，孩子们就可以大量接受教师给予的高质量的人格种子，积极追求老师能给予他们更多的种子，他们渴望这些滋润心田的种子，他们想让自己的身体和心灵得到积极向上健康的成长。

孩子们感谢他们的带队老师。孩子们忘不了他们的带队老师，尽管这些带队老师只大他们七八岁、五六岁，但带队老师却像他们的父母亲人那样给足了他们关爱和呵护，带队老师给予了他们多少激励和榜样的力量，给予了他们多少理解和支持。

孩子们感谢自己能够发生巨大转变积极、主动与自觉地参加训练，接受训练，拥抱训练。孩子们在这次训练中学会了认识自己、感谢自己、欣赏自己、激励自己。每当他们闯过一个难关，他们都会觉得自己很了不起、很伟大，自己居然能够跟随着团队，跟随着队友，跟随着老师，什么也不去多想，就这么闯过难关了。他们真感谢自己面对一个个困难时，没有任性到底，没有耍赖到底，没有顽固不化，他们感谢自己还是能够听得进老师的话，他们还是学会了用心灵去听老师所讲授的课程，他们还是能够说服自己接受训练，他们还是能让自己从消极情绪中走出来，他们还是能让自己迈出艰难的第一步。他们感激自己能够拯救自己，而不是靠别人来拯救自己，别人也不可能来拯救自己。

孩子们感谢自己能够全过程跟随训练，随着训练进展，他们越来越乐观，越来越爱这个训练营，越来越喜欢接受艰苦训练。孩子们感谢自己怎么会有如此大的承受力，训练即将结束时，他们自认为训练还没有尽兴，他们还可以接受更多更大难度的训练，他们希望能够再多有10天的训练。

孩子们感谢自己能够发生了如此大的变化，感谢自己能够在这年少时节接受这一场人格教育训练，训练中每一秒钟的生活，每一秒钟的付出，每一秒钟所流淌的汗水，每一秒钟所滴落的眼泪，每一秒钟的收获，每一秒钟的心灵变化都构成了他们未来一生人追忆的美好图景，是他们未来一生人面对无数磨难生活的法宝，是他们战胜磨难人生的力量源泉。孩子们感谢这一场训练经历发生在他们年少时节，这是一个不早也不晚，来得正合适的时机；这一场经历发生在中国北京，让他们牢牢记住祖国母亲的样子，深深感受祖国母亲的伟大，他们无论走到哪，中国的根都铭刻在心；这一场经历发生在磨难教育、苦难教育之中，将他们从扭曲的父母之爱中及时挽救出来，开始了他们心灵教育的征程。

图书在版编目（CIP）数据

中国孩子的人格教育／周婷著.—昆明：云南人民出
版社，2007.9
ISBN 978-7-222-05143-0

Ⅰ.中… Ⅱ.周… Ⅲ.儿童心理学：人格心理学—研
究—中国 Ⅳ.B844.1

中国版本图书馆CIP数据核字（2007）第138846号

责任编辑：朱海涛　　王绍来
责任印制：施建国

书　名	中国孩子的人格教育
作　者	周　婷　著
出　版	云南出版集团公司 云南人民出版社
发　行	云南人民出版社
社　址	昆明市环城西路609号
网　址	www.ynpph.com.cn
E-mail	rmszbs@public.km.yn.cn
开　本	787×1092　　1/16
印　张	18.25
字　数	250千字
版　次	2007年9月第1版第1次印刷
印　刷	云南科技印刷厂
书　号	ISBN 978-7-222-05143-0
定　价	35.00元